CARTE GÉOLOGIQUE

DE L'ALGÉRIE

DIRECTEURS : MM. POMEL ET POUYANNE

EXPLICATION

DE LA DEUXIÈME ÉDITION DE LA CARTE GÉOLOGIQUE PROVISOIRE DE L'ALGÉRIE

AU 1/800.000ᵉ

PAR

A. POMEL

MEMBRE CORRESPONDANT DE L'INSTITUT

SUIVIE D'UNE ÉTUDE SUCCINCTE

SUR LES ROCHES ÉRUPTIVES DE CETTE RÉGION

PAR

MM. J. CURIE & G. FLAMAND

ALGER
IMPRIMERIE PIERRE FONTANA & Cⁱᵉ
Rue d'Orléans, 29

1890

CARTE GÉOLOGIQUE

DE L'ALGÉRIE

EXPLICATION

DE LA DEUXIÈME ÉDITION DE LA CARTE GÉOLOGIQUE PROVISOIRE DE L'ALGÉRIE

AU 1/800.000ᵉ

CARTE GÉOLOGIQUE

DE L'ALGÉRIE

DIRECTEURS : MM. POMEL ET POUYANNE

EXPLICATION

DE LA DEUXIÈME ÉDITION DE LA CARTE GÉOLOGIQUE PROVISOIRE DE L'ALGÉRIE

AU 1/800.000ᵉ

PAR

A. POMEL

MEMBRE CORRESPONDANT DE L'INSTITUT

SUIVIE D'UNE ÉTUDE SUCCINCTE

SUR LES ROCHES ÉRUPTIVES DE CETTE RÉGION

PAR

MM. J. CURIE & G. FLAMAND

ALGER

IMPRIMERIE PIERRE FONTANA & Cⁱᵉ

Rue d'Orléans, 29

1890

INTRODUCTION

———

Une première édition de la carte géologique provisoire de l'Algérie au 1/800.000ᵉ fut dressée par ordre du Gouvernement Général à l'occasion de la réunion à Alger du Congrès de l'Association Française pour l'avancement des sciences en 1881 ; elle fut établie pour la province de Constantine par M. Tissot, ingénieur en chef des Mines, et pour la province d'Alger et d'Oran par MM. Pouyanne, ingénieur en chef des Mines, et Pomel, professeur de géologie et directeur de l'École des Sciences d'Alger. Elle fit ainsi l'objet de deux publications indépendantes, dont les textes explicatifs ont indiqué dans leur introduction sur quels documents elle avait été dressée et donné les noms des géologues aux travaux desquels ces documents étaient dus.

Après une réorganisation du service des levés géologiques sous le ministère de M. Varroy, et le décès de M. Tissot étant survenu, nous sommes restés seuls chargés de diriger l'exécution de la carte géologique générale de l'Algérie. Dès lors nos premiers efforts ont tendu à la préparation d'une carte d'ensemble unifiée pour la classification et pour les teintes représentatives des terrains, devant permettre de saisir plus facilement la structure générale du pays. Elle servira de canevas pour les travaux d'exploration les plus urgents et pourra aussi indiquer l'état d'avancement de ces travaux à l'aide du texte explicatif qui suit. Cette nouvelle édition a déjà figuré en minute au Palais Algérien de l'Exposition Universelle de 1889. Elle diffère notablement de la première, non seulement par les changements qu'a nécessités l'unification, mais encore parce que les plus importantes lacunes ont été comblées. Nous avons fait en outre d'assez nombreuses corrections de limites et diverses rectifications dans les attributions stratigraphiques. L'ensemble de ces améliorations a été rendu possible, tant par les travaux exécutés par nous-mêmes que par ceux des divers collaborateurs attachés au service géologique de l'Algérie, travaux qui sont cités à leur place dans le texte ci-après, et qui ont permis en outre d'établir les minutes de plus de vingt feuilles de la carte géologique détaillée au 1 50.000°, feuilles qui pourront être publiées très prochainement.

Notre carte nouvelle conserve cependant encore bien des imperfections, inhérentes aux causes énumérées dans notre introduction de 1882 ; si les conditions d'explorations lointaines dans le pays se sont beaucoup améliorées pour certaines régions, elles sont restées encore bien difficiles dans d'autres, et le travail de révision est bien loin d'être terminé. C'est donc toujours une carte provisoire, avec des contours tracés là où ils sont plus ou moins certains et simplement indiqués par l'arrêt des teintes là où les détails de limites n'ont pas été levés et même où ces limites sont simplement soupçonnées. Nous faisons tous nos efforts pour activer l'exécution des levés réguliers et détaillés autant que le permettent les documents topographiques dont nous pouvons disposer afin d'arriver le plus tôt possible à la suppression du titre de carte provisoire.

Le travail qui suit a été établi par l'un de nous pour répondre à un double but. C'est à la fois un texte explicatif pour la nouvelle édition de la carte et une description stratigraphique générale de l'Algérie. On y a donné les indices spéciaux pour chaque terrain, appliqués à la carte provisoire, et de plus on a placé, en tête de chaque alinéa spécial à une formation, l'indice employé pour la carte géologique détaillée de la

France, indice qui sera également appliqué pour la carte détaillée de l'Algérie, afin de faire ressortir les équivalences certaines ou très approchées.

Il n'est point question dans ce travail des roches éruptives, parce que MM. Curie et Flamand, qui ont bien voulu se charger de faire leur étude pour la carte détaillée, nous ont fourni un résumé des résultats qu'ils ont déjà obtenus, résumé que nous publions ici à la suite de l'étude stratigraphique générale.

A. POMEL.			J. POUYANNE.

PREMIÈRE PARTIE

DESCRIPTION STRATIGRAPHIQUE

CHAPITRE PREMIER

TERRAIN ARCHÉEN OU AZOÏQUE

§ 1. — *GROUPE CRISTALLOPHYLLIEN.*

Ce groupe est représenté sur la carte provisoire par la teinte affectée à la lettre ς. Il est confiné dans la région septentrionale des deux départements de Constantine et d'Alger, où il constitue deux grandes zones distinctes, séparées par un assez grand intervalle. La première commence à Bône et se termine à la hauteur et un peu au sud de Djidjelli ; elle est souvent partiellement recouverte par le terrain ligurien et est traversée en nombre de gisements par des roches éruptives variées. La seconde apparaît à l'ouest et près de la haute vallée du Sébaou, se développe sur le flanc nord du Djurjura et se prolonge par îlots émergeant des terrains tertiaires, pour se terminer vers l'ouest à la Bouzaréa. M. Welsch en a retrouvé des traces au pied nord du Chénoua, un peu plus loin encore vers l'ouest. Il comprend les divisions suivantes :

ς¹, Gneiss présentant les variétés habituelles à cette formation dans les diverses régions dont il constitue le stratum fondamental. Il forme des masses très puissantes à schistosité plus ou moins ondulée et même plissée ; dans les environs de Bône on a constaté le passage de ces Gneiss au leptynite. M. Curie y a observé une roche amphibolitique interstratifiée. On a constaté aussi en divers lieux leur passage au schiste micacé.

ζ^2) Des michachistes très puissants leur sont en général superposés avec ou sans alternances de passage au contact ; ils sont souvent sériciteux ou talqueux et passent même parfois plus ou moins manifestement à des phyllades à peine cristallins et même argileux, sans doute par suite d'altération. On y trouve en certaines places des schistes amphiboliques. Le grenat rouge y est plus ou moins abondamment répandu. Le quartz, plus ou moins laiteux, y forme souvent de minces zones ou des lits de nodules lenticulaires, qui paraissent interstratifiés et qui se prêtent à tous les plissements qui ont accidenté les schistes. Ces plissements sont fréquents et désordonnés et dénotent d'énergiques compressions latérales auxquelles sont dues les altérations souvent profondes de la roche.

$\zeta^{1\text{-}2}_c$) Des calcaires plus ou moins cristallins, et souvent de véritables marbres, sont intercalés ou interstratifiés dans les gneiss et les schistes ; ils en présentent des inclusions et le plus souvent ils contiennent des paillettes de mica ou de talc, et ont alors tous les caractères des cipolins ; ils constituent parfois de minces lits, qui se poursuivent très loin avec des renflements, et en divers lieux ils se développent en grandes lentilles qui affectent une disposition très nettement stratiforme sur des épaisseurs assez considérables. Les recherches les plus minutieuses n'y ont jamais fait découvrir de traces de corps organisés. Ces cipolins, dans l'Est surtout, sont souvent accompagnés de gisements de minerais de fer magnétique.

Dans le massif cristallophyllien de l'Est, les gneiss prennent une structure granitoïde vers le bas. Dans le haut ils sont franchement stratiformes et présentent même quelques alternances très régulières et minces de schistes, qui ont été mises en évidence par le levé géologique régulier et le tracé qu'en a fait M. l'Ingénieur Séligman-Lui sur la carte au 1/50.000ᵉ du dépôt de la guerre. Les schistes se développent largement en dessus, autour du massif de l'Edough, et à leur tour ils renferment de minces alternances régulières de cipolins qui par places s'épaississent en lentilles plus ou moins volumineuses. C'est là le gisement le plus habituel du fer magnétique, qui a le schiste pour mur et le calcaire pour toit. Ce minerai est souvent accompagné de pyroxène radié et de divers autres minéraux accidentels.

L'ingénieur Tissot avait cru pouvoir distinguer un étage supérieur répétant la série des gneiss et des micaschistes qui, suivant sa théorie des sédiments internes, aurait été de formation plus ancienne ; mais l'étude détaillée faite par M. Séligman-Lui témoigne d'une identité de structure telle que la discordance indiquée par le premier auteur ne pouvait être qu'une simple illusion. Les massifs cristallophylliens qui s'étendent à l'ouest, depuis Philippeville jusqu'au sud de Djidjelli, sont encore constitués par des gneiss supportant des micaschistes ou des phyllades plus ou moins talqueux. Tissot avait cru pouvoir en faire un troisième étage, caractérisé par l'absence ou la rareté des grenats dans les schistes, la présence du fer oligiste et de la pyrite dans les gneiss, en même temps que par l'absence des cipolins et des magnétites. Mais il est probable qu'il ne faut encore y voir qu'un simple changement de faciès ; d'autant plus qu'à l'ouest d'El-Milia les cipolins réapparaissent mêlés aux gneiss comme au cap de Garde. Ces changements de faciès sont souvent dus à l'action métamorphique de roches éruptives du type des granites et granulites, qui y ont souvent introduit des tourmalines.

Entre ces deux massifs cristallophylliens en est un autre bien plus petit qui leur sert de trait d'union par le Djebel Alia. Celui-ci a pour appendice le Djebel Filfila, célèbre par ses carrières de marbre exploitées par les Romains. Le substratum est encore schisteux et affleure en divers points où l'intercalation des cipolins et leur association à la magnétite est évidente, et il semble que la masse colossale de marbre ne saurait en être distinguée pour cause d'analogie très accentuée. Mais il y a lieu de faire remarquer à ce propos que Coquand considérait ce gisement de marbre comme appartenant au calcaire liasique, comme celui de Carrare, en Italie, et que, d'un autre côté, Tissot le rapportait au calcaire nummulitique. De pareilles divergences sont au moins très singulières et elles imposent une grande réserve pour émettre une opinion ferme à cet égard, tant que des études minutieuses n'auront pas éclairé la question ; ces études comportent, du reste, des difficultés de divers ordres, et particulièrement celles qui résultent des complications introduites par un développement extraordinaire des phénomènes éruptifs.

Dans le département d'Alger, il ressort des recherches récentes de M. Ficheur que tout le flanc septentrional du Djurjura, depuis les affleurements liasiques ou nummulitiques des crêtes jusqu'auprès des pentes inférieures, où divers terrains tertiaires s'y adossent, est constitué par le terrain cristallophyllien depuis le voisinage du Sebaou supérieur jusqu'au bord du bassin de l'Oued Djemma des Flissas. Le gneiss, avec ses variétés habituelles, occupe la partie inférieure de la bande et les micaschistes la partie supérieure. Quant aux cipolins, ils sont médiocrement développés et sont tantôt intercalés dans les gneiss, comme auprès de Fort-National, tantôt dans les micaschistes, comme à l'Oued Ksari, au nord de Dra-el-Mizan. L'îlot de Tizi-Ouzou, coupé en deux par le Sebaou, est surtout formé de micaschistes dans son tronçon oriental et de gneiss dans l'occidental. Ce gneiss devient granitoïde dans sa partie inférieure, peut-être sous l'action de roches éruptives ; il renferme une intercalation de calcaire contenant de la galène. L'îlot de Bordj-Ménaïel est un mélange de gneiss et de roches granitoïdes qui l'ont plus ou moins métamorphisé. Un dernier îlot est au nord de Ménerville, formé de gneiss et de micaschistes et renfermant des gisements de fer oxydulé ayant donné lieu à des recherches industrielles.

On peut encore en observer des lambeaux un peu plus à l'ouest, qui servent aux précédents de trait d'union avec celui du massif de Bouzaréa, vers Alger. Celui-ci comprend des gneiss, des mica-schistes, des schistes amphiboleux et paraît se terminer par des schistes phylladiques dont la texture est amorphe et plus ou moins argileuse ; des cipolins médiocrement saccharoïdes sont inclus dans les schistes micacés. Dans le texte explicatif de la carte provisoire de 1881, on avait fait remarquer la netteté de stratification des gneiss faisant naître l'idée d'une origine sédimentaire première et la présence de schiste gréseux et même de plaques et de bancs de grès ou de quartzite. Il résulterait de l'examen microscopique récent des gneiss, qui paraissent du reste être intercalés dans les schistes, que ce sont de faux gneiss, résultant du métamorphisme des phyllades et des schistes argileux par une roche granulitique, qui les a traversés sous forme de filons et les a injectés de tout un réseau de veines en les imprégnant de ses éléments minéraux ; parmi eux la tourmaline est fréquente. On y observe quelques lentilles ou filonnets de barytine euritique. Les minerais de fer, au contraire, ne s'y sont pas développés. Il résulterait de ces constatations qu'il y a lieu de réserver le classement de détail des formations du massif jusqu'après l'étude pétrographique des roches cristallines et éruptives de l'Algérie, que MM. Curie et Flamand ont bien voulu entreprendre pour la carte géologique détaillée de l'Algérie.

M. Delage, dans sa carte au 1/20.000ᵉ du massif d'Alger, dressée pour le service géologique de l'Algérie, y a délimité des gneiss, des micaschistes et des cipolins. Dans un travail plus récent, il est revenu sur ces déterminations et a établi un certain nombre de divisions et de subdivisions pétrographiques, qui me paraissent plutôt des divisions d'échantillons que de terrains ; elles ne sont ni limitées ni distinguées sur sa dernière carte manuscrite au 1/50.000ᵉ, dont l'exécution lui avait été confiée par le même service géologique. Il dit, en effet, que les roches de ce massif appartiennent à deux étages, τ^2 et **x**, séparés par une discordance que l'on conclut plutôt qu'on ne la constate, et il nous paraît qu'il doit en être de même pour l'ordre de succession des subdivisions, d'autant plus qu'il paraît associer des roches d'apparence détrique, mais cristallines, avec d'autres de texture absolument amorphe. Il serait bien difficile de prendre actuellement parti dans cette question du classement et surtout de l'appliquer aux autres massifs, peu connus à cet égard, et dans la carte provisoire, le terrain continuera à être désigné par la lettre τ et la teinte qui lui est consacrée.

Il aurait été difficile de marquer sur la carte au 1/800.000[e], en raison de son échelle, le plus grand nombre des gisements de roches granitoïdes éruptives qui ont traversé les roches cristallophylliennes et même de les signaler par leur indice conventionnel. Leur étude est à peine commencée et promet des révélations de structure et de composition qui jetteront sans doute de la lumière sur leur histoire et il en sera tenu compte dans la carte détaillée. Toutefois, il existe quelques îlots de ces roches suffisamment développés pour être figurés sur la carte provisoire, où on leur a consacré la lettre γ et la teinte carmin, ou pour être plus spécialement mentionnés ici. Ce sont l'îlot de Nédroma, indépendant de tout schiste ; l'îlot de Ménerville, ancien col des Beni-Aïcha, où le granite paraît être typique et en contact avec les gneiss et les micaschistes ; l'îlot de Collo qui forme promontoire et couvre la baie ; l'îlot tourmalinifère du Filfila, au voisinage de la grande masse de calcaire saccharoïde et d'où les Romains ont extrait des monolithes (colonne du square de Constantine). Il en sera question dans la partie de cet ouvrage relative aux roches éruptives.

§ 2. — *GROUPE DÉTRITIQUE.*

Ce groupe doit comprendre toutes les formations qui représentent les premiers dépôts détritiques formés aux dépens du groupe cristallophyllien ; elles admettent encore des schistes, mais de nature non cristalline et dans lesquels il n'est pas impossible que l'on rencontre un jour des débris de corps organisés, qui les feraient sortir de la série des formations azoïques, dans laquelle leur classement est provisoire. C'est en quelque sorte encore un groupe à caractères négatifs, assez difficile à définir dans son ensemble, dont nous avons un type particulier assez caractérisé, mais auquel nous réunissons les autres avec toutes réserves. Le terrain typique est représenté par la teinte affectée à la lettre x. Il est principalement constitué par des schistes satinés, luisants, à toucher talqueux, à texture amorphe non cristalline et parfois argileux. Dans les parties inférieures on observe souvent des conglomérats de quelques mètres d'épaisseur formés d'éléments schisteux. La couleur, généralement grise, est quelquefois violacée ou jaunâtre. A tous les niveaux paraissent des poudingues à petits éléments roulés de quartz dans un ciment siliceux, rappelant les conglomérats pourprés. Dans les parties supérieures ils passent à des grès quartziteux stratifiés, avec intercalations de schistes argileux. Ils renferment des gisements de fer oxydulé en bancs stratifiés à structure schisteuse. On y rencontre quelquefois aussi des strates de calcaire schistoïde, bien différent des cipolins.

Ce terrain constitue le massif au sud du col de Ménerville et s'étend sur la majeure partie du territoire des Beni-Khrachna, où il a été reconnu et étudié par M. Ficheur pour la carte détaillée. C'est une formation d'origine certainement sédimentaire détrique, dans laquelle on n'a pas encore rencontré des fossiles, mais qui peut être considérée, jusqu'à plus amples renseignements en raison de sa structure, comme représentant les plus anciens dépôts de sédiments de la région, qu'ils soient archéens ou cambriens. La formation s'appuie en discordance de stratification sur le terrain cristallophyllien, ainsi qu'on peut le voir le long de l'Oued Keddara sur la route du Bou-Zegza, vers ses limites occidentales. L'îlot, qui a 8 à 9 kilomètres de largeur sur environ 23 kilomètres de longueur, est le seul qui ait été jusqu'à ce jour reconnu dans la province d'Alger. Je ne saurais distraire les schistes d'Alger, que M. Delage désigne par la lettre x, du reste de la formation micacée ; et en tout cas ils ne pourraient être rattachés au type auquel ce paragraphe est consacré.

Dans la province de Constantine le terrain **x** pourrait être représenté par les couches redressées du Fedj-Kantour, que Coquand avait attribuées au trias, par suite de leur analogie de faciès avec le trias du golfe de la Spezzia et par suite de leur infériorité au lias à Belemnites acutus. Elles sont formées d'éléments analogues à ceux des assises des Beni-Amran et pourraient assez bien leur être identifiées. On les retrouve sous les masses calcaires jurassiques ou nummulitiques des Toumiettes et des Zardezas, dans le fond des ravines qui les ont entaillées. Mais il reste encore à faire des études de détail pour confirmer ce rapprochement et pour délimiter les contours des lambeaux. Ce n'est donc que provisoirement que j'inscris ici ceux qui, dans la carte provisoire de 1881, figuraient dans cette région sous la teinte et la lettre affectée aux schistes cristallins.

CHAPITRE II

TERRAINS INDÉTERMINÉS PALÆOZOÏQUES OU INFRAJURASSIQUES.

Sous ce titre, nous comprenons une série de terrains d'âge indéterminé, mais qui sont antérieurs aux formations jurassiques. Leur indétermination résulte de leur faible développement en surface, sinon en puissance, de leur stérilité plus ou moins complète en fossiles, de leur isolement qui obscurcit leurs relations stratigraphiques ; en sorte qu il n'y a guère à espérer d'améliorer leur classification par des études ultérieures.

§ 1. — *SCHISTES ET QUARTZITES DES TRARAS.*

s) Ce terrain est représenté sur la carte par la teinte affectée à la lettre **s** ; mais ce n'est qu'avec toute réserve et provisoirement qu'il a été classé dans la série palæozoïque et dans le silurien que désigne cet indice. Depuis la rédaction de la notice de 1881, cette formation n'a fait l'objet d'aucune nouvelle étude, et je ne puis mieux faire que de reproduire simplement la description qui lui a été consacrée dans le travail cité. « Le terrain en question n'a laissé voir encore aucune trace déterminable de débris organiques. Les quelques phénomènes de plissements. dont on a pu observer nettement les directions, tendraient à le faire considérer comme au moins silurien ; mais ils sont trop frustes, si on peut s'exprimer ainsi, pour permettre une conclusion sûre. Son âge réel reste donc encore inconnu et sa place ici ne résulte que de l'analogie du faciès pétrographique avec les régions siluriennes du Midi de l'Europe. Ce terrain ne s'est rencontré qu'à l'ouest de la province d'Oran et il y forme des ilots de grandeurs diverses, entièrement isolés au milieu des formations récentes. Le plus grand est dans les Traras, où il forme notamment la crête du Dahar-ed-Dis. Un deuxième massif. moins étendu, mais assez grand encore. se rencontre plus au sud, chez les Beni-bou-Saïd et comprend les filons métallifères de Gar-Rouban. »

« L'isolement des massifs des ilots s'oppose à une affirmation absolue sur leur identité d'âge, identité dont la présomption repose seulement sur la composition minéralogique, et ce même isolement ne permet pas de voir les rapports de notre terrain avec celui dont il sera question au paragraphe 3 ; mais comme on a constaté l'existence de quelques débris organiques dans ce dernier, tandis qu'on n'en connaît pour ainsi dire pas dans le terrain présent, il est naturel de supposer ce dernier antérieur à l'autre, et cette considération justifie la place relative que nous lui donnons. »

« Notre terrain est presque entièrement formé de schistes phylladiformes, assez souvent un peu talqueux et satinés, de colorations diverses, mais généralement peu éclatantes, parmi lesquelles le jaune rougeâtre domine de beaucoup. Leur stratification est très nette, mais le plus souvent fort tourmentée et les traces de dislocations y sont innombrables. Ils contiennent quelques très rares couches ou lentilles de calcaire peu épaisses et un assez grand nombre de couches de quartzites gris intercalaires. Ils sont très fréquemment sillonnés par des veinules de quartz blanc laiteux. »

« C'est dans le grand îlot des Traras et dans le bassin de l'Oued Ahenaï que l'on peut le mieux suivre une coupe de ce terrain, et c'est là que l'étude détaillée en devra être faite. En gros, ont peut y distinguer trois parties. Le substratum visible est une épaisse assise de schistes bleus noirâtres ; suit une énorme assise de schistes où domine le jaune rougeâtre. Au-dessus se trouve une assise fort épaisse aussi de schistes à cassure grenue et âpre, qui sur certains points passent à de véritables grès blanchâtres ou jaunâtres. Sa puissance totale atteint au moins 1,500 mètres. »

« Le massif de Gar-Rouban et toute la partie sud du massif des Traras ne paraissent formés que par l'assise moyenne. C'est cette assise aussi qui semble former les îlots du pays des Ouel-Hassa ; toutefois, le principal d'entre eux, au Djebel-Skouna, est couronné par une bande assez épaisse de quartzites. Peut-être ces derniers îlots représentent-ils une formation intermédiaire entre les schistes des Traras et ceux des environs d'Oran. C'est là une question pour le moment impossible à résoudre. »

Il existe encore un petit îlot infrajurassique dans la vallée fortement encaissée de l'Oued Tifrit, près de Saïda, en aval de la cascade. Les quartzites y dominent et pourraient représenter la zone supérieure des Traras.

§ 2. — *GRÈS DÉVONIENS.*

d) Il n'y a plus d'incertitude de détermination pour la formation dévonienne qui existe sur les confins de l'Algérie, au sud dans le massif Touareg, et à l'ouest dans la haute vallée de l'Oued Guir au Maroc, où elle passe sous les couches cénomaniennes ; mais il ne paraît pas qu'il y en ait de trace sur le territoire algérien.

§ 3. — *SCHISTES D'ORAN.*

t) Ce terrain est représenté sur la carte provisoire par la teinte affectée à l'indice ci-dessus. Les mêmes incertitudes de classement exposées dans le texte explicatif de la carte provisoire de 1881 existent pour la plupart encore aujourd'hui et nous conduisent à reproduire presque intégralement ce qui en a été dit alors. La présence de ce dernier terrain n'est bien sûrement constatée que dans la province d'Oran, où il se montre dans le massif du littoral depuis Arzew jusqu'au Rio-Salado.

« Le substratum est un grès argileux ou une argile gréseuse, à délit plus ou moins schistoïde avec intercalation de quartzite en plaquettes, bancs ou simples nodules souvent volumineux. La stratification y est fréquemment très diffuse. En dessus et sur une grande épaisseur se superposent des schistes siliceux assez fissiles, mais se divisant en fragments allongés par leur exposition à l'air. On y voit des apparences vagues et indéterminables d'une origine peut-être végétale. C'est de là que proviendraient les traces de Walkia que Jourdan prétendait avoir découvertes. Assez brusquement et en concordance, du moins apparente, de stratification, se montrent au-dessus de l'assise précédente des bancs peu épais, ou plutôt des lits nombreux de calcaires le plus souvent devenus cristallins, plus ou moins mêlés de lits argileux et passant insensiblement à des

calschistes plus ou moins argileux, très fissiles, que l'on a essayé
d'exploiter pour ardoises, et qui ont à la fois une grande puissance
et beaucoup d'homogénéité. Un énorme banc de quartzite les sépare
d'une série de couches moins homogènes, plus siliceuses, se terminant par des bancs plus calcaires et même dolomitiques. »

« C'est à Oran qu'on peut le mieux étudier cette remarquable formation, dont la puissance, depuis le dernier ravin du quartier dit des
Planteurs jusqu'au fort Lamoune, n'est point inférieure à 1 kilomètre.
Malgré la concordance absolue de stratification dans cet ensemble
de couches, il ne serait pas impossible qu'il fût divisible en deux ou
trois terrains distincts. La portion moyenne à partir des bancs calcaires contient quelques fossiles malheureusement en très mauvais
état. Une tige de crinoïde indéterminable a été trouvée dans les calcaires eux-mêmes. Les calschistes qui les recouvrent renferment des
empreintes très déformées d'un mollusque acéphale qui paraît être
une posidonia d'assez grande taille et à côtes concentriques assez
fortes ; ils renferment aussi quelques fragments d'ammonitides à
cloisons très faiblement persillées. Ces documents paléontologiques
sont insuffisantes pour déterminer le véritable horizon de cette formation. Si la partie inférieure peut être permienne à la rigueur,
comme le pensait Jourdan, la partie moyenne ne peut être descendue
au-dessous du trias à cause de ses ammonites. Ce terrain contient
quelques lits de mauvais anthracite. »

On a dû laisser réunies au même terrain des parties qui en sont
chronologiquement distinctes d'une manière certaine, parce qu'elles
ont conservé une grande analogie de faciès et qu'elles exigeront de
nouvelles études pour être délimitées. Un de ces points, qui porte la
citadelle d'Arzew, avait été donné comme exemple de la participation
de l'oxfordien dans le massif schisteux qui fait le sujet de ce chapitre ; or, il se trouve qu'avec des bélemnites et des ammonites très
déformées par le laminage des schistes, on y trouve des orbitolines
de détermination générique incontestable et qui font exclure ces

assises même de la série jurassique pour les reporter à la série crétacée et probablement au terrain néocomien. Il y en a un représentant probable au pied nord-ouest du Djebel Aurouse entre Chrichtel et le cap de l'Aiguille, qui avait été vu déjà par M. Vélain. Le chaînon du Chameau de Mers-el-Kébir pourrait bien aussi appartenir à un horizon semblable ou tout au moins différent de ceux de Santa-Cruz ; nous espérons que ce problème sera prochainement résolu.

§ 4. — *POUDINGUES DU DJEBEL KAHAR.*

tl) Ce terrain occupe encore des surfaces plus restreintes que le précédent ; il est représenté par la teinte affectée à l'indice ci-dessus.

« Un lambeau relativement grand de ce terrain existe dans le pays des Traras, sur le territoire de la tribu des Beni-Menir. Autour de ce lambeau on en trouve aussi quelques îlots très petits, intéressants néanmoins parce qu'ils supportent des calcaires du lias moyen et supérieur et cela avec la circonstance que les calcaires les plus bas contiennent parfois des cailloux roulés de notre terrain, ce qui accuse nettement une discordance. Ces lambeaux reposent tous sur les schistes s du paragraphe 2. Ces conditions de gisement paraissent devoir exclure cette formation de la série jurassique qui lui est supérieure. L'îlot le plus grand montre une puissance considérable, atteignant au moins 400 mètres. Il est de haut en bas formé de couches fort bien stratifiées, de brèches ou de poudingues. Toutes les couches du bas sont exclusivement formées par des débris arrachés aux schistes anciens. Dans le haut, au contraire, les débris de schistes sont associés à des débris de granite provenant sans doute de l'îlot de Nedroma, et ceux-ci finissent par devenir tellement prédominants que les couches prennent presque l'apparence d'un granite en place qui serait stratifié. »

« A la montagne des Lions, cette formation repose sur les schistes t en stratification discordante. Sa puissance est considérable et

elle est constituée par des couches épaisses et nombreuses de poudingues, à cailloux plus ou moins volumineux suivant les assises,
quelquefois réduits à un sable très grossier. Au cap Falcon, à l'ouest
d'Oran, le terrain est formé de couches argileuses conglomérées dont
les éléments ont été empruntés aux schistes et calschistes de la formation précédente, qu'il recouvre immédiatement. » Il est recouvert
par des calcaires avec hématite brune, les analogues de ceux des
Traras qui renferment des fossiles du lias. « Sa couleur et sa composition rappellent le vieux grès rouge ; mais sa superposition à des
couches à ammonites ne permet guère de le descendre au-dessous
du trias, dans lequel il pourrait représenter le Keuper. On pourrait
toutefois y voir aussi un représentant du terrain rhétien, ou infralias,
avec autant de probabilité ; il est très difficile de l'établir, en raison
des relations stratigraphiques assez obscures qu'il présente et surtout de l'absence de documents paléontologiques. Le seul fossile
connu consiste en bois silicifié de conifère encore indéterminée. »

La réunion de ces deux grands lambeaux est légitimée par leur
analogie de composition et de structure, et elle entraîne avec elle
l'attribution au même niveau stratigraphique des calcaires liasiques
à minerai de fer du pays des Traras et de ceux à minerai identique,
mais dépourvus de fossiles, de la région d'Oran ; du moins jusqu'à
preuve du contraire.

La présence de ce terrain dans le Djurjura, indiquée dans la notice
de 1881, d'après les observations de Nicaise, se trouve contredite par
les nouvelles études de cette région.

CHAPITRE III

TERRAIN JURASSIQUE.

Le terrain jurassique est représenté sur la carte par la couleur bleue nuancée, suivant les groupes d'étages ; la plus foncée pour le groupe inférieur, la plus claire pour le groupe supérieur et la moyenne pour le groupe intermédiaire et pour les portions où la distinction des étages n'a point été encore faite.

§ 1. — *GROUPE DU LIAS.*

Ce groupe, représenté par la lettre l, est en discordance stratigraphique avec toutes les formations antérieures, y compris celle qui fait l'objet du paragraphe précédent et qui pourrait encore représenter l'infralias.

1²) Il commence par le lias inférieur ou sinémurien qui n'est que très faiblement représenté dans la seule province de Constantine par un système de couches calcaires fortement redressées, grises ou bleuâtres, dans lesquelles on a recueilli quelques fossiles déterminables, cités par Coquand. Ce sont Belemnites acutus Mill., Ammonites Kridion Hehl, Pecten Hehli d'Orb., Pentacrinus tuberculatus Mill. J'ai pu vérifier la détermination des trois premières espèces sur d'assez bons exemplaires rapportés par Ville de la carrière des Ponts et Chaussées d'El-Kantour. Ceux recueillis par Coquand devaient provenir de la tranchée de la route de Philippeville à Constantine au pied du Djebel Si-Cheik-ben-Rohou, à une faible distance du premier gisement.

Coquand attribuait toute la masse calcaire de cette montagne au terrain de lias ; Tissot, au contraire, la rapportait à la formation nummulitique et repoussait catégoriquement comme fantaisiste toute assimilation au jurassique. Cette manière de voir des deux auteurs s'appliquait aussi au Djebel Msouna des Zardezas et aux Toumiettes.

En réalité, le Djebel Si-Cheik-ben-Rohou présente les deux terrains. La plus grande masse est formée, comme celle des Toumiettes, d'un calcaire compact, souvent à cassure cireuse, dans lequel les nummulites sont évidentes, par exemple au-dessus du hameau de l'Armée-Française, tandis que la partie jurassique paraît être confinée sur le revers sud.

Il m'a été impossible d'y retrouver les fossiles signalés. Les relations stratigraphiques ne sont pas très nettes entre ces deux étages de calcaires si semblables pétrographiquement et il faudra de nouvelles études, assez minutieuses, pour débrouiller ce petit chaos. Du reste, le développement en surface du terrain est tellement restreint qu'il est impossible de le figurer à l'échelle de notre carte.

Les autres indications de Coquand ont besoin d'être vérifiées et plusieurs sont certainement erronées. M. Péron a reconnu l'existence d'un autre lambeau au Djebel Grouss, près de Oued-Atménia.

1³) Le lias moyen, ou liasien proprement dit, est également constitué par des calcaires compacts, à grain très fin, d'apparence plus ou moins lithographique, à cassure parfois cireuse, rarement subcristalline. La couleur est blanche, un peu grisâtre, ou par places teintée de ferrugineux. En certains lieux ils passent à la dolomie. Ils forment presque toujours des masses puissantes homogènes, sauf vers la partie supérieure mieux litée et plus marneuse. On y observe à certains niveaux des silex sous apparence de rognons et qui présentent la texture de spongiaires amorphes. Ils forment le plus souvent des mornes, des escarpements très rocheux, où la stratification est difficilement perceptible. Souvent aussi ils se dressent en pics ou en crêtes aiguës, que forment les tranches des couches soulevées plus ou moins près de la verticale.

Les fossiles sont extrêmement rares dans ces masses et on n'en a encore observé que dans un petit nombre de points, dans le Djurjura vers l'Azrou-Tidjer, dans l'Ouarsenis au grand pic et dans son voisinage, près du chott Nahama dans une tranchée du chemin de fer d'Aïn-Sefra, enfin chez les Beni-Snouss, près du moulin et de la mine de Tléta. Les espèces déterminées sont Belemnites niger Lister, Ammonites Valdani d'Orb., A. Loscombei Sowerby, A. Collenoti d'Orbigny, Rhynchonella serrata d'Orb., R. tetraeda d'Orb., R. variabilis Schlot, R. meridionalis Coq., Terebratula subovoïdes Rœm., T. numismalis Lamk., Spiriferina rostrata de Buch. Un certain nombre d'autres espèces ont été nommées et diagnosées par Coquand et feront l'objet d'une description iconographique.

1⁴) Le lias supérieur, ou Thoarcien, commence peut-être avec les couches marneuses qui ont été signalées plus haut comme terminant le lias moyen. Il est composé de couches marneuses, puis de lits calcaires en dalles plus ou moins épaisses entremêlées de lits marneux; leur épaisseur est notable, mais les reliefs qui s'y rapportent sont beaucoup moins rigides que ceux de leur substratum. Il paraît y avoir concordance de stratification entre ces deux étages. Les fossiles y sont très rares et n'ont été recueillis qu'en un très petit nombre de points. Les Ammonites mimatensis d'Orb. et A. concavus Sowerby dans le massif du Djurjura et dans celui de Bou-Kouna; les Ammonites bifrons et A. radians dans le massif des Traras, près du Fillaoucen. Ce sont des espèces suffisamment caractéristiques pour ne laisser aucun doute sur l'âge du terrain.

Les trois termes de cette série sont tellement liés entre eux par le faciès lithologique, qu'il est difficile d'y tracer des limites bien nettes. Lorsque les fossiles font défaut, ce qui est malheureusement le plus fréquent, le problème est insoluble, du moins en l'état de nos connaissances. De même qu'à Si-Cheik-ben-Rohou il est possible que le lias moyen soit représenté au dessus du lias inférieur ; de même on peut penser que ce dernier pourrait exister à la base des grandes masses liasiennes, son aspect n'y présentant pas de différences notables et où il ne pourrait être reconnu que par les fossiles. Nous devons donc nous borner à indiquer la distribution dans son ensemble de ce groupe stratigraphique sur le territoire algérien.

On ne reviendra pas sur le lias inférieur d'El-Kantour, qui constitue le seul point où cet étage ait encore été positivement reconnu. C'est plus à l'ouest, au delà de Djidjelli et du cap Cavallo que se montrent les premiers massifs calcaires bordant le littoral d'une façon plus ou moins continue, depuis le Djebel Kroub vers l'Oued-Taza, jusqu'à Ziama et l'Oued-Agrioun, avec un îlot isolé au cap Aokas. Il s'en détache vers le sud chez les Beni-Marmi, à partir du Djebel Haddid et Moa, une assez longue bande de chaînons parallèles qui courent vers l'ouest, plus ou moins tronçonnés jusqu'aux Djebel Monkaï et Kaudiron et se succèdent vers le sud jusqu'au Babord et vers les gorges du Chabet-el-Akra, près de Kérata, qui sont ouvertes dans la masse. Ils constituent les plus hauts reliefs de la contrée, où ils émergent au dessus des terrains les plus récents qui ont rempli leurs plissements synclinaux. comme un archipel sur la mer ; et certainement c'est le rôle géographique qu'ils y ont joué à l'époque crétacée. C'est le liasien qui paraît y prédominer ; mais en bien des points, comme au Bou-Kouna, les parties supérieures plus marneuses et mieux litées sont sans doute des représentants du lias supérieur. Le substratum est resté inconnu.

Au cap Bouak et au cap Carbon de Bougie commence une autre série formant une étroite bande du flanc nord du Gouraya jusqu'au Djebel Arbalou de Toudja; elle présente les deux étages lithologiques, mais les fossiles, très rares, y sont presque indéterminables.

Après une grande interruption vers l'ouest, les calcaires du lias réapparaissent à Tizi-Nchria jusqu'au col de Chélata; puis après quelques autres lacunes ils surgissent pour constituer à eux seuls les grandes crêtes rocheuses escarpées et dentelées du Djurjura et de quelques-uns de ses chaînons secondaires, formés par leurs plissements. Puis ils disparaissent définitivement vers Tizi-Djaboud, à la hauteur de Bouïra et de Bordj-Boghni. C'est au Tagmout de Lella-Kadidja que M. Ficheur a constaté le plus grand développement des parties supérieures plus marneuses et litées en dalles ; elles forment le sommet du pic et se développent au voisinage et sur le flanc sud, vers Ras-Tizimi et l'Azerou-Maden ; mais elles paraissent manquer dans la chaîne principale située au nord du Tamgout.

C'est à l'Azerou-Tidjer que la découverte par M. Letourneux de l'Ammonites concavus a révélé la présence du terrain jurassique dans la grande Kabylie, méconnue jusque-là par suite de sa stérilité en fossiles et à cause de la similitude de ses roches avec les calcaires nummulitiques qui lui sont trop souvent accolés. C'est pour les mêmes raisons qu'une confusion semblable s'était produite dans les gorges de l'Isser, sous Palestro, où M. Ficheur a fini par trouver quelques fossiles qui lui ont permis de délimiter dans une région nummulitique quelques îlots de calcaires liasiques. On trouvera des détails plus circonstanciés sur le terrain jurassique de la grande Kabylie dans une esquisse géologique publiée par M. Ficheur dans les comptes rendus du congrès de l'Association française à Oran en 1888.

Il faut se transporter jusque dans l'ouest de la province d'Alger et dans le milieu du Tell pour rencontrer un autre lambeau du terrain qui nous occupe ici ; et il y constitue un massif peu étendu mais très culminant connu sous le nom de Ouarsenis. C'est au sommet du pic que se montrent des calcaires compacts, très durs, blanchâtres, à cassure souvent cireuse, mais d'autrefois gris bleuâtres et un peu dolomitisés ; on y trouve un certain nombre de fossiles très caractéristiques du lias moyen, parmi lesquels on peut citer des spiriférines, associées à beaucoup d'autres espèces spéciales recueillies par

Nicaise et dénommées par Coquand. Ces fossiles criblent littérale-
ment certains blocs et s'en détachent facilement malgré la dureté de
la gangue. L'ingénieur Flageolot y avait plus anciennement recueilli
l'Ostrea cymbium Lamk., en allant visiter des gisements importants
de calamine contenus dans ce terrain. Les couches sont presque
horizontales dans le Kef Sidi-Amar ou grand pic et sont fortement
redressées au Kef Si-Abd-el-Kader, ainsi qu'à une troisième crête
voisine.

On a indiqué la présence du lias soit au Chénoua, soit au cap
Ténès, où se montrent certainement des calcaires nummulitiques,
mais uniquement d'après la ressemblance de la roche avec celle du
Djurjura et de l'Ouarsenis ; mais aucun fossile n'a été découvert pour
confirmer cette détermination, que rendent peu probable les conditions stratigraphiques du gisement.

C'est dans le littoral de l'ouest de l'Algérie, chez les Traras, qu'il
faut ensuite aller chercher des représentants incontestables du terrain
de lias. Au cap Noé, au Sfyan et au Fillaoucen, on peut observer des
masses très puissantes de calcaires très compacts peu nettement
stratifiés, qui reposent sur les schistes des Traras (**s**) ou sur les
poudingues des Beni-Ménir (**tl**), en discordance de stratification ; les
fossiles y sont très rares. On n'a rien observé à la base qui pût indiquer une attribution au lias inférieur ; mais à la partie supérieure,
qui devient plus marneuse et plus litée, on a pu recueillir une assez
grande quantité de fossiles, parmi lesquels abonde l'Ammonites
bifrons caractéristique du lias supérieur, ce qui détermine comme
lias moyen la majeure partie des masses sous-jacentes. Ces calcaires
sont souvent bleuâtres ; ils prennent ailleurs une teinte brune dolomitique ou ferrugineuse ; souvent ils renferment à leur base des amas
considérables d'hématite brune très riche et très manganésifère, qui
fait en quelque sorte partie des couches par une sorte d'épigénie de
substitution ; c'est à Bab-Mteurba que l'on peut étudier l'un des plus
importants de ces gisements.

Ce caractère a conduit à rattacher au même horizon une série
d'autres lambeaux qui s'étend, de proche en proche, jusqu'au voisinage d'Oran, où ils sont fortement dolomitisés, comme à la montagne
de Santa-Cruz, ou sidérosés comme au cap Falcon; de même que
chez les Traras, ils reposent en discordance sur les schistes d'Oran
et sur les poudingues du Djebel Kahar, et c'est cette relation stratigraphique qui nous a fait considérer tout au moins les schistes comme
antéjurassiques. A cette bande appartiennent aussi les gisements, si
riches et si puissants, d'hématite brune de Beni-Saf. Les mêmes
relations stratigraphiques et une forte imprégnation ferrugineuse
pourraient faire estimer que les calcaires du sommet du Djebel
Orouse appartiennent au même système. Les uns sont blanchâtres à
petits grains cristallins; les autres sont fortement ferrugineux et donnent de très beaux marbres brèches.

Une autre bande de terrain liasique se montre en discordance sur
les schistes anciens de la zone montagneuse intérieure, chez les
Beni-Snous, entre Gar-Rouban et Tléta. Elle comprend quelques
lambeaux de calcaire bleu et de dolomies montrant parfois un substratum argileux et émergeant sous des couches jurassiques bien
plus récentes; ils sont trop petits pour avoir été marqués sur la
carte. Il sera nécessaire de les étudier à nouveau pour en distinguer
d'autres lambeaux qui sont comme eux sous-oxfordiens, mais pourraient bien appartenir au jurassique oolithique. Au Djebel Tassa et
près des mines de Tléta se trouvent des gisements à Belemnites
niger et Spiriferina rostrata, dans des calcaires compacts et durs,
corrodés de grands trous à leur surface, rendant extrêmement difficiles les sentiers muletiers qui les traversent. C'est bien un représentant du lias moyen; mais il y aurait à rechercher s'il n'y a pas aussi
quelques traces du lias supérieur, ainsi que l'indiquerait Ammonites
radians qui y a été signalé.

Des calcaires semblables, durs et bleuâtres, forment de petites
collines émergeant des atterrissements désertiques entre Touadjer et

Chott-Nahama, où les travaux du chemin de fer d'Aïn-Sefra ont mis
à nu un gisement riche en térébratules (**T.** numismalis) et rhyncho-
nelles (**R.** tetraedra), recueillies par M. Meunier, ingénieur du chemin
de fer.

§ 2. — *GROUPE OOLITHIQUE.*

Ce groupe, représenté par l'indice **Jb**, débute par des assises dont
la détermination est restée assez longtemps incertaine et que leur discordance sous l'étage callovo-oxfordien avait fait rapporter par nous
au lias par suite de pénurie de documents paléontologiques. Actuellement ces documents sont un peu moins rares et permettent de classer
ces couches sur l'horizon de la grande oolithe, sans qu'il soit encore
possible d'en serrer de plus près la classification.

J₁ᵢᵥ) C'est en général une puissante formation de dolomie dure,
massive, d'un gris rougeâtre, souvent taillée en escarpements, dans
laquelle les assises sont plus ou moins distinctes et paraissent toujours épaisses, sauf en quelques gisements où se montrent des calcaires marneux mieux lités. Ces dolomies reposent sur des marnes
ou argiles en concordance de stratification, qui sur le point principal
où elles auraient pu être étudiées avec le plus de fruit, dans la gorge
de l'Oued Tifrit, ont été métamorphisées en tuf par une puissante
masse éruptive. Elles ne m'ont fourni aucune trace de fossiles.

Il ne paraît pas que le terrain oolithique ait été reconnu d'une
façon indubitable dans la zone occupée sur le littoral par le groupe
liasique. Au Djebel Bou-Kouna, entre autres gisements, une recon-
naissance de M. Ficheur a constaté que l'indication de Coquand
devait être erronée.

Chez les Beni-bou-Saïd, les dolomies paraissent être très puissantes ; mais elles sont presque complètement masquées par une
grande faille qui a relevé leur base à la hauteur de l'oxfordien, ne

conservant quelques lambeaux que sur la lèvre septentrionale, qui est celle soulevée ; ces lambeaux sont remarquables par leur imprégnation de galène et parfois de blende. Le Djebel Tessidilt et le quartier minier de Zaouïa près de Gar-Rouban, en sont des exemples. A l'ouest du Tessidilt une profonde ravine à travers les schistes a mis à nu une partie de l'escarpement dolomitique ; mais il reste inabordable. A Zaouïa la partie la plus inférieure a donné un holectypus peu déterminable et, dans son voisinage, des lits de minerai de fer oolithique ont fourni quelques ammonites que j'ai pu retrouver dans les collections du Service et parmi lesquelles sont Ammonites Brongnarti, A. cycloïdes. A. humphricsianus. C'est probablement du même horizon géologique que doit provenir une alvéole de Belemnites giganteus rapporté du Djebel M'Kaïmen près d'Abla, par M. Pouyanne. et plusieurs exemplaires d'une variété de Collyrites subringens et Holectypus hemisphœricus, recueillis également par M. Pouyanne dans la plaine de Missiouïn sur le territoire marocain au sud-ouest de Ras-Asfour.

Ce sont aussi des dolomies qui représentent l'étage aux environs de Saïda ; elles ont ici une cinquantaine de mètres de puissance à la cascade de Tifrit et les tufs marneux concordants qui les séparent des schistes et quartzites ont une vingtaine de mètres. A Saïda, on y a trouvé quelques fossiles, un Acrosalenia, voisin de A. Lamarki, et quelques térébratules ; à Tafaroua, dans un puits creusé par la Compagnie Franco-Algérienne, de nombreuses Rhynchonella variabilis ont été recueillies par M. l'ingénieur Meunier. Ces dolomies surmontent par plissements les couches callovo-oxfordiennes pour constituer de grandes étendues des Hauts-Plateaux vers le sud et vers l'est, chez les Assasna-Garaba. Vers l'ouest, elles passent sous les marnes oxfordiennes ; mais plus loin, vers le sud-ouest, elles forment presque en totalité le Djebel Antar, du moins à la hauteur de Mechéria, poste assis sur les couches oxfordiennes qui les surmontent. Ici les dolomies sont très puissantes et fortement redressées de manière à montrer leurs tranches vers l'ouest. Vers l'est, dans le Tell, cette bande se prolonge par deux lambeaux qui affleurent en bosse dans la vallée de l'Oued El-Abd, émergeant de l'oxfordien, au sud-est de Tagremaret et dans le Djebel Kselna, en amont de Bou-Nouel : ici, comme à Saïda, ces dolomies renferment des imprégnations de galène à l'état de mouchetures, qui paraissent avoir une maigre valeur industrielle parce qu'elles sont moins abondantes et bien moins concentrées que dans le gisement de Zaouïa du périmètre de Gar-Rouban.

Au sud de Tiaret, entre le Nador et Ousseugh, existe un vaste plateau s'étendant jusqu'au Djebel Kosni, entièrement constitué par des dolomies très semblables aux précédentes et qui peut-être appartiennent au même étage. Mais comme elles ont autant d'analogie avec celles qui couronnent les plateaux au sud de Frenda, en l'absence de tout document paléontologique, on les considèrera comme appartenant à ce dernier horizon, qui fait partie du groupe corallien.

M. Renou, dans la partie géologique de l'exploration scientifique de l'Algérie, page 115, a écrit : « Tous les environs de Saïda offrent des dolomies reposant presque horizontalement sur des couches calcaires, probablement aussi un peu magnésiennes, mais plus schisteuses, plus argileuses, remplies d'un nombre considérable d'ammonites. Celles que je recueillis tout près de Saïda, à l'ouest, se rapportent, d'après M. Deshayes, à neuf espèces, parmi lesquelles une est voisine de Ammonites plicatilis Sow. ; une voisine de Ammonites planicosta Sow., et une autre de Ammonites Taylori Sow. Coquand, sur cette seule indication, non d'identité, mais de simple ressemblance, n'a pas hésité à y affirmer la présence du lias inférieur et du lias moyen, malgré l'association des deux dernières à la première, qui est d'une tout autre signification.» En fait, ce gisement de Saïda ne montre que des couches callovo-oxfordiennes au point indiqué par M. Renou, et je pense y avoir retrouvé les deux espèces qui ont donné lieu à sa méprise et que Deshayes s'était bien justement gardé d'identifier. Les couches fossilifères ne sont pas du reste recouvertes par les dolomies, et la superposition de ces dernières n'est qu'une apparence due à un mouvement de plissement ayant produit leur chute brusque, et leur plongée sous forme de gradin, sous les lits argilo-calcaires. Ceux-ci, dans le cirque même de Saïda, s'appliquent sur une partie seulement du gradin, comme s'ils passaient dessous, tandis qu'ils sont certainement supérieurs. A l'époque des explorations de M. Renou, les géologues étaient le plus souvent condamnés à faire des études à distance et ils ne pouvaient que rarement corriger les défectuosités de l'apparence.

Il faut aller dans l'est, jusqu'au massif du Bou-Thaleb, pour retrouver un représentant de cet étage, au Djebel Afghan et au Djebel Bou-Iche, où il a été d'abord reconnu par M. Brossard et il consiste en dolomies qui culminent en pitons, par suite du fort redressement des assises ; on y cite Ammonites Parkinsoni.

. Ce doit être encore à ce groupe qu'il faut attribuer les calcaires compacts et les dolomies rocheuses, qui, avec une grande puissance et une stratification un peu confuse, forment le pied oriental du Tougour et du Chellala, à l'ouest de Batna. On n'y a rencontré aucun fossile ; mais leur position sous l'oxfordien légitime cette attribution. Ils contiennent dans certaines couches des imprégnations cuivreuses sur dix kilomètres de longueur, mais avec des teneurs assez faibles pour ne pouvoir être exploitées utilement. Selon Tissot, on les retrouverait dans le massif des Ouled-Sellem, entre Sétif et Batna, dans les mêmes relations stratigraphiques, et ce serait eux qui constitueraient presque exclusivement le massif jurassique des Ouled-bou-Aoun et les îlots isolés des plateaux du Tell.

D'après Coquand, le Djebel Sidi-Rgeiss présenterait la même série qu'à Batna, et l'étage oolithique lui aurait fourni deux fossiles de cet horizon, Holectypus depressus et Terebratula Kleinii, sous des marnes contenant des fossiles oxfordiens, parmi lesquels Ammonites tortisulcatus. Mais Tissot ne veut voir que le terrain néocomien dans cette montagne, et nous avons encore à vérifier quelle est la vraie de ces deux assertions opposées.

§ 3. — *GROUPE OXFORDIEN.*

Ce groupe est représenté par l'indice **Jo** sur la carte provisoire. Il est souvent en discordance avec le groupe précédent, soit directement, soit par transgressivité.

J[1-2]) Dans son type le plus habituel, il est surtout constitué par des argiles et des marnes, alternant avec des lits et des plaques de grès dans sa partie moyenne, ou avec des lits calcaires ou calcaréo-gréseux, qui se développeraient plus ou moins, au voisinage de la base. Celle-ci est souvent très ferrugineuse, et sur certains points présente un véritable minerai oolithique. La puissance totale dépasse cent mètres. Telle est la constitution du terrain dans la province d'Oran. Les ammonites ne sont pas rares en certains gisements des couches inférieures. A Abla, où celles-ci sont constituées par des calcaires bleus qui reposent directement sur les schistes anciens, elles renferment Ammonites macrocephalus, A. tatricus, A. Zignodianus, A. plicatilis, A. tortisulcatus. A Saïda, on y trouve Ammonites anceps, A. tortisulcatus, A. lunula, A. Backeriæ, A. Adelæ, A. tatricus, A. coronatus, A. plicatilis, A. Baugieri, Nautilus sexangulatus ; ils sont dans les mêmes bancs que Bélemnites hastatus et B. sauvanausus. Ces fossiles sont concentrés en quelques sortes dans un groupe peu épais de petits bancs calcaréo-gréseux et il est impossible d'y établir une distinction entre ceux qui renferment les espèces calloviennes et ceux qui contiennent les espèces oxfordiennes ; les deux étages paraissent ici confondus.

Les petits lits et plaquettes de grès qui se succèdent au-dessus, mêlés aux argiles, sont couverts en beaucoup de points d'empreintes,

le plus souvent en relief, des formes les plus bizarres, dont beaucoup
sans doute sont dues à des êtres organisés, mais dont d'autres ne
sont que des moules de cavités accidentelles sur la surface des
argiles ou des ludus. On y remarque des empreintes évidentes de
conifères du genre Brachyphyllum. D'autres rappellent une fronde
de cycadée ou de fougère simple, à folioles obliques, sans trace de
structure ; mais elles pourraient encore mieux être attribuées à des
empreintes laissées par la progression d'un articulé. Les lits gréseux
diminuent vers le haut et les fossiles y font défaut, ou tout au moins
deviennent extrêmement rares.

Dans le pays des Traras cet oxfordien repose sur le lias dans la
région orientale et sur les schistes dans la région occidentale, où des
études sont encore nécessaires pour en déterminer les relations stratigraphiques de détail. Chez les Beni-bou-Saïd, le terrain constitue
une bande étroite commençant à l'ouest de la Tafna et constituant la
région naturelle du Slib (d'où le nom de marnes du Slib donné par
M. Pouyanne), jusqu'à la frontière du Maroc, qu'elle suit, en se dirigeant vers le sud, autour du plateau d'Asfour. Dans l'est, il reparaît
dans la Yagoubia, depuis le pays des Ouled-Daoud jusque chez les
Ouled-Khaled-Chéragas, descendant des crêtes du plateau jusqu'auprès de Sfid. Il émerge de nouveau du terrain quaternaire vers le
sud, au pied oriental du Djebel Antar, où les grès sont plus développés qu'ailleurs, et on le retrouve à Touadjer. A l'est de Saïda, il
paraît confiné sur les hauts versants du Tell et il ne peut en être
resté que des lambeaux inaperçus sur les dolomies du pays des
Assasna.

L'oxfordien se poursuit à l'est et occupe de grandes surfaces dans
la vallée supérieure de l'Oued El-Abd, à partir des Chellog, où on a
trouvé Ammonites tortisulcatus et à Bou-Nouël, où abondent les
empreintes et traces physiologiques sur les plaques de grès ; puis
dans la vallée de l'Oued El-That, où il constitue tout le grand cirque
de Frenda, jusqu'aux escarpements du Djebel Gaàda.

On le retrouve encore dans la vallée de la Mina, sous la cascade, jusqu'auprès de Méchera-Sfa, et il reparaît dans le cirque de l'Oued Tamda, au pied nord du Kartoufa, où ses grès à empreintes sont faciles à observer auprès même de l'ancien caravansérail de ce nom. Mais sur presque toute cette étendue, les couches les plus inférieures n'affleurent pas, sauf en un point où elles ont été soulevées par le grand dyke de Tamda, vers son extrémité occidentale, à travers le néocomien ; on y peut recueillir des ammonites des types de Saïda, très rubéfiées par suite de l'action de la roche éruptive. C'est toutefois un très petit lambeau.

Il faut aller jusqu'à l'Ouarsenis, dans l'est, pour retrouver un représentant du groupe oxfordien ; il y est accolé au lias par faille avec roche éruptive intercalée, d'après Nicaise, ou plutôt par contact de falaise, ainsi que l'assure M. Ficheur. Ce n'est qu'un grand lambeau ; mais il est remarquable par les renseignements inattendus qu'il nous apporte. Le terrain est argilo-marneux vers la base, dont les parties les plus inférieures restent cachées ; il montre d'abord de fortes alternances de grès et de calcaires. Plus haut prédominent des calcaires à colorations ferrugineuses, et cela sur une grande puissance. Les premières assises montrent les fossiles habituels aux gisements précédents. Nicaise y avait recueilli Ammonites Adelæ, A. tatricus, A. tortisulcatus, A. transversarius, A. perarmatus, A. plicatilis, Bélemnites hastatus. M. Ficheur a retrouvé ces espèces dans une course récente avec M. Pouyanne ; mais, de plus, il a recueilli, dans un banc inséparable des autres, Terebratula diphya et Metaporinus transversus. Ce dernier n'est cependant représenté que par des exemplaires trop déformés pour permettre d'en affirmer l'identité spécifique, mais suffisamment pour ne laisser aucun doute sur leur affinité intime tout au moins. Le premier est nettement caractérisé comme variété (ou espèce) dilatata Catulo. (Pl. 33, fig. 1 de la monographie de Pictet.) On se trouverait donc en présence d'une anomalie de distribution paléontologique ; elle n'a laissé aucun doute dans l'esprit de l'observateur en raison des superpositions immédiates et la presque horizontalité des assises ; du reste l'espèce reparaît dans un autre banc supérieur à celui qui renferme les ammonites, d'où on peut déduire qu'elle appartient bien au même horizon. On observe encore une grande épaisseur de calcaires sans fossiles faisant suite en superposition concordante.

Nicaise a signalé la présence de l'oxfordien entre le Chabat-Lalla-Ouda et l'Oued Sly au sud des crêtes helvétiennes : mais dans une course, rapide il est vrai, je n'ai rien observé qui confirmât cette assertion.

Le terrain oxfordien reparaît encore à une très grande distance vers l'est, dans le massif du Bou-Taleb. M. Brossard, le premier, en a fait connaître la composition. Les couches les plus inférieures sont formées de calcaires argileux et schisteux, surmontés de calcaires rouges et d'argiles alternantes en petits bancs, contenant Ammonites Backeriæ, A. anceps. Elles sont surmontées d'autres alternances de calcaire verdâtre avec rognons de silex noir, se débitant en blocs et contenant quelques intercalations d'argile verte. Puis viennent au-dessus d'autres bancs de calcaires en dalles alternant avec des argiles rouges ou vertes. Les calcaires renferment des rognons de silex et des fossiles, parmi lesquels sont Bélemnites hastatus, Ammonites plicatilis abondants et A. tortisulcatus. Au-dessus viennent des argiles schisteuses bleuâtres avec bancs marneux, puis des calcaires qui supportent d'autres argiles schisteuses grises ou bleuâtres. Toutes ces couches sont fortement redressées ou presque verticales. Les deux horizons paléontologiques, callovien et oxfordien, paraissent ici bien séparés au contraire de ce qui existe dans les régions de l'ouest.

A l'ouest de Batna se dresse la haute chaîne du Djebel Tougour et du Djebel Chellala, qui montre à son pied oriental un assez grand développement du groupe oxfordien reposant sur les dolomies et les calcaires de la grande oolithe.

La partie inférieure est formée de marnes fissiles renfermant, d'après Coquand, qui l'a observée le premier, les Ammonites lunula et A. tumidus ; au-dessus viennent des calcaires ferrugineux alternant avec de minces filets d'argile et contenant Ammonites Backeriæ et A. anceps, avec Bélemnites latesulcatus et Collyrites friburgensis ; c'est à peu de chose près la même composition qu'au Djebel Bou-Taleb dans la partie inférieure, et la ressemblance se poursuit dans le haut où des calcaires rouges en dalles alternant avec des marnes rougeâtres contiennent, d'après Coquand toujours, Bélemnites hastatus et B. sauvanausus, Ammonites plicatilis, A. tortisulcatus, A. Hommairei, A. Eucharis, A. viator et A. tatricus. Le même auteur attribue encore au même terrain des couches alternantes de calcaires gris et de marnes remplies d'Ammonites plicatilis, recouvertes par des calcaires compacts en grands bancs, contenant la Terebratula diphya. Au Bou-Taleb, M. Péron a observé la même série supérieure avec Terebratula janitor, la même que T. diphya de Coquand d'après lui, et cet auteur rapporte ce terrain au tithonique. Nous en reparlerons plus loin.

D'après Tissot, l'oxfordien se présente avec le même caractère général dans les lambeaux des Ouled-Selem, entre le Bou-Taleb et le Chellata. M. Brossard signale d'autres gisements dans la Kabylie de Sétif, dont nous n'avons pu encore contrôler l'existence.

Coquand cite aussi dans le Djebel-Sidi-Rgheiss des marnes vertes et bleues puissantes avec Bélemnites sauvanausus, Ammonites tatricus et A. plicatilis, là ou Tissot ne trouve que du néocomien.

Récemment, M. Le Mesle a présenté à la Société géologique de France des fossiles semblables recueillis dans des couches ferrugineuses au Djebel Zagouan, et M. Arnaud m'annonce qu'il en existe au Bou-Kournen, près de Hammam-el-Lif.

§. 4. — *GROUPE CORALLIEN.*

Jc) Ce groupe est assez bien représenté dans l'ouest de l'Algérie, mais avec des caractères peu habituels.

J³ª) A sa base il comprend, après quelques alternances d'argiles et de grès, une assise de dolomie de puissance variable, souvent pétrie de crinoïdes ou de polypiers. A Saïda, cette assise a de 1 à 2 mètres de puissance et elle est presque entièrement formée de polypiers foliacés du genre des thamnastrées, mêlés à des stylines et à des montlivallies. On y trouve aussi un type des plus remarquables : Enallohelia compressa. On y retrouve Ammonites tortisulcatus, Terebratula insignis, Holectypus punctulatus, Collyrites bicordata ; Clypeus cf. Hugii, Hyboclypus cf. Wrighti, Pygurus cf. Hausmani, P. cf. royerianus. Presque immédiatement au-dessus est une couche de sable plus ou moins épaisse, remarquable par ses petits grumeaux concrétionnés. Un peu à l'ouest de Saïda cette couche ne paraît être représentée que par quelques gisements discontinus de polypiers, où domine une grande thamnastrée foliacée qu'on retrouve chez les Beni-bou-Saïd.

C'est à partir du Djebel Tendfeld, de l'Oum Deban et du flanc méridional du Djebel Timerguent que l'assise prend une certaine importance ; elle couronne la montagne carrée d'Aïn-Nazereg. Elle se prolonge à l'est par le voisinage de Francheti, chez les Ouled-Kraled-Guaraba et Chéragas, en recouvrant toujours les argiles oxfordiennes.

Elle reparaît dans la vallée de l'Oued El-Abd, au sud du Djebel Zelamta ; forme une bande en ceinture autour du Djebel Si-ben-Halyma, couronne les crêtes des cirques de Tagremaret et de Frenda, depuis l'Aïoun-Berranis, par le Djebel Gaàda, jusqu'à Frenda, qui est bâti au sommet de son escarpement ; elle fait ceinture interrompue autour du pays des Ouled-Sdama, remontant sur la rive gauche de

la Mina, jusqu'à la cascade, près de laquelle passe la route de Frenda
à Tiaret. C'est le même massif dolomitique qui paraît se prolonger
vers l'est pour constituer le plateau du Nador, depuis Aïn-Ousseugh
jusqu'auprès de Taguin. Mais une nouvelle étude serait nécessaire
pour permettre d'en établir la continuité ; car l'élément paléontologique y fait défaut.

Aux environs de Frenda, les calcaires dolomitiques contiennent
beaucoup de crinoïdes trop engagés pour être extraits ; ici on retrouve
la couche gréseuse à petits grumeaux et, dans le village même, elle
contient un grand tronc de conifère silicifié. A la cascade de la Mina,
on voit s'atrophier en quelque sorte la formation dolomitique, dont
l'escarpement donne encore lieu à la cascade ; mais le calcaire
devient assez brusquement granuleux et même oolithique, peu
compact et renferme un certain nombre de fossiles : Pygaster cf.
umbrella, Holectypus corallinus, Rhabdocidaris caprimontiana ,
Pseudocidaris rupellensis et mammosa, Stomechinus gyratus, Terebratula insignis. A une petite distance de là, vers le nord-est, le banc
a fortement diminué d'épaisseur et n'est plus représenté que par un
calcaire grossier, presque sans fossille, qui surmonte toujours les
marnes oxfordiennes.

Au nord du Djebel Kartoufa de Tiaret, constitué par le terrain
tertiaire, l'oxfordien supporte, dans la vallée de l'Oued Tamda et
dans celle de l'Oued Teguigest, une série de bancs calcaires occupant
la même situation géologique que les dolomies précédentes. Ces bancs
sont entremêlés de quelques lits marneux dans lesquels on recueille
un certain nombre de fossiles siliceux, qui rappellent le terrain à
chailles : Hemicidaris Cartieri, Acropeltis æquituberculata ?, Hemi-
pedina Sæmani, Holectypus drogiacus, Collyrites carinata, Terebratula insignis, Rhynchonella inconstans, Apiocrinus sp., Millericrinus
sp., divers polypiers. C'est cet ensemble que j'ai désigné dans des
publications antérieures sous le nom d'Argovien, dans le sens où
M. Marcou avait créé cette division. C'est le passage de l'oxfordien

au corallien ; mais le caractère corallien est plus dominant ; le terme glypticien serait plus approprié.

Le Djebel Reuchiga est en avant des dolomies du Djebel Kosni, comme les calcaires du flanc nord du Kartoufa sont au devant du Nador ; il pourrait être un représentant du même faciès, d'après quelques-unes des espèces connues ; il sert en quelque sorte de transition à un gisement décrit par M. Péron et situé à l'autre extrémité du Sersou, près du ksar de Chellala.

Les alternances de marnes fissiles et de calcaires argileux y représentent sans doute la partie supérieure de l'oxfordien. Puis des alternances de quelques bancs calcaires ou dolomitiques et de marnes verdâtres ou jaunes renferment beaucoup de fossiles : des Apiocrinus, Terebratula moravica, Hemicidaris diademata, Rhabdocidaris caprimontiana, Glypticus hieroglyphicus, Acrocidaris nobilis, pour ne citer que les plus caractéristiques. De plus, ces assises sont recouvertes par des dolomies puissantes formant des abruptes et contenant des crinoïdes. Ces couches paraissent être la continuation des dolomies du Nador et du Kosni. C'est en quelque sorte ici un faciès mixte entre ceux de Kartoufa et de Saïda, et peut-être bien qu'à Kartoufa l'absence des dolomies au-dessus des bancs calcaréo-marneux est due simplement à des ablations intenses.

Au Djebel Seba-Liamone, décrit par M. Péron, les marnes et calcaires multicolores de la base doivent être également de l'oxfordien supérieur. Au-dessus vient une série de calcaires durs à crinoïdes, puis des calcaires et des marnes riches en fossiles : Pseudocidaris rupellensis, Hemicidaris crenularis, Rhabdocidaris caprimontiana, Glypticus hieroglyphicus, Rhynchonella inconstans, indiquent le même horizon paléontologique. Collyrites Loryi, Dysaster granulosus et Holectypus corallinus se trouvent dans des calcaires superieurs bientôt masqués par le terrain néocomien.

Le gisement de Macta-Liamone, voisin du précédent, montre des intercalations de grès dans le substratum marneux et multicolore qui représente l'oxfordien ; divers bancs calcaires les recouvrent avec quelques alternances marneuses et eux-mêmes marneux et riches en fossiles : Glypticus hieroglyphicus, Acrocidaris nobilis ; puis Rhynchonella inconstans et Pseudocidaris rupellensis ; puis, encore plus haut, nombreux crinoïdes, nombreuses espèces de Cidaris, Pseudocidaris mammosa, Pseudodiadema hemisphœricum. Le tout est recouvert par des dolomies et des calcaires très durs rougeâtres, dont le développement se trouve masqué par les atterrissements. C'est certainement la suite du corallien inférieur du Sersou.

Nous pourrions en déduire déjà que ces couches supérieures dolomitiques se lient très probablement avec celles de même aspect qui, au pied méridional du Djebel Bou-Khaïl, affleurent en une longue bande sous les terrains néocomiens ; et plus probablement encore avec celles qui constituent plus au nord le Djebel Kerdada de Bou-Saâda et le massif du Meharga qui s'étend à l'est jusqu'à l'Oued El-Melah, ou Oued-Chaïr inférieur. Ces dolomies acquéraient ainsi une grande importance géologique et orographique sur les hauts plateaux algériens. Cette probabilité d'identité pourra du reste être prochainement vérifiée, parce que, vers l'est du Meharga, ces dolomies sont en relations avec un gisement fossilifère synchronique des précédents, d'après ce que j'en ai vu venant du Djebel Molidani, et tout le problème consistera à reconnaître quel est leur ordre de superposition.

Si cette formation se trouve encore représentée sur quelque autre point des plateaux de Numidie, ce que j'ignore, elle doit y former des lambeaux bien restreints.

j³ᵇ) Le groupe corallien à sa partie supérieure est constitué par une puissante formation de grès. Ces grès, dans l'extrême ouest, recouvrent habituellement d'une façon directe les argiles oxfordiennes du Slib et ce sont eux qui constituent en grande partie les abruptes de Bou-Médine, au-dessus de Tlemcen. Vers l'est de la province d'Oran, ils font suite à la couche gréseuse à grumeaux pisolithiques de l'étage précédent. Leur grain est en général petit, homogène, souvent peu cohérent ; les bancs sont épais, séparés par de minces lits argilo-marneux, qui sont assez souvent très fortement colorés soit en vert clair, soit en lie de vin foncé. Ils se superposent sur au moins trois cents mètres d'épaisseur.

A Lalla-Maghnia, ils montrent une intercalation calcaire en grande lentille, qui renferme de très nombreux polypiers, d'espèces variées, dont la détermination est à faire, mais qui diffèrent de ceux qui se trouvent dans la dolomie inférieure. On observe un gisement semblable sur les bords de l'Oued Mouilah au nord du précédent. Il est remarquable que ces petits récifs n'aient point donné lieu à la formation de calcaire oolithique, et il est probable que la durée de leur existence a été trop courte pour cela, dans une mer aussi encombrée d'apports siliceux. Des polypiers semblables sont au Fillaoucen associés à quelques autres fossiles tels que Ostrea dilatata, Terebratula moravica (ou Repelini), Glypticus hieroglyphicus, Cidaris florigemma et C. coronata. Cette zone corallienne est peut-être intercalée dans les parties les plus inférieures de la formation gréseuse, ce qu'il est difficile de constater, et peut appartenir à l'étage j^{3a}. J'aurais eu tort précédemment de la confondre d'après des renseignements un peu vagues sur sa disposition. Ces mêmes grès, à Tlemcen, au-dessus de Mansourah, renferment une autre lentille calcaire où abondent Ceromya excentrica, de grosses natices globuleuses indéterminées et des radioles de Pseudocidaris Thurmani ; ce gisement occupe la même place stratigraphique que le précédent, celle du Coral-rag. A Aïn-Fekan, la Terebratula pectunculus a été trouvée mêlée à quelques polypiers épars dans une intercalation argilo-marneuse qui occupe peut-être un niveau plus bas.

Les grès coralliens sont très développés sur le flanc sud du massif littoral des Traras. Ils le sont aussi au maximum dans le massif intérieur, depuis la frontière du Maroc jusqu'au delà de Tlemcen et y montrent des escarpements gigantesques par failles, qui donnent quelquefois toute la tranche de l'étage. Sur les plateaux de cette région, ils sont le plus souvent recouverts par un autre étage et ne s'y montrent à découvert que dans des espaces restreints, ils sont au contraire prédominants sur leur pente septentrionale. On les retrouve dans la vallée de l'Oued Slissen et entre Ben-Youb et Ténira ; mais ils sont plus ou moins en contact avec d'autres grès néocomiens de même faciès pétrographique, et de nouvelles études y sont nécessaires pour en établir les limites respectives.

Plus à l'est, ils occupent une surface considérable dans la grande vallée de l'Oued Houenet, chez les Djafra, et là aussi dans les parties basses il y a encore à établir des limites exactes entre eux et les grès néocomiens. Ils se développent aussi dans la vallée de l'Oued Saïda jusqu'au Djebel Thiberguent, où on trouve une espèce de Gervilia indéterminée dans leurs bancs moyens, et où toute la tranche de l'étage fait front vers le sud, en regard des hauts plateaux de Saïda. Après avoir formé presqu'île entre Aïn-Fekan et Traria, ils pénètrent par la vallée de l'Oued Traria chez les Ouled-Aouf et au Djebel Nosmote, où leurs limites ne sont pas encore relevées.

Jusque là et sauf l'exception d'Aïn-Fekan, la formation conserve son homogénéité et sa grande puissance ; mais plus à l'est, vers le Djebel Sidi-ben-Halyma, on y voit apparaître des alternances plus répétées de bancs calcaires et même de marnes. Cette composition s'accentue de plus en plus vers l'est par transitions assez ménagées ; la puissance est atténuée en même temps ; les fossiles y font presque entièrement défaut ; et au delà de Frenda il devient assez mal aisé de séparer nettement l'étage de celui qui le recouvre, lorsque ce dernier est formé de calcaires marneux. Sur le flanc occidental du Djebel Si-ben-Halyma on a trouvé quelques nids de lignite qui ont été vite épuisés par un campement du Génie faisant des travaux de Madjen, ou Redirs artificiels, et je n'ai pu en retrouver des traces.

L'étage des grès coralliens ne paraît pas dépasser vers l'est le bord du bassin particulier de la Mina ; il s'y termine sous la modification de faciès ci-dessus indiquée avec des limites de détail qui ont encore besoin d'être précisées. Je n'ai pas connaissance, et je ne pense pas qu'il en existe, de quelque autre représentant de l'étage dans les régions orientales de l'Algérie, où j'ai pu suivre le remarquable développement des dolomies sous-jacentes ; ce qui pourrait faire penser à une transgressivité de stratification. La modification signalée ci-dessus pourrait correspondre en réalité à ce que la limite du bassin de dépôt n'était pas éloignée, ou bien à ce qu'il s'y opérait, pas bien loin, des modifications essentielles dans les conditions de la sédimentation.

L'étage corallien gréseux se prolonge probablement très loin vers le sud dans la province d'Oran. Dans cette région, le terrain crétacé inférieur occupe d'immenses surfaces et ce n'est qu'en quelques localités restreintes que son substratum jurassique se montre au jour par suite de dénudations, de plissements ou de failles, ou encore au fond d'anfractuosités profondes. C'est de cette première manière que près de Géryville affleure une petite crête rocheuse, dont les couches fortement redressées émergent vers l'ouest de l'atterrissement quartenaire et plongent vers l'est sous des calcaires et des marnes néocomiennes. Ces couches consistent en calcaires bleus ou blanchâtres et en lumachelles fossilifères ayant ensemble une épaisseur d'environ 80 mètres et comprises entre deux masses de couches gréseuses ayant au moins 200 mètres d'épaisseur chacune. Ce sont des dispositions stratigraphiques tellement analogues à celles du gisement corallien de Mansoura qu'il ne peut rester de doutes sur leur équivalence. Plusieurs échinodermes nouveaux ont été décrits par MM. Gauthier et Péron, d'après les récoltes de M. le commandant Durand ; d'autres espèces étaient déjà connues : Pholadomya acuticosta, Ceromya excentrica, Terebratula cincta, Hemicidaris stramonium. Les crinoïdes y sont fréquents, ainsi que les polypiers zoanthaires. Ce n'est pas absolument la même faune qu'à Lalla-Maghnia ; mais celle-ci est si pauvre en dehors des polypiers qui, eux-mêmes,

sont restés indéterminés, que l'on ne peut rien inférer de cette différence, si ce n'est peut-être une indication d'un niveau géologique un
peu plus élevé, ce que ne permet pas de contrôler l'état incomplet,
surtout vers le bas, de la coupe visible.

Dans les profondes découpures qui, au nord d'Aflou, dans le Djebel
Amour, séparent le Djebel Gourou du Djebel Okba, on aperçoit une
assez grande épaisseur de grès bleuâtres sous-jacents au terrain
néocomien et qui doivent être attribués à cet étage jurassique ; mais
simplement entrevus dans une exploration rapide, ils ont besoin
d'être étudiés à nouveau. Ce sont très probablement encore des grès
coralliens qui existent sur le revers sud du même massif montagneux
dans le Kheneg-Sekafla, recouvrant des calcaires dans lesquels
MM. Lemesle et Durand ont recueilli Ceromya excentrica, Rhabdocidaris Durandi et des crinoïdes ; les mêmes aussi qui affleurent sur
le sommet du Djebel Lazereg. Ces lambeaux ont encore besoin d'être
étudiés plus complètement pour être délimités et classés ; et il en
est de même de quelques autres gisements, qui paraissent exister
dans la région de l'Atlas versant au Sahara oranais, région encore
peu connue et difficile à explorer. On peut citer la chaîne du
Merekeb de l'Oued Mezi à l'Oued Zerghoun, entre El-Ghicha et Aïn-
Madhi, d'où M. Pierredon a rapporté des fossiles dans ces derniers
temps.

j[3 a b]) Dans la chaîne du Djurjura on observe au-dessus des calcaires
liasiques une série de couches d'origine détritique dont le classement
est encore un peu incertain. Elle comprend de bas en haut des
argiles rougeâtres, des grès argileux à petits grains de quartz et d'un
rouge assez vif ; puis des poudingues formés de quartz et de calcaires ; le tout ayant environ 100 mètres d'épaisseur. Au-dessus de
ce premier groupe et en concordance de stratification se développent
des schistes argileux et gréseux, gris noirâtres, à apparence phylla-
dique, contenant quelques intercalations de grès argileux, micacés,

noirâtres et passant au quartzite, bien lités ; on y trouve aussi des poudingues très durs à petits éléments de quartz blanc. Le tout a 300^m d'é-
paisseur. La stratification paraît concordante avec la formation liasique ; mais elle est certainement transgressive, puisque c'est tantôt sur
les calcaires en dalles, tantôt sur les calcaires massifs que notre étage
repose. Nicaise avait attribué cette formation au grès rouge dévonien
parce qu'elle lui avait paru passer sous le lias de l'Azerou Tidger.
Mais un premier examen a démontré qu'elle était prise en fond de
bateau dans un pli synclinal des couches du lias auxquelles elle était
manifestement superposée. Les travaux de M. Ficheur, pour dresser
la carte du massif kabyle, ont complètement confirmé cette disposition dans toute l'étendue de la grande chaîne, dans laquelle elle
paraît être confinée, et où elle montre d'autres pendages anticlinaux,
tantôt au nord, tantôt au sud des crêtes principales.

Aucun fossile n'a été observé dans ce terrain et l'on n'a pour arriver à en déterminer l'âge que des documents stratigraphiques très
incomplets. Il est certainement supérieur au lias thoarcien, et les
relations de la chaîne avec les formations crétacées qui l'avoisinent
ne permettent guère de supposer que celles-ci puissent y être représentées. J'avais d'abord pensé qu'il pourrait appartenir à un faciès
plus détritique du callovo-oxfordien de l'ouest, où l'on trouve de
fortes colorations ferrugineuses et des grès quelquefois grossiers
subordonnés à des argiles ; mais c'était surtout en présence de la
nécessité de le faire entrer dans un cadre de classement, pour le
représenter sur les cartes géologiques. Depuis lors, M. Ficheur, qui
avait relaté mon opinion dans sa Notice sur le Djurjura, où l'on
trouvera plus de détails, pense avoir retrouvé un lambeau de la
même formation dans l'Ouarsenis et il s'y trouve superposé à des
calcaires puissants qui, à la base, renferment la faune kellovo-
oxfordienne. De plus, le terrain néocomien à bélemnites plates se
montre au voisinage, dans des rapports stratigraphiques, qui confir-
ment l'âge jurassique de ce terrain ; il est donc très probable qu'il

faut le considérer comme l'équivalent des grès de Lalla-Maghnia et de Bou-Médine.

Ce n'est que sous toute réserve que je mentionne ici la présence, annoncée par Coquand, de dicérates dans les calcaires du Si-Rgheiss et du Taya, n'ayant pu la vérifier. Le classement de ces calcaires dans l'étage corallien reste encore douteux.

§ 5. — *FACIÈS TITHONIQUE.*

[36] En plaçant ici le paragraphe relatif à ce terrain, je n'ai nullement l'intention de lui assigner sa place stratigraphique, mais seule-, ment comme un *incertæ sedis* dont l'équivalence positive a été l'objet de contestations très vives et ne me semble pas encore définitivement résolue, ni facile à résoudre par les documents algériens. Sur nos cartes détaillées il figurera sous l'indice ci-dessus.

Coquand, le premier, a signalé en 1862 l'existence au Djebel Chellala de Terebratula diphya dans des calcaires gris, en bancs considérables et remarquablement compacts, avec texture lithographique, qui reposent sur des alternances de marnes et de calcaires remplis d'Ammonites plicatilis, eux-mêmes superposés à un gisement de fossiles oxfordiens dont la liste est donnée plus haut. Le néocomien marneux à bélemnites plates recouvre le calcaire à diphya en concordance de stratification. Coquand n'hésite pas à réunir ce calcaire à la série oxfordienne, à laquelle il affirme qu'il appartient positivement. A cette époque, ce fossile avait été inscrit par d'Orbigny comme kellovien et la question tithonique n'avait pas encore pris naissance. Cette T. diphya est devenue depuis T. janitor.

Un peu plus tard, 1886, M. Brossard fit connaître dans le Djebel Bou-Taleb une composition géologique identique à celle reconnue par Coquand dans le ravin bleu du Djebel Chellala. A la base des argiles schisteuses bleuâtres avec des couches de marne, puis des calcaires en bancs compacts, supportent de nouveaux schistes argileux gris bleuâtres qui terminent la série à fossiles oxfordiens, avec Ammonites tortisulcatus ; puis vient une autre série où les calcaires dominent : « ce sont d'abord de petits bancs avec une couleur bleuâtre et des veines de chaux carbonatée blanche, sans intercalations argileuses. Les couches sont peu épaisses, ne dépassant pas 0^m25 et sont très régulières. Après on voit d'autres calcaires ayant une certaine tendance à prendre la structure oolithique et se réduisant en fragments globulaires ; ils sont noirâtres. J'y ai recueilli Ammonites Erato d'Orb. L'étage se termine enfin par des calcaires verdâtres, se rapprochant des calcaires lithographiques ; ils sont en bancs bien réglés, à petits grains et avec intercalations argileuses vertes ou rouges. L'étage (oxfordien complet) a cent trente mètres environ entre Anouël et Soubella. » Il doit en revenir de 50 à 60 pour la partie supérieure ainsi définie.

C'est à Soubella même que M. Péron a découvert en 1870 un riche gisement de fossiles, ayant échappé à l'observation de M. Brossard, qui paraît cependant y avoir récolté son Ammonites Erato, détermination contestée. Le plus important de ces fossiles est Terebratula janitor Pict., en ce qu'il ne laisse aucun doute sur l'identification du gisement avec celui du Foum-Islamen. Puis vient Metaporinus (tithonia) transversus répandu dans toutes les assises et que M. Ficheur a recueilli en plein oxfordien, à l'Ouarsenis. Collyrites carinata n'est pas moins intéressant, en ce qu'il a été trouvé aussi dans les couches supra oxfordiennes de Kartoufa. On peut encore citer un Holectypus voisin de l'orificiatus, depuis nommé H. afer Pér.-Gauth., qui par ses quatre pores génitaux seulement appartient sans conteste au type jurassique. Gonioscyphia dichotoma Dumort. et Porostoma multiforis sont des espèces oxfordiennes. Les Ammonites sont au nombre de sept et sont toutes déterminées comme berriasiennes ; mais elles appartiennent à des types assez ambigus pour qu'avec un peu de bonne vo'onté on en fasse des ancêtres, par mutation, des types crétacés. En effet, l'auteur, qui est convaincu de l'âge crétacé du tithonique, qu'il considère en même temps comme un étage distinct, concède (*Bull. Soc. géol.* 1872. p. 190) qu'en modifiant quelques noms des espèces qu'il vient de citer, on en ferait facilement, comme on l'a fait pour d'autres localités, une faune jurassique. Je suis d'autant plus porté à le croire que ce sont précisément celles de ce dernier âge qui sont seules incontestables. Ce qui, du reste, doit militer en faveur de cette solution, c'est que notre terrain est compris en concordance de stratification entre le terrain oxfordien à faune typique et le néocomien marneux à bélemnites plates et que le berriasien étant exclu à cause des types jurassiques qui sont incontestables dans les gisements algériens, il ne reste plus de place pour cette formation que dans la série jurassique.

Or, nous n'avons pour représenter cette série qu'une cinquantaine de mètres d'épaisseur de couches, assez homogènes pour ne comporter aucune division, quoiqu'elles ne se soient montrées fossilifères que dans leur milieu ; tandis que c'est un ensemble de formations de près d'un millier de mètres de puissance, qui dans l'ouest de l'Algérie occupe la même place entre les mêmes limites, soit l'oxfordien à la base et le néocomien à bélemnites plates au sommet, mais toutefois avec des discordances de stratification surtout au sommet. Cet ensemble se subdivise en trois étages mentionnés dans cette notice sous les noms d'argovien, de corallien et d'astartien, qui présentent les caractères lithologiques les plus contrastants entre eux et avec ceux du faciès tithonique. On ne peut s'expliquer des différences aussi considérables que par celles du processus de sédimentation dans des bassins distincts où les deux faciès se seraient constitués. On doit d'autant plus s'étonner de ces différences si profondes qu'une distance d'une quarantaine de kilom. seulement sépare Soubella du Maharga, qui est le bord émergé du sous-corallien dolomitique si développé dans le cercle de Bou-Saàda, depuis cette oasis jusqu'au pied sud du Bou-Khaïl.

Quelque difficulté qu'il y ait à s'expliquer cette transgression, il suffit de la constater, et cette difficulté ne saurait constituer une raison pour faire repousser les déductions précédentes. Reste la concordance de détail à établir entre les deux séries ; il faut avouer qu'elle n'est pas sans incertitude et qu'elle se complique de ce fait qu'il y a dans la série jurassique de la province de l'Ouest, où cette série est la plus développée, une lacune qui s'étend du virgulien au berriasien. On pourrait admettre qu'il y a encore assez de couches sans fossiles dans le haut des gisements de Soubella et du Djebel Chellala pour y représenter le berriasien ; mais le reste équivaut-il à un seul des étages énumérés plus haut, et auquel, ou à la totalité de ces étages ? En l'état, c'est une question qui me parait peu soluble sans faire un peu intervenir l'hypothèse ou le sentiment et surtout le schéma théorique que chaque école s'est construit sur cette question stratigraphique. On pourrait faire remarquer que le parallélisme et la continuité régulière de superposition des assises plaiderait en faveur de l'équivalence de ce tithonique avec l'ensemble des strates jurassiques supérieurs au callovo-oxfordien. Mais il me semble que l'homogénéité de composition de cette formation litigieuse forme un tel contraste avec l'hétérogénéité de la série normale dans la même région, qu'elle plaide trop peu en faveur de cette solution pour qu'on puisse l'accepter. Je pencherai beaucoup plus à y voir un équivalent stratigraphique du corallien inférieur, dont il occupe la place exactement au-dessus de la série oxfordienne. Il suffirait d'admettre, ce que semble du reste prouver sa composition, que le vrai corallien et ce qui est au dessus y font défaut, parce qu'ils ne s'y sont pas constitués. La présence, du reste, de Terebratula diphya dans la faune incontestablement oxfordienne de l'Ouarsenis enlève tout scrupule à vieillir ces assises, du moins en Berbérie.

Je crois à ce propos devoir faire une remarque relative à la nomenclature adoptée dans cet ouvrage ; elle ne saurait être donnée comme étant d'une conformité absolue, ce qui existe à peine même entre les divers bassins de la France, mais comme un schéma d'équivalence approchée. Il serait oiseux, on en conviendra, d'établir des synchronismes de détail parfaits à d'aussi grandes distances des régions typiques des formations comparées, qui ont bien pu s'opérer dans des bassins absolument distincts et sans aucune relation.

§ 6. — *GROUPE ASTARTO-PTÉROCÉRIEN.*

Js) Cet étage est très développé en puissance dans la province d'Oran et y termine la série jurassique.

J⁴) Ce terrain est formé tantôt de dolomies plus ou moins sableuses, tantôt de calcaires gris ou bleuâtres, le plus souvent compacts, parfois un peu marneux et schisteux, surtout dans le haut de l'étage. Ces deux structures et compositions passent de l'une à l'autre latéralement et souvent d'une façon brusque et peu ménagée, semblant indiquer, dans la plupart des cas, des phénomènes épigéniques produits sur une très grande épaisseur. Dans ces deux faciès, les couches présentent une assez grande homogénéité et paraissent être en stratification concordante sur les grès coralliens qu'elles recouvrent.

Les fossiles y sont extrêmement rares en général et toujours d'une conservation médiocre ou d'une extraction très difficile. On ne les trouve que dans les calcaires. Natica hemisphærica a été recueillie en quelques points assez éloignés les uns des autres. Diverses nérinées, dont une voisine au moins, sinon identique, de N. cabanetiana d'Orb., peuvent être recueillies au sud du village de Traria. Ostrea solitaria se rencontre çà et là et est souvent associée à des spongiaires amorphes. Aux environs de Tlemcen, M. l'abbé Brevet a recueilli un Pseudodiadema bien difficile à distinguer du P. florescens ; tandis qu'en un autre point il trouvait Echinobrissus Brodiei. M. Pouyanne avait rencontré sur le plateau de Terni quelques blocs lardés de moules de lamellibranches qui n'ont pas encore été étudiés. J'ai vu également un ptérocère provenant des mêmes lieux.

C'est en somme une faune assez décousue, réunissant des formes

qui souvent ailleurs sont fortement disjointes dans des étages différents. La superposition de ces gisements à l'étage des grès coralliens
les fait classer assez haut dans la série jurassique et remonter jusqu'au ptérocérien ; sans qu'on puisse les pousser jusqu'au virgulien
sans doute, puisque les fossiles les plus caractéristiques de cet horizon n'y sont nulle part représentés. Ce serait, en grande partie, au
groupe séquanien, tel que M. Marcou le comprenait, qu'il y aurait
lieu de l'assimiler. La découverte heureuse de quelques gisements
plus riches en fossiles nous permettra sans doute de préciser davantage. Représenté dans le massif littoral des Traras, où il est un peu
morcelé dans la partie où il a été délimité, il reste encore à étudier
vers son extrémité occidentale.

Il se développe considérablement dans la chaîne intérieure, chez
les Beni-Snous et à Tlemcen, où il couronne les escarpements des
cascades avec une puissance d'environ quatre cent cinquante mètres.
Il prédomine sur les plateaux boisés de Sebdou, depuis le Ras-Asfour
jusqu'au delà du Djebel Ouargla. Il pousse une longue pointe dans le
Tell par le Djebel Roumelia jusque chez les Ouled-Abdelli. Plus à
l'est, il descend dans la haute vallée de la Mékéra jusqu'à Ben-Youb,
avec quelques interruptions au Slissen, où affleure le substratum
gréseux ; chez les Ouled-Balagh, au sud de Tellout ; entre Magenta
et le Télagh, où il passe sous le néocomien de Daya. Il ne parait
plus y en avoir sur les plateaux à l'est de cette région ; mais dans le
Tell il occupe encore de grandes surfaces au sud de Ténira jusque
chez les Ouled-ben-Djafcur, les Beni-Mniarin-Thata et il va s'interrompre à l'Oued-Taria et dans la plaine du village de ce nom.

Au delà, vers l'est, il est en quelque sorte rejeté vers le nord après
une courte interruption pour reprendre près de Aïn-Fekan et constituer
le flanc nord du Nosmot et la région du Zelamta. Il va toujours
s'amincissant et se rétrécissant dans cette direction, et sa puissance
descend alors au-dessous de 50 mètres. Plus à l'est, son importance
parait encore diminuer ; mais jusque vers la Mina, il reste à étudier

pour en fixer les limites dans un canton où, son substratum devient plus calcareux et où la distinction devient par conséquent moins facile. Il est à remarquer que le faciès dolomitique est en quelque sorte confiné autour et à l'ouest de Tlemcen et que dans l'est, malgré la diminution de puissance, le faciès calcaire se maintient jusqu'à l'Oued El-That, au moins avec une grande persistance de ses caractères lithologiques.

Sa dureté et son homogénéité dans certains bancs en font d'excellents matériaux de constructions, utilisés pour les travaux publics ou d'entretien des routes. Les dolomies sous-coralliennes semblent s'être développées inversement ; étant très réduites et même rudimentaires dans la région occidentale, où les autres sont confinées et se développant en surface et en puissance dans l'est bien au delà des limites de cette formation calcaire supérieure.

CHAPITRE IV

TERRAIN CRÉTACÉ.

Ce terrain est représenté sur la carte provisoire par la teinte verte sous trois nuances : le vert foncé est consacré aux assises les plus inférieures jusqu'à l'aptien inclus, ordinairement comprises sous la dénomination générale de néocomien et avec l'indice **ci**. Le vert moyen indique les formations de la craie moyenne du gault à la craie tufeau, avec l'indice **cm** ; il est également appliqué avec l'indice **c** aux parties dont le classement n'est pas fait ou comporte des incertitudes. Le vert clair est réservé aux parties supérieures, y compris le terrain danien avec l'indice **cs**.

§ 2. — *GROUPE NÉOCOMIEN.*

Figuré sur la carte provisoire par la teinte foncée et l'indice **ci**.

c₋ᵢ) Je commence à inscrire ici pour mémoire un premier horizon, dont l'existence est simplement constatée par des fossiles erratiques trouvés dans l'étage suivant et appartenant à la faune de Berrias. Ils doivent provenir de couches marneuses et grumeleuses, dont il a été impossible de retrouver des traces. Ces fossiles n'ont encore été observés que dans un seul gisement très restreint, situé à la Kasbah des Ouled-Mimoun, à l'est de Lamoricière. Les espèces de ce gisement et de cet étage ont été l'objet d'une monographie qui fait partie des publications de la carte géologique de l'Algérie ; celles déjà connues sont : Nautilus Malbosii Pict., N. Boissieri Pict., Ammonites berriasensis Pict., A. Euthymi Pict., A. Malbosii Pict., A. occitanus Pict., A. rarefurcatus Pict., A. privasensis Pict., A. astierianus d'Orb., A. Liebigi Opp.

c₋ᵢ) Le terrain néocomien débute ordinairement par des marnes ou argiles brunâtres, mêlées de quelques lits ou bancs gréseux ou calcaires, tout à fait en proportion subordonnée. C'est un gisement riche en petites ammonites ferrugineuses lorsqu'il prend un certain développement ; mais dans les régions intérieures, il est plus ou moins réduit en épaisseur et pauvre en ammonites.

En outre de nombreuses espèces incomplètement décrites et spéciales à l'Algérie ; on peut y citer Belemnites latus Blainv., B. dilatatus Blainv. Ammonites astierianus d'Orb., A. Jeannoti d'Orb., A. neocomiensis d'Orb., A. subfimbriatus d'Orb., A. strangulatus d'Orb., A. quadrisulcatus d'Orb., A. Terveri d'Orb., A. rouyanus d'Orb., A. semistriatus d'Orb., A. infundibulum d'Orb., A. Calypso d'Orb., A. diphyllus d'Ord., A. difficilis d'Orb., A. compressissimus d'Orb., Nautilus neocomiensis d'Orb.

Cet étage qui pourrait en partie représenter par ses fossiles l'étage valangien, mais qui en contient aussi que l'on considère comme plus spéciaux à l'étage hauterivien, occupe la même place et pourrait recevoir, sans intention d'identification absolue, l'indice c₄ ; il n'est représenté que par une série de lambeaux plus ou moins restreints. Le plus oriental est situé sur la rive droite de l'Oued Sfa, entre Duvivier et Medjez-Sfa, et il est probable qu'il faudra y rattacher un autre lambeau situé à 20 kilom. plus à l'est, chez les Chichena. Le gisement de Sfa a fourni à MM. Papier et Dutruge un grand nombre d'ammonites dénommées par Coquand, avec courtes diagnoses, que j'espère compléter par une description iconographique. Il faut aller dans l'ouest, jusqu'au delà de Guelma, pour retrouver d'autres représentants de cet horizon dans le massif de Medjez–Amar, à Bou-Aslouge, à Zerzera-bou-Hamdan, dans le massif du Thaïa, où Coquand l'a déterminé pour la première fois, puis au Bled Grodier des Ouled-Atia.

Un lambeau assez étendu se retrouve dans la vallée de l'Oued Zenati, au Bordj Sabbat. Dans toute cette région, les intercalations calcaires sont plus importantes ; dans les marnes les fossiles ne sont pas rares. A Constantine même, le Djebel Ouach en montre une longue et étroite bande sur son flanc méridional. Au-dessus même de Constantine, M. Heinz y a recueilli un grand nombre de petites ammonites dénommées par Coquand et pour la plupart semblables à celles de Sfa. C'est dans la vallée de l'Oued Cherf, vers la région de Temlouka, que se trouvent les gisements d'Aïn-Zaïrin et Oued-Cheniour, explorés par Coquand et qui sont relativement riches. Un autre lambeau a été observé par M. Ficheur au sommet du Babor : Ammonites rouyanus d'Orb. (le même que A. baborensis), A. quadrisulcatus d'Orb., A. Carteroni d'Orb.

Dans la région de Batna, les marnes à bélemnites plates sont superposées aux calcaires à Terebratula janitor et renferment un petit nombre des espèces de Aïn-Zaïrin qui ne laissent aucun doute sur leur synchronisme. Elles forment une longue et étroite bande. Chez les Ouled Sellem et dans le Bou-Taleb elles se comportent à peu près de même et commencent à être bien moins riches en ammonites ferrugineuses.

Dans la province d'Alger, on en trouve un représentant au Djebel Ouarsenis suffisamment caractérisé par des bélemnites plates et quelques ammonites dont les plus certaines sont A. calypso d'Orb. et A. quadrisulcatus d'Orb. A Téniet-el-Haâd, son existence semble encore marquée par des bélemnites plates et quelques ammonites comme A. Thetys, A. infundibulum, A. compressissimus ; mais le terrain paraît être enfaillé et les divers niveaux sont entremêlés par suite des dénivellements. On y trouve Nucula bivirgata (Fitt.).

Dans la province d'Oran, c'est dans la partie basse du Tell que ce faciès à ammonites ferrugineuses se développe. Un des gisements incontestables est au sud de Aïn-Témouchent, près d'Arlal, où on a recueilli des bélemnites plates avec Ammonites rouyanus et autres. C'est un lambeau qui perce sous le terrain suessonien.

Le synchronisme est bien moins certain pour une formation qui, dans l'est du précédent gisement, s'étend avec un faciès assez particulier dans les pays des Flittas, des Beni-Meslem et des Beni-Ouragh, entre les rivières Mina et Riou. Elle y montre un développement considérable de marnes grises ou blanchâtres assez délitescentes, d'une épaisseur inconnue, malgré la profondeur des ravins qui l'entaillent, et d'une remarquable homogénéité sur toute cette étendue. On peut récolter à la surface des mamelons des ammonites ferrugineuses parmi lesquelles ont été déterminées : Ammonites rouyanus d'Orb., A. infundibulum var. d'Orb., A. Guettardi Rasp., A. difficilis d'Orb., A. striatisulcatus d'Orb., A. neocomiensis d'Orb., Ancyloceras simplex d'Orb. J'y ai récolté aussi Terebratula prælonga Sow. et des fragments de bélemnites plates. Le substratum de ce système de couches est inconnu et son superstratum consiste en grès dont l'âge précis n'a pas encore été déterminé. En quelques points on observe de gros blocs calcaires avec empreintes de rudistes, paraissant provenir d'un superstratum démantelé. Les fossiles semblent provenir de plusieurs horizons, quoique trouvés certainement ensemble. Il y a là un problème à résoudre qui fera l'objet de recherches prochaines ; mais dès à présent je crois que ce terrain correspond à l'ensemble $c_{IV.v}$.

$c_{IV\,b}$) Dans le sud de l'Algérie et dans les trois provinces, ce faciès marneux à bélemnites plates est très peu développé et il se confond le plus souvent avec celui qui va être décrit ici, emprunté à la province d'Oran. Ce dernier débute par des argiles grises ou jaunâtres, quelquefois verdâtres, qui alternent avec des lits de calcaires gréseux. Par places, on y trouve encore Belemnites latus Blainv. ; en certains endroits abonde le Toxaster africanus Gauth. et Pér., jouant le rôle du T. complanatus Ag. et souvent confondu avec lui. Terebratula præ-longa Sow., Ostrea Couloni d'Orb., O. rectangularis Rœm. s'y trouvent aussi. Les bancs calcaires prennent ensuite plus d'épaisseur et deviennent dominants ; il s'y mêle aussi des bancs gréseux très rigides. Aux fossiles précédents s'associent Pholadomya elongata Munst., Natica prælonga Desh., Nerinæa gigantea d'Hombres, Collyrites ovulum Ag., Holectypus macropygus Des., Pseudocidaris clunifera Des. et des polypiers en bancs ou en récifs, dont l'étude est à faire. La puissance de cette zone calcaire est assez variable et lorsqu'elle se développe elle devient parfois assez dolomitique pour être confondue avec les dolomies jurassiques supérieures ; les calcaires eux-mêmes prennent le faciès des calcaires séquaniens surtout lorsqu'ils renferment des nérinées. Au-dessus de ces assises reparaissent des argiles grises ou vertes avec des grès rigides en petits bancs subordonnés, qui donnent lieu à des gradins sur les flancs des vallées. Cet ensemble est ordinairement horizontal ou à peu près et son épaisseur n'est pas moindre de 100 mètres.

$c_{IV\,a}$) Au-dessus de ces grès rigides commence, avec quelques transitions, une puissante série d'autres grès en gros bancs, à grains assez homogènes, friables le plus souvent, alternant avec des bancs plus ou moins fréquents d'argiles verdâtres, d'autres fois jaunes ou ferrugineuses. L'épaisseur n'est pas moindre de 300 mètres. On n'y a trouvé jusqu'à ce jour d'autres fossiles que quelques exemplaires d'une très grosse natice à l'état de moule et d'espèce indéterminée et très probablement nouvelle.

Les bancs de grès supérieurs sont parfois plus grossiers et passent alors à des poudingues à petits éléments qui leur ont valu le nom de grès à dragées. Lorsque ces grès sont homogènes et qu'ils se trouvent en contact avec les grès coralliens, il devient très difficile de les distinguer, et leur délimitation sur les cartes géologiques devient extrêmement difficile et parfois impossible. Cette formation gréseuse est immédiatement recouverte par des calcaires blancs à Heteraster oblongus qui commencent la série des couches rhodaniennes. Ces grès paraissent donc occuper la place soit du barémien, soit de l'urgonien *(stricto sensu)*; mais ils se lient d'une façon si intime par des alternances et par similitude de distribution géographique avec les assises de c_v que j'ai cru devoir les laisser ensemble, malgré qu'il en résultât la non représentation du barémien et de l'urgonien dans cette série locale ; ce qui n'est pas du reste impossible.

Ainsi constitué, cet étage occupe une grande partie du bassin supérieur de la Mékéra et du Tralimet, dont il forme tous les escarpements sous le plateau de Daya jusqu'aux villages de Magenta et du Telagh. Il y repose sur des calcaires à Ostrea solitaria. Quelques lambeaux se trouvent plus en aval avoisinant la grande plaine de Sidi-bel-Abbès. L'un est encastré par failles dans les calcaires séquaniens entre Djebel Oum-El-Aksa et Djebel Mahridy, depuis Aïn-Guelman jusqu'à Aïn-Tatfamam et remonte assez haut chez les Ouled-Balagh. Les assises inférieures au calcaire compact à Pseudocidaris clunifera y sont plus argileuses et les Ostrea Couloni et Toxaster africanus y sont plus abondants. Un peu plus à l'est, à

Aïn-Requisa, il n'y a d'apparent que les couches à alternances gréseuses et calcaires avec polypiers, Terebratula sella Sow. et Toxaster africanus. Au gisement de Lamoricière à fossiles erratiques berriasiens, il n'y a que quelques couches de la base avec les fossiles habituels ; au marabout de Sidi-Hamza, au-dessus de l'Oued Chouly, il en est de même. Enfin, plus au sud-ouest, il en existe un autre lambeau, à Sebdou, où les polypiers abondent avec Toxaster africanus Gauth. et Pér., Pygurus rostratus ? Ag., Pseudocidaris clunifera Des. et nombreuses natices globuleuses non déterminées.

Vers l'est, dans le cirque qui correspond au grand coude de l'Oued Tenira, le terrain reprend le faciès de Magenta ; bancs calcaires bleus compacts avec nérinées, alternant avec marnes grumeleuses à Pholadomya elongata, et au-dessus alternances d'argiles verdâtres et de bancs de grès rigides. Il y aurait à déterminer si les grès qui se montrent vers le sud sont ceux de l'escarpement de Daya ou les grès coralliens. La bande n'est pas très large, mais elle se continue en bordant la vallée de l'Oued Melreïer jusqu'auprès du Djebel Kersount, qui paraît la terminer au voisinage d'Ouïzert. Sur l'autre rive pointent, à travers le terrain tertiaire, les Djebel Moxi et Ksar, représentant l'un les grès supérieurs, l'autre les calcaires avec les nérinées et Pholadomya elongata ; puis, à l'est, l'Ank-el-Djemel, où affleurent les calcaires avec Toxaster africanus ; plus loin encore, près Sidi-M'cid, des alternances calcaires et marneuses où il n'a point été observé de fossiles. Un dernier lambeau de même faciès, réduit à quelques couches, contient aussi Toxaster africanus et repose en face de Aïn-Fekan, sur les calcaires séquaniens, au bord même de la plaine.

Dans toute la chaîne méridionale des hauts plateaux, ce terrain prend des développements considérables. Il forme tous les premiers reliefs rocheux qui émergent des atterrissements au sud des chotts ; se relève jusque sur les sommets du Djebel Ksel et du Djebel Amour, pour redescendre sur les versants au Sahara. Ce n'est qu'en quelques points qu'il laisse percer des lambeaux jurassiques qui forment son substratum. On peut avoir une idée de sa puissance et de sa structure en allant de Stiten, près Géryville, à Bou-Alem et Tadjrouna. La région des Knaters (des ponts), si difficile à parcourir pour les caravanes et même pour les cavaliers, est constituée par les grès des escarpements de Daya, qui ici prennent une grande homogénéité et présentent vers le haut ce caractère, si constant dans cette région, de petits poudingues à dragées constituées par de petits galets quartzeux. La vallée de Bou-Alem se creuse plus ou moins profondément dans des argiles et des marnes grises ou brunes intercalées çà et là de lits et de bancs gréseux ou calcareux et dans les parties profondes de gros bancs de calcaire bleu lardés en lumachelle d'une espèce d'huître que je n'ai pu détacher. Près de Bou-Alem on a trouvé, à peu près au milieu de l'étage, Terebratula prælonga.

Dans le Djebel Amour les grès à dragées sont tout aussi développés ; ils forment le sommet qui avoisine Aflou et y renferment des lits noircis par des matières charbonneuses. La Gaada d'Enfous montre sur ses escarpements une belle tranche des mêmes grès et ils y renferment du lignite qui consiste en tronçons ligneux éparpillés, que l'effritement des parois par la décomposition des pyrites met de temps en temps à nu. Plus en aval, à El-Ghicha, ce sont les argiles avec lits intercalés de grès et de calcaires où se trouve Terebratula prælonga. Les assises inférieures se redressent contre le Djebel Merekeb et montrent des alternances où les calcaires dominent avec nérinées et polypiers. Mais ces couches sont certainement en contact avec leurs similaires lithologiques du corallien ; le départ ne pourra en être fait que par de nouvelles études.

C'est le même faciès sur le flanc méridional du Djebel Ksel et il se poursuit aux environs de Laghouat, où des calcaires mêlés de grès renferment Pseudocidaris clunifera, Terebratula sella et prælonga. Ils sont d'une assez grande puissance, paraissant reposer sur les dolomies infra-coralliennes et sont recouverts par les grès à dragées qui se montrent dans l'Oued Debdeba. Plus à l'est encore, le grand pli anticlinal du Keneg-Zaccar reproduit la même constitution : bancs puissants de grès blanchâtre à dragées, dont l'épaisseur a été évaluée à 1,000 mètres, mais qui est très probablement exagérée par quelques failles, et présentant des alternances argileuses bariolées, en partie masquées par le terrain quaternaire dans les échancrures d'érosion ; au-dessous, calcaires bleus, plus ou moins marneux et rognoneux, mêlés d'alternances argileuses ou gréseuses, contenant Terebratula prælonga Sow., Toxaster africanus Gaut.-Pér. Pterocera pelagi d'Orb., etc., dont la puissance est de près de 400 mètres, malgré que la série ne soit peut-être pas complète par le bas.

Nous arrivons ainsi à la région de Bou-Saàda, où le terrain occupe de grandes surfaces depuis le Djebel Bou-Khaïl jusqu'au delà de Kerman et supporte dans la vallée de l'Oued Chaïr des formations plus récentes. On peut en prendre le type à Bou-Saàda et la coupe en a été donnée, avec une autre interprétation toutefois, par M. Brossard et puis par M. Péron. Contre les dolomies sous-coralliennes du Kerdada s'appuient des assises de calcaires marneux, de marnes sableuses, de calcaires bleuâtres, puis gréseux, qui renferment un assez grand nombre de fossiles : Terebratula prælonga Sow., Natica prælonga Desh. et N. Pidanceti Pict., Nerinæa gigantea Hombres, etc., dont la puissance totale est d'au moins 250 mètres. Au-dessus viennent des grès et des marnes multicolores, souvent charbonneux ou contenant même du lignite qui affleure dans le lit de la rivière. De gros bancs leur succèdent sur environ 400 mètres d'épaisseur, occupant toute l'enceinte de la ville, où ils sont masqués par le terrain quaternaire. Ce sont les équivalents des grès à dragées.

Tout cet ensemble néocomien est parfaitement concordant et formé d'assises fortement inclinées vers l'ouest et quelquefois presque jusqu'à la verticale ; ce qui permet d'augurer très mal de sa richesse en lignite ; car on peut suivre à de longues distances les affleurements sans rencontrer aucun indice d'enrichissement en combustible. C'est l'équivalent du grès de la Gaada d'Enfous et de ceux de Tadjemout, où des traces de lignite se sont également montrées.

Le massif du Bou-Taleb, au nord de la région précédente, dont il est séparé par le chott El-Hodna, présente une grande analogie de structure avec elle pour le terrain néocomien. Les marnes à bélemnites plates et à ammonites ferrugineuses y sont assez développées ; mais elles supportent des alternances de grès, de marnes gréseuses bigarrées, de calcaires gréseux à polypiers ; d'autres calcaires rudes et rognoneux à Ostrea Couloni d'Orb. et O. rectangularis Rœm., Pterocera pelagi d'Orb., Terebratula prælonga Sow. et T. sella Sow., Holectypus macropygus Desor, Pyrina incisa d'Orb., Pseudocidaris clunifera Des., etc. Puis, au-dessus, viennent des grès puissants contenant encore des radioles de Pseudocidaris clunifera, surmontés par des dolomies qui prennent quelquefois une grande puissance, et ont été nommées barémiennes par M. Brossard. Enfin, un ensemble de grès et de marnes multicolores avec calcaires sans fossiles s'élèvent jusqu'aux couches à Heteraster oblongus et sont les équivalents des grès des escarpements de Daya et des grès à dragées qui paraissent avoir disparu ici.

Les environs de Batna présenteraient la même composition jusqu'aux calcaires massifs des crêtes et de l'Oued El-Ma, qui renfermeraient des caprotines, d'après M. Péron. Je ne sais si ces caractères persistent dans l'Aurès, ce qui est probable, avec toutefois une prédominance plus grande des calcaires vers le haut. Il en est de même dans tous les affleurements, qui se présentent sur les plateaux au nord de la ligne de Batna au Bou-Taleb, d'après Tissot, qui cite le Djebel Agmerouel comme un exemple de la disparition des grès et par conséquent de la réduction de l'étage néocomien aux deux termes : Marnes à bélemnites plates ; calcaires compacts les recouvrant.

Dans l'est de l'Algérie, dans le bassin de l'Oued Medjerda, ce sont sans doute ces calcaires qui ont subi des actions dynamiques puissantes et des métamorphismes qui les ont transformées en dolomies et en gypses ; leurs strates souvent redressés ont laissé passer à travers leurs fissures et leurs failles des épanchements argileux avec quartz bipyramidé et pyrites de fer, qui ont constitué à l'époque pliocène, ou à sa fin, des dépôts incohérents très étendus dont j'ai fait l'objet d'une communication à l'Académie des sciences et au Congrès de l'Association française à Oran. Des émanations de minerais de plomb et de zinc paraissent s'y rattacher. Les massifs du Nador et du Dra-Feroudja dans le bassin de la Seybouse, et celui du Djebel Zouani dans le haut bassin de l'Oued-Cherf ont subi les mêmes influences ; il en sera question encore dans le chapitre relatif au pliocène.

c_m) Dans la vallée du Sig, Mebtouä ou Mékéra, M. Carrière a reconnu un tout petit îlot de marnes schistoïdes contenant Scaphites Ivani, ou forme très voisine, avec quelques débris indéterminables de poissons ; au voisinage on rencontre de nombreux tronçons de bélemnites à section ronde, qui paraissent appartenir à B. semicanaliculatus Blainv. Leur substratum est inconnu et elles sont recouvertes par le terrain helvétien. A une assez faible distance vers l'ouest, au col des Ouled-Ali, sur la route du Tlélat à Sidi-bel-Abbès, apparaissent également sous le même helvétien des alternances de marnes et de lits peu épais de calcaires plus ou moins marneux, où j'ai recueilli une ammonite déformée, qui paraît être A. striatisulcatus, et de petits crioceras indéterminés, sans doute d'espèce nouvelle. Ces assises paraissent se prolonger vers le Tafarouï et au delà sur le flanc nord de la chaîne qui borde la Sebkha de Miserghin jusqu'auprès du Krémis ; mais dans cette région on n'y a point observé de fossiles, et comme la continuité des couches n'existe pas complètement, on ne peut affirmer leur identité. Il est fâcheux que les relations stratigraphiques ne permettent point de confirmer ce que semblent indiquer les rares fossiles cités, c'est-à-dire l'âge barémien de cette formation.

Je crois devoir à ce propos faire remarquer combien sont fâcheuses les tendances d'assimilation à de grandes distances de terrain, dans lesquels on cite un petit nombre d'espèces communes, sans s'inquiéter des circonstances stratigraphiques de leur gisement. Ainsi, M. Niklès, dans un travail remarquable sur le néocomien du sud-est de l'Espagne, présenté récemment à l'Académie des sciences, conclut au développement considérable de la mer barémienne dans la direction de l'Est par rapport à la péninsule, par suite de la présence en Algérie de trois espèces d'Ammonites : A. Sophonisba Coq., A. difficilis d'Orb., A. Thetys d'Orb. Or ces espèces trouvées chez nous, sans exception et avec beaucoup d'autres, dans les gisements de Sfa, du Djebel Ouach, du Babor, de Téniet-el-Haâd et même de Hadjar-Roum, y appartiennent à des faunes franchement néocomiennes *(sensu stricto)*. Et si ces fossiles peuvent se trouver en quelque lieu dans les assises du barémien, ce que je ne voudrais pas contredire en principe, à coup sûr ce n'est pas en Algérie, où elles accompagnent les bélemnites plates et où les îlots ci-dessus examinés sont les seuls reconnus et sont tellement restreints en surface qu'il est à peine possible de les figurer autrement que par leur indice sur la carte provisoire.

c₁₁) Coquand a attribué au calcaire à caprotines des masses calcaires à texture compacte, d'une teinte foncée contenant Requiena ammonia dans leur partie supérieure. Mais les échantillons de fossiles n'ont pu être dégagés et la détermination en a sans doute été faite au jugé. Il y a donc des réserves à faire à cet égard jusqu'à vérification; leur puissance serait de 75 mètres près d'Aïn-Zaïrin. Coquand avait aussi jugé que les calcaires compacts des crêtes du Chellala appartenaient au même terrain, tout en déclarant n'y avoir pas trouvé de fossiles. M. Péron, de son côté, donne le nom de grands calcaires à caprotines et à nérinées aux mêmes roches se montrant à Raz-el-Ma dans la même chaîne ; on peut se demander si ces calcaires ne sont pas les équivalents de ceux dont il a été question précédemment au titre c~IVa~, ou de ceux à Requiena Lonsdali, qui appartiennent à l'étage suivant.

c~IIa~) S'il nous reste des doutes au sujet de l'étage urgonien proprement dit, il n'en est plus de même pour l'étage rhodanien à Orbitolina lenticulata et Heteraster oblongus ; car il se montre toujours escorté par ces deux fossiles caractéristiques. Dans l'est, ce terrain débute par des marnes gréseuses, un peu développées seulement aux environs de Batna et qui renferment Ostrea aquila d'Orb., Heteraster oblongus d'Ord., ou bien par une série de couches calcaréo-gréseuses avec lits marneux où se trouve encore Heteraster oblongus, avec Orbitolina lenticulata d'Orb. C'est à la base que dominent les calcaires. Dans les régions septentrionales, il tend à devenir plus calcaire dans son ensemble et finit plus à l'est dans la même région par constituer de grandes et puissantes masses comme au Fedjouj. L'Heteraster Tissoti Coq. s'y montre au milieu des Orbitolines, où je l'ai récolté moi-même à Khenchela. La Requiena Lonsdali d'Orb. s'y rencontre aussi avec Nerinæa Pauli Coq. ; Terebratula sella Sow. y est fréquente, ainsi que beaucoup d'autres espèces habituelles à cet horizon, dont un certain nombre spéciales à l'Algérie.

Dans le massif de l'Aurès, cet étage forme une étroite ceinture au néocomien du Djebel Lazereg et s'élargit notablement vers l'extrémité nord-est de cette chaîne ; il occupe une assez grande surface autour du lambeau néocomien qui forme le sommet du Djebel Chélia ; de même dans le massif du Djebel Noughis, d'où il descend jusqu'à Khenchela avec son faciès calcaréo-gréseux. Plus loin dans l'est, il n'y a que de petits lambeaux douteux, comme celui de Beccaria, à l'est de Tébessa.

Le Djebel Tharf et le Djebel Fedjouj en sont entièrement formés et dans le Djebel Bou-Arif, qui en est le prolongement, il forme ceinture à l'îlot néocomien qui ne se montre que dans une assez faible étendue. D'après Tissot il en serait de même des couches supérieures du

Sidi-Rghciss et de deux grandes bandes qui encadrent le bassin du Bou-Elmam au sud-est de la Chebka-Selaoua. Le Djebel Oum-Gue-chih en serait encore formé, ainsi que d'autres îlots moins importants de la même région, en des points où Coquand paraît avoir été d'un autre sentiment; ce qu'il y aura lieu de vérifier. Il y en a quelques lambeaux autour d'Aïn-Yagouth et une étroite bande au nord-ouest de la chaîne de Chellala et d'autres îlots entremêlés de lambeaux néocomiens dans les plaines qui s'étendent au nord jusqu'à Hammam-Grous. Dans la grande chaîne du Bou-Taleb une assez grande surface est occupée par lui dans le Djebel Astalet et le Djebel Hammo-nes; puis dans le Djebel Tifertassin, d'où se détache une étroite bande qui entoure le massif néocomien du nord-est du Djebel Afgan. Les autres massifs néocomiens au nord et à l'ouest des précédents ont aussi la même ceinture plus ou moins continue et, sur les plateaux situés au nord, le terrain forme de petits lambeaux accolés aux flancs ou encastrés dans les replis des calcaires néocomiens.

Dans le sud du Hodna, les couches de l'étage rhodanien sont très développées, sinon en puissance du moins en étendue; à Bou-Saâda même, elles commencent par des calcaires rocheux suivis d'alter-nances de marnes et de lits calcaréo-marneux, où abondent Orbito-lina lenticulata, et ne sont pas trop rares Heteraster oblongus d'Orb., Toxaster Collegnoi Ag., Pseudodiadema Malbosii Cott.. Salenia prestensis Des., Terebratula scilla Sow. La puissance est d'une cen-taine de mètres. Elles s'appuient en concordance sur le système de grès et de marnes bigarrées. Souvent recouvert par le terrain qua-ternaire ou par des formations crétacées plus récentes, ce terrain se montre au jour en beaucoup de points depuis Eddis et Aïn-Kermam jusqu'au Djebel Bou-Khaïl et depuis l'Oued El-Mela jusqu'à Aïn-Rich sans trop changer de faciès : Djebel Medouar, Djebel Bou-Jeleïda (Ouest), Djebel Aïn-Sultan. Halba-bou-Ferdjoun. Téniet-ben-Maafa, Djebel Souaghib, El-Maghuen. vallée de Chegga, Aïn-Rich. Il doit encore se prolonger vers le sud-ouest comme la chaîne du Bou-

Khaïl, puisqu'il paraît y en avoir encore des affleurements dans le Djebel Lazereg de Laghouat ; mais cette région reste encore à étudier plus en détail.

Le terrain rhodanien existe au sud de Médéah et y forme sur le revers sud du Djebel Fernen un petit canton boisé de chênes-liège ; les couches formées d'alternances argileuses et quartziteuses avec quelques intercalations de couches calcaires montrent des fossiles mal conservés, où cependant on a pu déterminer Ostrea aquila et reconnaître Orbitolina lenticulata. Elles sont fortement relevées, plissées et ont subi des actions dynamiques qui les ont un peu métamorphisées. Au nord du pénitencier de Berrouaghia on y observe des polypiers ; et peut-être est-on déjà dans le vrai néocomien, car la série est ici très puissante.

A Téniet-el-Haàd, une série assez puissante de calcaires compacts avec des marnes et grès subordonnés renferme Heteraster oblongus. Toxaster Collegnoi ?, Salenia prestensis, Pseudodiadema Malbosii, des Orbitolines et autres fossiles qui sont du même horizon. Il y a encore quelques études à faire pour reconnaître leurs relations stratigraphiques avec des grès disloqués qui les avoisinent et une série considérable de schistes et grès en dalles, qui leur paraissent inférieurs, atteignent une grande puissance, mais sont totalement dépourvus de fossiles.

On peut suivre ces couches calcaires, vers l'Est jusqu'au massif de Taza, depuis l'Achaoum qui culmine à 1,800 mètres, jusqu'au Djebel Matmata et au Djebel El-Louhe. Vers le Nord-Ouest elles forment le massif de l'Amrouna ; M. Pierredon les a suivies dans cette direction jusqu'aux Sra-Darchouch et Djebel Argoub-el-Kreil. Mais dans cette région insuffisamment explorée, il est presque certain que les horizons inférieurs sont représentés, tels que le grand système de grès à Ostrea Couloni et rectangularis. Le Djebel Zaccar a son flanc méridional constitué par des calcaires compacts puissants où les fossiles font défaut, mais qui gisent sous le terrain de gault et doivent repré-

senter les calcaires à Heteraster de la région de Téniet-el-Haâd. Il
en est de même du Djebel Doui et plus à l'ouest encore du Temoulga,
où ces calcaires renferment des gisements importants d'hématite
brune qui en remplissent des cavités de corrosion. La rencontre
d'Ostrea aquila à Aïn-Lelou, au nord de l'Ouarsenis, indique l'existence probable du néocomien supérieur dans cette région ; mais c'est
une vérification à faire.

On a suivi le développement du terrain rhodanien du Bou-Khaïl
jusqu'aux environs de Laghouat ; on le retrouve sur les hauts plateaux au nord de ce centre. Au nord de Djelfa, il forme un petit
affleurement près du Moulin, sous des grès probablement albiens ;
Nicaise y a trouvé Heteraster oblongus d'Orb., Terebratula sella Sow.
La chaîne qui se développe au nord du Zarhez-Chergui est principalement formée de terrain rhodanien qui fait suite au Tiberguent et est
recoupé à Guelt-es-Setel par la route d'Alger à Laghouat. Requienia
Lonsdali Math. a été trouvé par M. Péron près d'Aïn-Hammam ;
Orbitolina lenticulata a été rapporté des Seba-Rous par l'ingénieur
Ville, et Nicaise a recueilli à Aouinet-el-Hamir un Toxaster attribué
par lui au complanatus, mais qui est plus probablement T. africanus
et qui indiquerait dans ce cas la présence probable de l'hautérivien.
On est presque ici en plein désert et les études géologiques y sont
compliquées de difficultés de bien des sortes : abri, sécurité et ravi-
taillement.

Le terrain rhodanien est assez peu développé dans le Tell de la
province d'Oran. Le principal gisement est constitué par des calcaires
blancs plus ou moins marneux qui surmontent directement les grès à
grosses natices à Daya et renferment immédiatement Heteraster
oblongus et quelques autres rares fossiles. Ces calcaires s'étendent
vers le sud-ouest jusqu'au Djebel Beuguiral, occupant une surface
ovalaire de 40 kilomètres sur 24. Ils sont assez homogènes et peuvent avoir une épaisseur voisine d'une centaine de mètres. Il en existe
un petit lambeau semblable au-dessus d'Aïn-Requiza, près de

Tellout. Vers le Sud, cette formation est très peu développée; j'en connais un lambeau qui couronne les grès à dragées à Kreneg-Azir, au nord de Géryville ; il y en a aussi quelque représentant dans les chaînons qui avoisinent la lisière du Sahara comme près des Ksours de Chellala ; mais l'identité de leur faciès avec celui des calcaires cénomaniens de la région ne permet pas sûrement de les reconnaître lorsque les fossiles font défaut.

Je n'ai point eu occasion de les observer dans le Djebel Amour proprement dit, mais je n'oserais pas affirmer leur absence. Dans la région littorale il en existe un témoin en quelque sorte minuscule dans le pays des Traras. Il est formé d'une marne blanchâtre grume-leuse, mise à jour par les travaux de la route de Nemours à Maghnia et dans laquelle M. Pouyanne a recueilli Toxaster Collegnoi. Il n'est pas probable qu'un gisement un peu étendu de ce terrain existe dans cette région sans avoir été reconnu par ce géologue, qui l'a étudiée avec soin ; aussi l'isolement de ce terrain est-il bien singulier.

Il se pourrait cependant qu'il fut aussi représenté dans le massif littoral d'Oran par des schistes calcareux plus ou moins laminés, qui à Arzew renferment une Orbitoline déformée comme les Bélem-nites et Ammonites qui l'accompagnent, par conséquent de détermi-nation incertaine comme espèce, mais certaine comme genre. Un gisement analogue existe à la pointe de l'Aiguille, et il est à peu près certain que le terrain crétacé n'est pas étranger à ce massif que les actions dynamiques ont modifié de manière à en rendre bien obscure la structure primitive. M. Bleicher avait d'abord attribué ces couches à l'oxfordien, puis au lias ; mais la présence certaine d'Orbitolines les exclut des formations jurassiques.

c) Le terrain aptien, proprement dit, paraît être assez médiocre-ment représenté en Algérie, où Coquand a déterminé ainsi un en-semble d'argiles bleuâtres et grisâtres fossilifères et d'argiles schis-teuses noires qui dans le haut de l'Oued Cherf reposeraient sur les calcaires à Requienia ammonia Math., ci-dessus cités et dont l'épaisseur serait de 50 à 60 mètres. Les fossiles signalés sont Belemnites semicanalicatus Blainv., Ammonites Nisus d'Orb., A. Martini d'Orb., · A. gargasensis d'Orb., A. striatisulcatus d'Orb., A. Duvalianus d'Orb., A. Emerici Rasp., A. Guettardi Rasp., A. Dufrenoyi d'Orb., Ancyloceras gigas d'Orb., Ptychoceras lœvis Math.; puis une série d'espèces d'ammonites à noms puniques donnés par Coquand et qu'on est un peu étonné de voir, dans une publication plus récente, descendre dans l'étage néocomien proprement dit; ce qui s'explique assez mal pour des fossiles récoltés par l'auteur lui-même et peut donner à penser qu'il peut aussi y avoir eu d'autres confusions; ce sera à vérifier.

Chez les Flittas, dans la province d'Oran, où nous avons signalé les petites ammonites ferrugineuses, on peut bien citer quelques espèces qui figurent dans les listes de fossiles aptiens : A. striatisulcatus d'Orb., A. Guettardi Rasp. par exemple, mais elles s'y rencontrent avec d'autres barémiennes ou même hauteriviennes, telles que Terebratula prælonga Sow., Ammonites rouyanus d'Orb., dans des stations indivisibles stratigraphiquement et qui ne sauraient se prêter à cette détermination.

J'hésite beaucoup à rapporter à cet horizon un système marneux très puissant qui a une grande analogie de faciès avec les marnes du pays des Flittas et même avec celles du Mebtouë, entre lesquelles ses gisements se développent; mais je n'y ai point trouvé de fossiles. Dans la vallée de l'Oued El-Hammam, en amont de Dublineau, où elles couvrent une très grande surface jusqu'auprès du plateau de Tizi, elles s'intercalent dans les zones supérieures de nombreux lits calcaires plus ou moins marneux et passent sans conteste possible sous des assises marno-gréseuses à Belemnites minimus List. et Solarium ornatum Fitton, par conséquent sous le gault. Le revers septentrional du massif montagneux des Beni-Chougran montre ces marnes dans tous les profonds ravins qui séparent ces contreforts et, au voisinage de Kalaa, elles paraissent supérieures, sans cependant que cela soit bien certain, à des couches marno-gréseuses renfermant des moules de rostellaires et un oursin difficile à distinguer de Epiaster polygonus d'Orb. Elles seraient donc comprises entre le rhodanien et l'albien, donc aptiennes; ce qu'il s'agira de vérifier par des explorations ultérieures.

En résumé, le groupe néocomien constitue en Algérie une série assez spéciale qui ne cadre qu'approximativement avec la série européenne.

L'horizon aptien fossilifère paraît confiné dans une région restreinte de la province de Constantine et correspondrait assez bien avec celui de la région classique ; sa représentation est douteuse dans l'Ouest. L'horizon rhodanien acquiert une grande puissance dans l'est de l'Algérie, où il paraît confiné sur les hauts plateaux et dans le massif méridional du centre, ayant de commun avec la localité classique l'abondance des Orbitolines. Il paraît manquer cependant sous l'aptien de la vallée du Cherf. On le retrouve encore dans la province d'Alger, mais dans l'intérieur du Tell, vers Téniet-el-Haâd, et il se réduit considérablement en surface et en puissance dans la province de l'Ouest, où je n'ai pas rencontré l'Orbitoline.

L'horizon d'Orgon paraît être assez peu caractérisé comme formation indépendante et sauf le Requienia Lonsdali qui se rencontre à la base de l'horizon rhodanien, les autres fossiles cités comme lui appartenant ont été déterminés de sentiment d'après des sections de test observées sur des calcaires compacts appartenant le plus souvent à la base de ce même horizon rhodanien. Il manquerait du reste dans les deux provinces de l'Ouest et du Centre.

L'horizon de Barème ne peut trouver en Algérie d'analogue classique que dans les gisements du Tell inférieur Oranais où leurs relations stratigraphiques sont masquées par des formations plus récentes. Mais dans un tableau comparatif des deux séries d'horizons d'Europe et d'Algérie, on serait tenté de mettre en regard de ce barémien cette immense formation des grès à amandes, qui s'étend sur toute la chaîne saharienne depuis le cercle de Bou-Saâda jusqu'au delà de la frontière du Maroc et se développe aussi dans le Tell Oranais et dans une région assez rapprochée des gisements de l'Oued Mebtouë pour en rendre le synchronisme douteux et peu compréhensible. Dans toute cette région il n'y a rien entre ces grès et le rhodanien.

. L'horizon néocomien *(sensu stricto)* est bien représenté paléontologiquement et sérialement par nos gisements à bélemnites plates, à Toxaster africanus, équivalent de T. complanatus, Terebratula præ-longa, etc. Mais la chose est moins évidente pour la subdivision en hauterivien et valangien; s'il est en effet possible d'établir une division pétrographique entre les calcaires et grès à spatangues et les argiles et marnes inférieures; il y a une moindre concordance paléontologique, lorsque le faciès des terrains est différent car il influe principalement sur celui des faunes. L'horizon de Berrias n'est représenté que par ses fossiles remaniés dans cet étage néocomien et sur un seul point de la province de l'Ouest.

§ 2. — *GROUPE CÉNOMANIEN.*

Figuré sur la carte provisoire par la teinte moyenne et l'indice **cm**.

c$^{1-3}$) L'étage du Gault, ou Albien de d'Orbigny, est surtout une formation d'origine détritique en Algérie, prenant en certaines régions une puissance considérable, plusieurs centaines de mètres, et au contraire se réduisant en certains autres lieux en un simple horizon de fossiles; il n'y est point susceptible de s'adapter aux divisions admises en France. C'est dans la province d'Alger qu'il prend le plus grand développement. A Milianah, toute la chaîne des Aribs et tout le revers méridional de la chaîne des Braz le montrent formé d'argiles brunes, gréseuses, alternant en petits lits avec de petits bancs quartziteux, renfermant des lignes de rognons d'hydroxide de fer. A divers niveaux on y trouve des masses puissantes de grès quartziteux d'apparence sporadique et se reliant presque brusquement avec les couches rubanées dans lesquelles elles constituent une concentration d'apports sableux. Les parties supérieures sont peu ou point gréseuses. A Milianah, il y en a plus de 300 mètres d'épaisseur visible d'aspect uniforme, sauf les masses quartziteuses. Au voisinage de la partie supérieure, j'ai récolté Belemnites minimus Lister, Nautilus Clementi d'Orb., Ammonites mammilaris Schl., A. Beudanti Brong., A. Mayorianus d'Orb., Hemiaster et Toxaster inédits. Le contact de ces couches avec les calcaires néocomiens s'opère par des couches complètement modifiées dans leur texture par des actions dynamiques et n'éclaire guère leurs relations stratigraphiques. Au nord du Zaccar, A. mammilaris s'y rencontre encore.

Son existence dans la province d'Oran me paraît être très restreinte. Dans le sud je ne l'ai reconnu nulle part ; s'il s'y trouvait représenté par des grès, comme dans le Tell, il ne serait pas facile de le distinguer des grès néocomiens ; mais l'absence habituelle de l'étage rhodanien interstratifié ne l'y rend pas probable et dans le Djebel Amour il est présumable que les citations de la présence de ce terrain doivent plutôt se référer au néocomien. Dans le Tell on observe des assises gréseuses assez puissantes qui reposent sur les marnes à Ammonites ferrugineuses du néocomien et dans lesquels je n'ai point trouvé de fossiles. Elles sont assez développées chez les Flittas entre Mina et Djediouia ; je les avais d'abord considérées comme albiennes pour leur assigner une teinte sur les cartes, mais je pense maintenant qu'elles pourraient tout aussi bien représenter les grès néocomiens. C'est un point à éclaircir par de nouvelles recherches chez les Beni-Ouragh. Il existe un lambeau plus certain dans la vallée de l'Habra, au voisinage de Dublineau, sur le versant de la vallée de l'Oued El-Louze. Un système de marnes, de calcaires marneux et de grès en gros feuillets alternants plonge vers le Nord-Est sous des calcaires à Discoidea cylindrica et renferme quelques fossiles : Belem-

nites minimus Lister, Solarium ornatum Fitt., qui justifient cette attribution. C'est un faciès plus vaseux ; mais peut-être faut-il y réunir
des masses gréseuses, qui sur la rive gauche de l'Oued El-Hammam
reposent sur les mêmes marnes néocomiennes que sur la rive
droite.

A l'est du grand massif albien de Milianah, après une interruption
par recouvrement de formations plus récentes, on retrouve dans le
massif de Mouzaïa et de Blidah une formation gréseuse qui dans les
gorges de la Chiffa, au sud de l'Oued Merdja, passe sous les assises
calcaires à Ammonites navicularis et repose sur une masse puissante
de schistes en dalles analogues à ceux du Camp-des-Chênes de la
route de Téniet-el-Haâd et classés comme néocomiens ; mais ni dans
ces grès ni dans leur substratum on n'a pu contrôler cette classification par des fossiles. C'est le même cas que chez les Flittas.

Sous Médéa, ou plutôt sous le village de Lodi, dans le Djebel
Haouara, le gault est formé d'argiles vertes ou bigarrées alternant
avec des plaquettes, des lits ou de gros bancs de grès, que recouvrent
des calcaires marneux dans lesquels A. inflatus est associé à A. Mantelli et appartiennent ici à la base du rhotomagien. Leur épaisseur
est assez faible et on y a recueilli un certain nombre d'ammonites
énumérées par Coquand en 1862, que je n'ai point retrouvées et qui
y sont certainement au moins très rares, sauf quelques tronçons de
A. mammilaris et A. mayorianus. Au sud de ce point le terrain se
retrouve près et au nord de Berrouaghia, où il n'est plus représenté
que par un calcaire gréseux de moins d'un mètre d'épaisseur où
l'Ammonites Lyellii Leym. est associé à Am. Beudanti et à Belemnites minimus List. Dans un banc très semblable sous tous les
rapports et à 1 k. à l'Est on trouve Ostrea aquila, mais il n'est pas
absolument certain que ce soit le même banc.

Plus à l'Est, ce terrain prend un plus grand développement en
puissance et extension chez les Beni-Sliman et chez les Aribs du nord
d'Aumale. Ici c'est le même faciès rubané de Milianah avec les

mêmes plissements. On y trouve des ammonites identiques : A. Beudanti Brong., A. latidorsatus Mich., A. mayorianus d'Orb., etc. Belemnites minimus List., Terebratula Dutemplei d'Orb., etc. Ce terrain reparaît au nord de Bouïra dans la vallée de l'Oued Djemma et en quelques points du pied méridional du Djurjura. La bande des Aribs se prolonge vers l'Est dans le pays d'El-Ksar pour pénétrer au sud des Beni-Mansour dans la province de Constantine et s'y poursuivre chez les Beni-Abbès et peut-être au delà. Mais dans cette dernière région les assises sont bien moins gréseuses, plus argileuses et moins rubanées, par suite de plus d'homogénéité. Ici le figuré des contours du terrain est encore à relever, parce qu'il avait été méconnu par l'ingénieur Tissot, qui l'avait en grande partie classé comme suessonien.

Dans l'est de la province de Constantine, Coquand a signalé la présence du gault dans la vallée de l'Oued-Cherf, où il repose sur l'aptien et se composerait de 25 mètres d'argiles bleuâtres renfermant Ammonites Beudanti Brong., A. latidorsatus Mich., Hamites Bouchardi d'Orb., H. rotondus Sow., Turrilites Puzosi d'Orb. C'est un faciès particulier, mais que pouvait faire prévoir la modification vaseuse de l'est de la province d'Alger. Le faciès de ce terrain est tout autre dans la région du sud de la province de Constantine, où il se montre dans le massif du Bou-Taleb. Là M. Brossard a constaté qu'il était fortement transgressif sur le rhodanien, ce qui lui donnait une certaine indépendance, que nous verrons aussi se produire relativement au terrain cénomanien, qui lui est également superposé en transgression.

Il y débute par des couches calcaires contenant des Ammonites inflatus Sow. et ayant une quinzaine de mètres d'épaisseur près de la maison forestière ; dans ce faisceau, M. le Mesle a trouvé une couche phosphatée discontinue, renfermant, d'après M. Péron, Ammonites Bouchardianus d'Orb., A. cristatus Deluc, A. varicosus Sow., A. inflatus Sow., Hamites virgulatus Brong., H. flexuosus d'Orb., A. favrinus Pict.-Roux., H. rotundus Sow., Ptychoceras galtinus Pict., Hemiaster aumalensis Coq., Enallaster Tissoti Coq. ? Au-dessus, des argiles jaunâtres ou rouges, liantes, d'une quinzaine de mètres d'épaisseur, supportent des poudingues rouges ou grès formant un escarpement de 10 mètres de hauteur, qui s'étend au loin. Ils supportent des grès gris ou rouges peu durs, que recouvrent d'autres calcaires d'abord marneux, puis siliceux, dans lesquels on retrouve Ammonites inflatus et A. mayorianus d'Orb. M. Péron croit y avoir trouvé Enalaster Tissoti. Dans cette région il ne forme qu'une étroite bande, d'une épaisseur totale de 70 à 80 mètres, depuis le Djebel Bou-Yche jusqu'au delà du Djebel Makrous.

Dans le cercle de Bou-Saàda ce sont des grès à grain fin, jaunâtres, en gros bancs, avec quelques alternances de marnes jaunes qui forment la base de l'étage et sont surmontés de calcaires et de marnes ou argiles alternantes sur une faible épaisseur et passant à des calcaires massifs assez puissants, dans lesquels on retrouve encore l'Ammonites inflatus. A Eddis, les grès sont recouverts par des marnes verdâtres gypsifères, alternant avec des calcaires dont un banc renferme beaucoup de Gastéropodes silicifiés ; et ceux-ci sont surmontés par des calcaires massifs. M. Péron a recueilli dans un de ces petits lits marneux l'Enalaster Tissoti. Il y a là une anomalie singulière, car le fossile ainsi nommé par Coquand provient bien réellement des couches à Orbitolines. J'en ai recueilli moi-même à Khenchela un exemplaire auquel j'ai laissé un peu de gangue contenant encore ce foraminifère. Il n'est donc pas possible de mettre en doute, ainsi que le fait M. Péron, sa provenance rhodanienne. Mais on peut le faire pour la détermination exacte du fossile du Bou-Taleb et d'Eddis et, si elle se vérifie, constater la longue persistance de cette espèce qui cesse ainsi d'être caractéristique, contrairement à la plupart des types d'échinides. Le rôle presque prépondérant par sa persistance que semble jouer ici Ammonites inflatus indique un phénomène inverse, c'est-à-dire l'apparition plus précoce d'une espèce qui jouera encore un rôle dans l'époque suivante en Algérie et qui en Europe paraît propre aux couches supérieures de passage.

Le gault ainsi constitué joue un rôle important dans la région du sud de Bou-Saâda ; Oum-el-Alleg, Tsegna, Bou-Ferdjoun, Natlah, Chegga, etc. ; dans celle de l'ouest du Dolat-Azedin jusqu'à Hamel et, d'après M. Brossard, plus loin encore, vers Kichan et Mnaah. Il doit s'étendre plus à l'ouest dans le massif qui longe le bassin du Zharès ; car dans les conglomérats qui avoisinent le Rocher-de-Sel abondent des blocs de calcaire blanc à fossiles gastéropodes silicifiés. Au Nord il s'étend par le Baten jusqu'à Aïn-Kermam et au Djebel Selleth, avec les caractères signalés à Eddis, qui est au pied de ce massif. Le gault est très peu connu dans la région orientale du sud de la province de Constantine. Il consiste au bas du revers nord du massif de l'Aurès en argiles et marnes rouges avec des poudingues et des grès en gros bancs subordonnés comme au nord du Hodna et dans lesquels on n'a point trouvé de fossiles.

En terminant ce qui est relatif au gault, je crois devoir remarquer encore combien sont fâcheuses ces indications à distance, d'après un seul fossile, d'horizon géologique que l'on s'acharne à poursuivre. Ainsi Coquand place à Hadjar-Roum l'étage du gault d'après la présence en ce point de l'Aplocyathus conulus Mich. (d'Orb.). Or ce fossile est associé à Belemnites latus dans le même lit ; ce n'est pas du reste cette espèce, comme on doit s'y attendre, et il n'y a point de gault à Hadjar-Roum ni à de grandes distances autour.

c[4-5]) Cet étage comprend tout le cénomanien de d'Orbigny, que l'on ne pourrait qu'arbitrairement diviser comme Coquand en rhotomagien et carantonien, ainsi du reste que l'a reconnu M. Brossard et confirmé M. Péron. C'est partout un ensemble calcaréo-marneux, où les calcaires durs alternent avec des marnes fissiles ou délitescentes, le plus souvent très fossilifères. Dans la région de Tébessa, d'après Coquand, des marnes argileuses délitescentes supportent un système puissant de calcaires grisâtres durs, mais rognoncux à leur contact avec des marnes grises, formant ensemble de nombreuses alternances ; Belemnites ultimus d'Orb., Ammonites Mantelli Sow., A. rhotomagensis Lamk., Scaphites æqualis Sow., Turrilites costatus Lamk., T. scheuchzerianus Bosc., quelques gastéropodes, beaucoup d'acephales, la plupart nouveaux et parmi eux Ostrea Delettrei Coq., O. Scyphax Coq., O. Overwegei Coq. (non Buch.), O. auressensis Coq. Au-dessus vient un autre système de marnes et de calcaires avec Ostrea flabellata d'Orb., O. carinata Lamk., Nautilus triangularis Montf., Terebratula biplicata Defr., Hemiaster Devauxi Coq., Aspidiscus cristatus E. II. Au-dessus encore des marnes sans fossiles, puis des calcaires marneux feuilletés, renferment Inoceramus problematicus d'Orb. (labiatus Schl.). Le même auteur donne une constitution presque identique pour les environs de Khenchela.

Je dois avouer que cette succession de faunules ne m'a pas paru aussi évidente que cela dans l'excursion géologique que j'ai faite dans ces deux localités et que je n'ai pas su les retrouver, probablement parce qu'elles avaient simplement été systématisées par cet auteur. L'ingénieur Tissot, qui avait surtout étudié en détail les environs de Batna, sa première résidence, admettait une zone inférieure de marnes noires plus ou moins schisteuses (gault ?), passant à des calcaires schisteux ou noduleux, puis à des bancs calcaires compacts contenant Radiolites Nicaisii Coq., Epiaster maximus Coq., E. Vattonei Coq., des bélemnites (ultimus d'Orb.). turrilites, etc. Au-dessus des précédentes assises un système marno-calcaire à ostracées : Ostrea Scyphax Coq., O. Oxyntas Coq. (O. Overwegei Coq., non Von Buch), O. auressensis Coq., O. Mermeti Coq , O. flabellata d'Orb., Aspidiscus cristatus Edw. Haim ; puis les calcaires des cimes du Djebel Metlili recouvrant le tout avec Radiolites cornupastoris d'Orb. On peut déjà apercevoir une différence de distribution des espèces d'huîtres, et cependant Coquand maintient pour Batna la même distribution qu'à Tébessa ; question de système.

Le terrain cénomanien, ainsi constitué dans la province de l'Est, forme d'abord deux petits îlots au sud de Tébessa, Djebel Anouël, Djebel Chetiatif et un assez grand au nord, depuis le Djebel Halloufa jusqu'au grand coude de l'Oued Mellègue, au nord de Hadjar-el-Dibe ; mais sur cette surface percent plusieurs îlots néocomiens et se superposent d'autres îlots de turonien et de formations plus récentes. A Hadjar-el-Dibe et au Bordj-Morsot on a constaté de riches gisements de fossiles. Au sud-ouest de Khenchela, le cénomanien perce en plusieurs grands îlots aux travers du turonien, aux Djebels Foughar et Tougour, aux Djebels Adahou et Tongom. Il forme ceinture autour du massif du Djebel Noughis, se prolonge entre celui-ci et le Djebel Chélia, qu'il borde aussi du côté nord. Il y en a encore un lambeau à l'est de l'Oued Chemora, vers Bir-el-Asfour ; on le retrouve plus près de Batna, au Djebel Iche-Ali et au Djebel Tafougralt. Il forme plusieurs grands îlots entre Medoukal, El-Kantara et El-Outaya. Il reparaît encore au nord-ouest de Biskra en une bande arquée étroite, mais assez longue.

Au nord de cette région, dans le Tell, Coquand a décrit une série crétacée en quelque sorte condensée, dans laquelle le cénomanien est représenté par une vingtaine de mètres d'épaisseur d'un calcaire renfermant Ammonites varians Sow., Turrilites costatus Lamk., Hippurites organisans Des., Radiolites cornupastoris d'Orb., Ostrea Scyphax Coq., Hemiaster Fourneli var. Desh. C'est un faciès particulier à la partie haute du bassin de l'Oued Cherf, étudié à Aïn-Zaïrin et Oued Chéniour.

M. Brossard a ainsi établi la succession des assises dans les deux massifs montagneux de l'ancienne subdivision militaire de Sétif, qui sont séparés par le chott El-Hodna. Il fait commencer l'étage au-dessus des bancs à Ammonites inflatus, ce qui porterait à admettre que dans cette région ces bancs se rattachent au gault plus intimement qu'ils ne le font dans l'Ouest. C'est à la base un groupe argilo-calcaire dont les bancs calcaires sont minces, marneux ou compacts dans la chaîne du Nord ; plus compacts et plus durs dans la chaîne du Sud. On y trouve Ammonites rhotomagensis Brong., Ostrea conica d'Orb., O. Oxyntas Coq. Un deuxième groupe est surtout argileux, à argiles un peu plastiques, noires, grises ou verdâtres. Dans la chaîne du Nord elles contiennent des cristaux de gypse et sont souvent salées. Dans la chaîne du Sud elles renferment des intercalations de couches de gypses plus ou moins puissantes. Les fossiles sont Ammonites Mantelli Sow., Ostrea flabellata d'Orb., O. Mermeti Coq., Hemiaster batnensis Coq., Heterodiadema lybicum Cott., etc. C'est à cette époque sans doute qu'à dû vivre l'Iguanodonte qui a laissé les traces de ses pieds sur la surface des calcaires non encore durcis, qu'ont recouverts ensuite des argiles près d'Amoura ; traces signalées comme ornitichnites par MM. Le Mesle et Péron.

Le groupe cénomanien supérieur est formé de calcaires marneux en petits bancs superposés sans alternance argileuse. On y trouve Ostrea sitifensis Coq., Codiopsis doma Ag., etc. C'est surtout dans le Bou-Khaïl que se développent les bancs gypseux et cela sur une cinquantaine de mètres d'épaisseur, et ce faciès se prolonge au loin dans le Sahara jusqu'auprès du pays des Touaregs. Une coupe de détail donnée par M. Péron, *Description géologique de l'Algérie*, démontre par la liste de ses fossiles que les ostracées y dominent et que les céphalopodes y sont rares. Pour mon compte, je n'y ai trouvé de cet ordre que Turrilites costatus d'Orb. et en exemplaires très rares. On pourra consulter avec fruit ce que M. Brossard et M. Péron ont écrit sur ces gisements dans leurs publications.

Le cénomanien constitue une bande très étroite au sud du Bou-Taleb, contre les couches du gault et contre celles du rhodanien soulevées comme les siennes ; ce qui constitue une transgressivité manifeste. Il réapparaît à l'Ouest au Djebel Soubella et se prolonge en une autre bande un peu moins étroite qui va contourner le chaînon du Djebel Mahdid pour revenir vers l'Est au revers nord de la chaîne jusqu'au delà du Djebel Nechar. Un autre îlot important s'étend au nord du Kef-el-Acel et du Djebel Tarfa, jusqu'auprès du village de Dahla. On peut y rattacher plus loin encore, dans la province d'Alger, celui du Djebel Abdalah.

Dans la région du Sud, le cénomanien est bien plus étendu. On le trouve d'abord à l'ouest du Djebel Sellath, vers Benzou, et dans le Djebel Zemera. Dans la partie centrale de la région, il forme la majeure partie des montagnes du Djebel Frenin au Djebel Menaàh. De là il se prolonge vers l'Ouest pour passer au nord de Djelfa, en une bande étroite qui se continue pour aller contribuer à former le versant sud d'une partie au moins du Djebel Senalba. Il affleure sur le versant sud-est du Djebel Msaàd en longues lignes rocheuses ; il contourne le Djebel Bou-Sfoula et le Djebel Gmaïn ; puis il reparaît à l'est d'Aïn-Mgarnez.

Le chaînon plus au sud montre le cénomanien tronçonné par un affleurement néocomien en deux grands lambeaux allongés, l'un s'étendant du Djebel Mzizou jusqu'au delà du défilé de Sadouri, l'autre constituant le Djebel Bou-Khaïl proprement dit, ou plutôt son versant méridional. Je reproduis ici, comme exemple de constitution locale, une section relevée par M. Brossard dans cette chaîne, depuis l'entrée du défilé de Kemera-el-Foukani jusqu'au ras Ouzina qui culmine :

1° Alternances très régulières de calcaires et d'argiles, ceux-là très durs, bleuâtres, parfois marneux : Ostrea Scyphax abondant.. 35^m

2° Argiles verdâtres ; quelques bancs calcaires, couche de gypse, surmontés de calcaires blancs 35

3° Argiles verdâtres, liantes, gypseuses et salées 56

4° Cargneule, calcaire, gypse, argiles vertes ou noirâtres gypseuses avec Hemiaster batnensis Coq., H. Nicaisii Coq. 28

5° Couches puissantes de gypse blanc.................... 42

6° Calcaires en zones régulières, durs, noirs et jaunâtres 14

A reporter..... 210^m

Report.....	210ᵐ
7° Gypse...	14
8° Marnes jaunâtres : Ostrea conica d'Orb., O. flabellata d'Orb., O. auressensis Coq., Holectypus serialis Desh., Pseudodiadema batnensis, Turrilites tenouklensis Coq...	8
9° Dernières coupes de gypse............................	8
10° Bancs argilo-calcaires : petites Ostrea Mermeti Coq. Turonien au-dessus.................................	70
Total..........	310ᵐ

Aux environs d'Aumale on observe premièrement de gros bancs calcaires rigides séparés par des lits argileux au-dessous desquels cessent les assises à espèces albiennes ; ils sont dépourvus de fossiles. Au-dessus une zone marneuse contient des fossiles ferrugineux : Ammonites inflatus Sow., Turrilites Bergeri Brongt., Hamites simplex : faune de transition qui, ici, se lie plus intimement à la faune supérieure par de fréquents passages. Puis des calcaires marneux avec Ammonites Mantelli Sow., A. rhotomagensis Lamk., Radiolites Nicaisii Coq., Hemiaster aumalensis Coq., divers Holaster, Discoidea cylindrica Ag. Au-dessus , marnes fissiles argileuses contenant Scaphites æqualis Sow., Turrilites costatus Lamk., Solarium Vatonnei Coq. et d'autres espèces apparues déjà dans l'assise précédente : Ammonites Martimpreyi Coq., A. Velledæ Mich., Turrilites Bergeri Brongt. Elles sont recouvertes par des calcaires noduleux où Radiolites Nicaisii reparaît avec beaucoup d'oursins : Holaster nodulosus Ag., Epiaster Vatonnei Coq., Hemiaster Nicaisii Coq., H. aumalensis Coq. (qui avait apparu dans le gault), Discoidea cylindrica Ag.; puis vient une zone marneuse avec Ammonites ferrugineuses et Discoidea Forgemoli Coq.; puis une réapparition de plusieurs des oursins précédents avec Epiaster Villei Coq., abondant dans une couche épaisse de calcaire marneux. La série se terminerait par une puissante assise à Epiaster Henrici Pér.-Gauth., contenant en outre beaucoup des espèces des niveaux inférieurs. Les couches supérieures à celles-ci s'en distinguent par leur stérilité en fossiles, mais lithologiquement elles diffèrent peu par leur faciès des couches inférieures et ce n'est qu'assez arbitrairement qu'on peut y tracer la limite des formations turonienne ou sénonienne.

Ce système se poursuit vers l'Est avec le même faciès de bancs calcaires rigides, perdant plus ou moins les intercalations marneuses et en même temps une grande partie des fossiles et il se dirige sur les Portes-de-Fer ou Bibans, où il donne lieu, par le redressement pres·que vertical de ses bancs, aux nombreuses arêtes dentelées qui hérissent ce site sauvage. Une autre bande plus étroite longe une partie de l'Oued Sahel et forme les mamelons rocheux des Beni-Mansour, séparée de la précédente par une zone albienne. Ces deux bandes pénètrent chez les Beni-Abbès, celle-ci jusque chez les Beni-Aydel et les Beni-Ourtilen, celle-là jusque chez les Beni-Yala. .

Il faudra y rattacher d'autres grands lambeaux qui s'étendent à l'Est jusqu'au delà de l'Oued Agrioun et s'allongent plus ou moins entre les masses jurassiques et probablement le petit lambeau sans fossile du flanc méridional du Gouraya de Bougie. L'ensemble paraît ici plus rubané par la fréquence des alternances.

Vers l'Ouest, le faciès cénomanien d'Aumale se poursuit dans la direction de Sour-Jouab et Ben-Takouk jusqu'à Berrouaghia en une étroite bande. La composition reste à peu près la même. Immédiatement au-dessus du rudiment de gault, signalé plus haut, apparaissent des bancs de calcaires plus ou moins rigides et compacts, alternant avec des marnes gréseuses ou schistoïdes très pauvres en fossiles, mais où Ammonites inflatus se montre quelquefois. Puis les calcaires deviennent plus marneux et les fossiles y apparaissent en plus grande quantité, mais en quelques localités restreintes seulement, telles que Mechta-el-Aïd observée par M. Pierredon, Baten-ben-Redim, près du pénitencier, vue par M. Thomas, ou encore Mongorno, station forestière explorée par Nicaise ; les fossiles y sont les mêmes qu'à

Aumale; mais il n'a pas encore été fait de recherches assez détaillées
pour vérifier si la distribution des espèces était semblable.

Dans l'ouest de Berrouaghia le développement du terrain est considérable en surface et en puissance et s'étend depuis l'isthme de
Berrouaghia jusqu'au massif néocomien des Matmata, de Taza et du
Téniet-Saïd, soit 40 kilomètres, et depuis la bande tertiaire des sommets du Sud, jusqu'à l'Oued Karakach et au Dra-el-Hallouf, soit
environ 20 kilomètres.

Dans la partie orientale les fossiles sont extrêmement rares et je
n'y ai trouvé que des débris peu caractéristiques. M. Pierredon n'a
pas été plus heureux que moi dans l'exploration qu'il a dû en faire
pour l'établissement de la carte géologique. Mais dans l'Ouest les
fossiles réapparaissent abondants en diverses stations, dont la plus
connue est celle du Djebel Guessa, au nord de Boghar. C'est toujours
le même faciès rubané par les alternances de marnes et de calcaires,
quelquefois durs, plus souvent marneux ou noduleux. La faune y
débute par une forte collection d'espèces d'huîtres déjà citées ailleurs;
au-dessus vient un banc à Discoïdea cylindrica Ag., surmonté
d'autres contenant des Ammonites : A. Mantelli Sow., A. Nicaisii
Coq. (inflatus Sow.), Turrilites, etc. Au-dessus encore des alternances
de marnes et de calcaires noduleux sont riches en oursins, qui n'y
sont pas exactement associés de la même manière qu'à Aumale. Le
Discoïdea Forgemoli paraît toutefois encore être confiné dans les
parties les plus élevées. Ici pas plus qu'à Aumale et qu'à Berrouaghia
il n'est possible de fixer dans le système marno-calcaire, qui surmonte
cette série, où se termine le terrain cénomanien et où commence la
série turonienne, par suite d'uniformité de faciès pétrographique et
de l'absence de tout fossile déterminable dans la partie supérieure.

L'Atlas de Blida présente un développement considérable de l'étage
cénomanien, analogue au précédent par sa composition lithologique :
alternances de marnes et de calcaires plus ou moins durs, figurant
des rubanements peu variés à distance, mais très accentués dans les

parties que les plissements ont redressés, ce qui est le cas le plus fréquent. Les fossiles y sont très rares et consistent en Belemnites ultimus d'Orb., Ammonites inflatus Sow., A. navicularis Sow., Discoïdea cylindrica Ag., Radiolites Nicaisii Coq. et quelques Hemiaster non décrits, tous distribués très sporadiquement et à des niveaux difficiles à rattacher entre eux. Souvent, près de la base, certaine couche se délite en fragments bacilaires anguleux qui à défaut d'autres fournissent un caractère empirique ; c'est à son voisinage que l'Ammonites navicularis, la moins rare des espèces, a été le plus souvent rencontrée, associée à un grand inocérame dont l'état incomplet n'a pas permis de détermination certaine, peut-être le I. striatus Mant. Les couches sont fortement redressées sur les deux flancs de la chaîne qui comprend le Djebel Mouzaïa et le massif de la forêt des Cèdres.

Mais c'est sur le revers méridional qu'on peut surtout se rendre compte de sa structure et de sa puissance dans la partie de la vallée de la Chiffa, qui est en amont de la maison forestière du Camp-des-Chênes. Il faut y rattacher l'îlot qui émerge des terrains miocènes au sud de Médéa, où les premières assises superposées au gault contiennent quelques Ammonites Martimpreyi Coq., A. inflatus Sow., dans des couches de calcaires marneux feuilletés, qui contrastent pétrographiquement avec les grès et les marnes bigarrées de leur substratum. Le petit témoin du bas-fond de Ben-Chikao en est encore une dépendance ; il se rapproche beaucoup de Berrouaghia, mais il en est séparé par une assez forte barre de néocomien.

Le massif de Miliana, se reliant au Dara de Ténès, présente un faciès assez différent des précédents et cette différence ne me semble pas pouvoir être uniquement attribuée aux actions dynamiques qu'il a subies. Au-dessus des dernières marnes et argiles schistoïdes du gault, il commence par un faisceau de calcaires argileux feuilletés, grisâtres, d'une cinquantaine de mètres d'épaisseur. Quelques-uns des feuillets sont siliceux et entre certains d'entre eux dans les parties inférieures sont des plaquettes et des nodules de silice. Dans les cassures on remarque une grande quantité de taches plus foncées ramifiées, qui ont dû appartenir à des algues du groupe des Phymatoderma, ayant dû vivre dans les eaux où s'opérait la sédimentation ; celle-ci les a englobées en conservant la forme épaisse des ramifications de leur fronde, ce qui les différencie des simples empreintes de chondrites dont la fronde devait être plane comme celle des chondrus. Ces couches ont été exploitées pour la fabrication du ciment, dont elles ont fourni des variétés trop maigres. On y a trouvé de rares Belemnites ultimus d'Orb., Ammonites Mantelli Sow. Elles sont surmontées par une grande épaisseur d'alternances de marnes et d'argiles, plus ou moins rudes avec des intercalations de bancs calcaires et de grès quartziteux, en général de teintes jaunâtres et d'une grande uniformité d'aspect et dans lesquelles des recherches attentives n'ont jamais fait découvrir de débris d'être organisés.

Les calcaires feuilletés, résistant mieux aux dégradations opérées par les agents atmosphériques et presque toujours fortement redressés, forment les pointes dentelées de la Sra des Zatyma et des Beni-Mnacer et quelques-unes chez les Braz. Rien dans la série ne vient interrompre l'uniformité de structure et aucun fossile ne pouvant donner d'information paléontologique, il n'est pas plus possible d'y déterminer la fin de l'étage et le commencement de l'étage turonien qui doit le recouvrir. Si l'on en juge par la présence de Ammonites deverianus d'Orb. dans les déblais du troisième tunnel des gorges de l'Oued Djer, où les couches sont fortement ployées et sans doute enfaillées, on aurait pu espérer qu'il eut été possible d'observer comment s'opérait la transition de ce faciès avec celui de l'Atlas de Mouzaïa par le massif des Soumata, coupé en deux par les gorges de l'Oued Djer. Mais toute la partie comprise entre ces gorges et la haute vallée de l'Oued Bourkika où cela pourrait être observé, est une région forestière où les dénudations font le plus souvent défaut et où la surface est cachée presque partout par une couverture de marne jaunâtre qui paraît être un reste de manteau tertiaire. La formation cénomanienne constituée de la même manière s'étend jusque dans les parties orientales de l'ancien cercle de Ténez, où il n'a pas encore été fait de recherches pour la délimiter, mais où elle ne tarde pas à disparaître sous les formations plus récentes.

Je ne puis donner de renseignements sur les caractères que peut prendre le terrain cénomanien autour du massif de l'Ouarsenis. Ce que l'on en sait se borne à permettre de constater son existence à partir même de l'extrémité occidentale de la Montagne des Cèdres de Téniet-el-Haâd et aussi de ce centre lui-même par un lambeau qui rappelle la structure de celui de Médéa. Cette vaste région, vierge de colonisation et presque de routes, est en effet une de celles qui réclament des explorations les plus prochaines possibles, pour faire disparaître une lacune fâcheuse dans notre statistique géologique algérienne.

Dans la province d'Oran, le terrain cénomanien est très peu développé, à l'exception toutefois de la région saharienne ; il ne s'y est encore montré à ma connaissance que dans deux régions. L'une dans le Tell inférieur, chez les Beni-Chougran de Mascara, où il apparaît sous le faciès de l'Atlas de Blida, avec des calcaires plus ou moins hydrauliques, alternant avec des marnes où les fossiles sont très rares et consistent en quelques exemplaires mal conservés, mais bien déterminables de Discoïdea cylindrica Ag. et de Radiolites Nicaisii Coq. On peut l'étudier sur la rive droite de l'Habra en amont du barrage, d'où les strates se relèvent vers l'ouest pour aller recouvrir les couches du gault de l'est de Dublineau. L'autre région est sur le bord des Hauts-Plateaux, dans la partie ouest du Sersou de Tiaret. Sous cette ville même, le cénomanien repose directement sur le terrain jurassique, ce qui constitue la plus forte transgressivité que nous ayons encore constatée ; car le néocomien reste confiné au nord, assez loin sur le revers septentrional du Djebel Kartoufa, qui le sépare du Sersou. Il se compose à la base d'argiles bleuâtres très

plastiques qui sont presque toujours masquées par les assises supérieures et que le creusement des puits m'a seul fait connaître. On y
récolte en abondance Ostrea Scyphax Coq., O. Oxyntas Coq. et quelques tronçons d'Ammonites rhotomagensis Brong. L'épaisseur de
l'assise n'est pas connue, mais doit être faible, peut-être même n'est-
elle pas constante; car je ne l'ai pas observée en des points où le
contact du terrain avec le substratum jurassique est très visible dans
l'Oued Tiaret. Au-dessus un calcaire rognoneux avec gros strombe
forme une couche assez épaisse et supporte une succession de quelques bancs grumeleux criblés de moules d'acéphales et de quelques
gastéropodes non encore déterminés avec l'Ostrea Oxyntas Coq. en
grande abondance ; l'épaisseur totale ne paraît pas dépasser une
dizaine de mètres, si même elle les atteint.

Au nord de Frenda, chez les Sdama, un assez grand lambeau
montre absolument la même composition et sur le même substratum
corallien : je n'y ai cependant pas observé Ostrea Scyphax. Sous
Tiaret la formation s'étend jusqu'auprès du pied du Djebel Nador ;
mais elle est masquée souvent par le terrain helvétien et par des
atterrissements quaternaires qui forment manteau sur la plaine. Elle
paraît affleurer cependant en une bande étroite à son bord méridional; mais la limite n'en a point encore été fixée. Vers l'Est, il est
possible que cette bande se prolonge du côté d'Aïn-Oussera où l'on a
signalé la présence d'un îlot. Mais c'est encore une hypothèse; car, à
cette dernière localité, il m'a été impossible de trouver aucun fossile
qui vienne corroborer cette indication ; elle n'est pourtant pas contredite par le faciès des assises qui y percent le terrain quaternaire.

Le terrain cénomanien s'étend vers le Sahara avec un faciès encore
assez différent des précédents et en couvre d'immenses surfaces jusqu'au pied de la chaîne dévonienne du Haoggar. Il est constitué par
un calcaire blanchâtre un peu marneux mais sonore, plus ou moins
distinctement lité, homogène dans toute son épaisseur et dans lequel
les fossiles sont habituellement très rares. Sur tout le bord du Sahara

oranais ces calcaires sortent d'une façon discontinue de l'atterrissement quaternaire en s'appuyant le plus souvent sur les grès à dragées du néocomien. Ils forment le Chebket El-Beïda au sud de Moghar et M. Pouyanne y a recueilli Rhabdocidaris Pouyannei Cott., Heterodiadema libycum Cott., Pseudodiadema Maresii Cott., Ostrea Oxyntas Coq., qui ne peuvent laisser aucun doute sur leur âge cénomanien. Ils paraissent constituer la chaîne qui longe la rive gauche de l'Oued Charis descendant d'El-Abiod-Sidi-Cheik, et même les premières collines qui sont sur la route des Arbouat au Téniet-el-Ziara. Il serait difficile d'affirmer que les calcaires des ksour de Chellala, que nous avons assimilés aux calcaires rhodaniens du Béguirat, ne pourraient pas lui appartenir ; car le faciès pétrographique est bien semblable.

Un massif de calcaire absolument semblable, qui forme la colline isolée d'El-Haïrech entre El-Abiod-Sidi-Cheik et Berizina et à travers les fissures duquel les indigènes croient entendre sussurer un fleuve souterrain, comme entre Metlili et Ghardaïa, doit appartenir à cet étage. Je n'y ai point vu de fossiles. Une exploration plus complète en fera sans doute découvrir d'autres lambeaux émergeant des limites du manteau quaternaire entre ce point, Berizina et le Ksar El-Maïa ; mais je n'y en ai pas reconnu, non plus que sur la route de Géryville, qui n'a pu être cité à cet égard qu'à titre de chef-lieu d'une immense division territoriale où les gisements signalés sont à une grande distance. A El-Maïa, la source qui donne la vie au village sort des calcaires cénomaniens. Le Ksar de Tadjerouna est sur le bord d'un assez grand îlot qui se développe sur les dernières pentes de l'Atlas, depuis la sortie du défilé d'El-Malah.

On les retrouve au Djebel Miloc et à la Dakla de Laghouat passant vers le haut à des assises gypseuses comme dans le Djebel Bou-Khaïl. La base du massif rocheux et escarpé d'El-Aouata au sud d'Aïn-Madhi présente la même composition, et les escarpements sont en partie dus à l'éboulement des roches supérieures surplombant les marnes gypseuses et salées qui se dégradent sous les influences météoriques.

Après une lacune déterminée par un atterrissement quaternaire occupant la région dite des Daya et du Betoum, le cénomanien reparaît vers le Sud pour constituer le vaste plateau triangulaire de la Chebka du Mzab. Ce plateau s'incline comme les strates assez faiblement vers l'est un peu sud pour disparaître sous les atterrissements quaternaires du grand bassin oriental des chotts, tandis que vers l'ouest il forme un escarpement sans fin qui borde la vallée d'El-Loua. Ces calcaires sont assez homogènes; cependant ils renferment quelques intercalations marneuses qui donnent lieu à certains niveaux aquifères comme celui qui alimente la source saumâtre de Aïn-Massin et celui, bien plus important et de meilleure eau, qui alimente les puits du Mzab et ceux de Metlili. Je n'y ai trouvé que quelques fossiles peu caractéristiques dans l'escarpement d'El-Loua, sous Chaïb-Rasou.

Je n'ai pas vu la zone orientale de la Chebka, probablement celle où MM. Thomas et Durand ont récolté d'assez nombreux fossiles cénomaniens, d'après M. Péron, et des hippurites et radiolites dans la base des couches dolomitiques qui représenteraient le turonien ; il me serait difficile d'en indiquer la répartition. Les puits du Mzab ont une quarantaine de mètres de profondeur au fond d'une vallée qui en a bien une cinquantaine, de sorte que l'on peut affirmer que l'épaisseur de cette formation approche au moins d'une centaine de mètres. Dans ce pays toutes les surfaces sont dépourvues de végétation et même de terre. Il n'y en a que dans les fonds des vallées assez nombreuses et compliquées pour avoir mérité le nom de Chebka ou réseau.

La grande Chebka du Mzab se rétrécit en coin vers le Sud dans la direction d'El-Goléah, où viennent se terminer les escarpements d'El-Loua après quelques interruptions produisant des gours, c'est-à-dire des troncs de cône, témoins des anciens niveaux avant les

gigantesques ablations qui les ont produits. A El-Goléah, où la roche
est toujours le calcaire blanchâtre plus ou moins tendre du Mzab
surmonté de marnes gypsifères, on trouve des gisements fossilifères,
dont une belle série a été remise à l'Ecole des Sciences par M. le
commandant Didier, directeur des affaires arabes, et qui prouve que
la faune est toujours celle de la zone à Rhabdocidaris Pouyannei
Cott., avec quelques ammonites telles que A. navicularis. Les mis-
sions Choizy et Flatters ont permis à M. Rolland et aux malheureuses
victimes, Roche et Béringer, de constater l'existence de ce terrain bien
plus au Sud encore et dans le Tidikelt, qu'il semble constituer jusqu'au-dessus d'Aïn-Salah. Dans le Maroc les calcaires du Chebkeit
El-Beïda se poursuivent vers l'Ouest et ont été retrouvés par les
officiers de la colonne Wimpfen sur les bords de l'Oued Guir avec le
même faciès lithologique et la même faune reposant sur le dévonien
à Rhodocrinus. Cette grande uniformité de caractère sur d'aussi
vastes surfaces constitue l'un des faits les plus remarquables de la
géologie saharienne.

c⁶) Le terrain turonien en Algérie est surtout constitué par des
masses imposantes de calcaires compacts bleus, en gros bancs superposés, souvent peu distincts, à travers lesquels des fractures ont
ouvert des escarpements qui atteignent souvent 200 mètres de hauteur verticale, témoin le rocher de Constantine coupé par la fracture
du Rummel. Dans l'Est, près de la frontière de Tunisie, ce sont en
effet des masses puissantes de calcaire qui construisent les crêtes
escarpées du Djebel Osmor, admettant quelques intercalations marneuses et dont l'ablatation donne lieu à des échancrures à travers les
lits redressés.

Les fossiles ne sont pas rares dans ces parties tendres ; on y cite
Ammonites papalis d'Orb., A. deverianus d'Orb., A. Requienii
d'Orb., Ceratites Maresii Coq., Turitella pustulifera Coq., Trigonia
scabra Lam., Hemiaster Fourneli (var.) Desh., Holectypus serialis

Desh., H. turonensis Desh., Phymosoma Delamarei Desh., et un
grand nombre d'espèces de gastéropodes et de lamellibranches spéciales à ces gisements, nommées et décrites par Coquand. Les bancs
supérieurs plus épais contiennent quelques rudistes que Coquand n'a
pas hésité à dénommer Hippurites organisans Desm., H. cornuvacci-
num Bronn, Sphærulites angeïodes Coq. (Lamk.), sur des exemplaires
empâtés dans une gangue intraitable, qui m'ont paru sur place indéterminables.

Il m'a semblé que la division de cet ensemble en trois étages était
peu conforme à la réalité et qu'il n'y avait pas pour le monarsien
une zone marneuse intercalée, mais un certain nombre de lits alternants avec les calcaires, et que c'est dans ces lits en général, quelquefois assez minces, que peuvent se récolter les fossiles. Les lits les
plus supérieurs du côté des fours à chaux paraissent même déjà
contenir des espèces qui se retrouvent dans les assises sénoniennes
voisines. Je crois que c'est simplement une division virtuelle systématique que ne comporte pas la nature. Il ne serait pas possible d'en
tenir compte même sur une carte géologique détaillée.

Le turonien, dans le sud-est de la province de Constantine, occupe
de vastes surfaces sur lesquelles il est de structure très homogène.
Au sud de Tébessa il constitue le massif du Djebel Osmor, d'où il
s'étend fort loin en Tunisie, après s'être affranchi du quaternaire qui
s'y interpose sur la frontière. Il forme au Nord, sur la grande zone
cénomanienne, quelques grands lambeaux comme celui d'El-Aïchiour
et de Henneni, puis celui du confluent de l'Oued Chabro avec l'Oued
Meskiana. Une zone de petits témoins s'étend à l'est d'Aïn-Beïda à
partir du Djebel Chabro jusque dans la vallée de l'Oued Treuch, indiquant une ancienne extension vers le Tell. Mais c'est surtout au Sud-
Ouest que le terrain se développe, ne formant d'abord qu'une bande
étroite marquée à son milieu par le Djebel Bou-Tegma et courant
sur Kenchela. Une vaste surface est occupée par lui dans l'Aurès,
chez les Beni-Meloul, traversée par plusieurs ilots cénomaniens

mentionnés en leur place. Une bande assez large s'étend au pied nord-ouest du Djebel Noughis; une autre sur le flanc nord de l'Aurès, dont le milieu est marqué par le Djebel Tisougrarin; une autre vaste zone s'étend de Lambesse à Aïn-Touta, puis elle ressort de l'autre côté de la vallée en bande étroite chez les Alfaouia et en îlot chez les Ouled-Fatma.

Les gisements de Batna appartenant à cette zone ont été étudiés par divers géologues. M. Péron, après Coquand, y a recueilli beaucoup de fossiles, surtout des oursins et parmi eux Hemiaster africanus, qui est considéré comme très caractéristique des couches inférieures, mais qui est placé par Coquand dans son étage carantonien. Un peu plus au Nord-Ouest, une étroite ceinture entoure la bande cénomanienne du massif central de l'Aurès. Plus loin encore au Sud-Ouest, paraissent des bandes étroites qui se prolongent dans le Zab-Dahari et chez les Saharis. Puis des lambeaux y font suite, comme des témoins épars, jusqu'auprès de l'Oued-Malah du cercle de Bou-Saâda.

A Constantine, les gorges du Rummel, ou plutôt sa coupure, sont ouvertes à travers ce terrain et montrent des traces d'hippurites auxquelles il serait bien prétentieux de pouvoir assigner des noms spécifiques et tout autant, suivant moi, d'en déduire l'existence de deux étages; quoiqu'on puisse penser de la légère nuance marneuse plus ou moins perceptible qui en marquerait la séparation. Le pied ouest du Djebel Oum-Settas montre des calcaires compacts qui ont été attribués au même étage par l'ingénieur Tissot; ceux du Chettaba, à l'opposé de Constantine, lui appartiennent aussi.

Dans la chaîne du nord du Hodna, l'étage turonien est constamment en stratification concordante sur le cénomanien et en suit la distribution. On le reconnaît dans les crêtes, dont les principales sont celles du Mahdid, du Kef-el-Acel, du Djebel Tarfa. Dans l'Oued Ksob, en amont de Medjès-Foukani, il n'affleure en quelque sorte que dans la fracture à parois verticales qui a ouvert passage à la rivière, rappelant la coupure de Constantine. Il forme une étroite bande sur les dernières croupes du versant méridional du chaînon du Bou-Taleb ; ses calcaires redressés y sont saccharoïdes comme au Djebel Mimouna. C'est partout la même composition : calcaires compacts gris, quelquefois blancs ou bien noirâtres, en bancs atteignant souvent 4 mètres. Les alternances argileuses se montrent souvent à la base et sont rares au sommet. La puissance totale atteint souvent 100 mètres.

Les fossiles signalés par M. Brossard sont Nerinæa Parisi Coq., N. vermiculata Coq., Hippurites organisans Desm., Sphærulites Desmoulinsii d'Orb., Radiolites cornupastoris Bayle, Ostrea biskarensis Coq., O. flabellata, qui ici monte bien haut. Au nord de ces régions et au nord-ouest de Sétif, le Djebel Anini est constitué par le turonien à l'état de calcaire blanc suboolithique renfermant des Rudistes dont les fragments roulés figurent les oolithes ; un gisement absolument semblable existe en Tunisie vers l'est du massif du Bou-Kournein, où il est exploité pour pierre d'appareil et repose sur des marnes renfermant Belemnites ultimus. C'est dans ce terrain du Djebel Anini que se trouvent les grands amas de fer hématite, dont la richesse est stérilisée par les difficultés de transport. Je ne sais si dans cette partie de la Kabylie qui s'étend vers l'Oued Sahel il existe d'autres gisements du terrain turonien ; mais il paraît bien former les masses rocheuses du Gouraya qui portent la forteresse et montrent leurs abruptes vers le Sud.

A l'ouest de ces régions, si le turonien existe, comme ce n'est pas impossible virtuellement, il a dû perdre ses caractères lithologiques et paléontologiques, et j'ai dit plus haut qu'on ne pouvait qu'arbitrairement lui découper une zone mal définie dans la série marno-calcaire qui surmonte le cénomanien fossilifère. Echinoconus carcharias Coq. a bien été recueilli par M. Letourneux dans les Bibans, du côté des petites Portes-de-Fer ; mais M. Ficheur, que j'avais chargé de retrouver le gisement, n'y a pas réussi et du reste l'horizon de ce rare fossile me paraît être encore assez incertain pour qu'il n'y ait que des renseignements douteux à en tirer.

Nous avons suivi plus haut la large bande turonienne de l'Aurès jusqu'aux confins du cercle de Bou-Saâda ; elle y pénètre en effet après une interruption en une bande discontinue depuis l'est de El-Alleg jusqu'au Djebel Tartara. Le turonien, constitué par des calcaires plus ou moins rigides et souvent dolomitisés, couronne le cénomanien en une bande étroite dans le Djebel Fernen et dans le Djebel Msaâd ; il s'élargit dans le Djebel Ouzegna et le Djebel Grouz, se développe dans le Djebel Baten-Deroua et ses appendices, le Bou-Denzir, le Nourika et le Yazir. Il forme aussi le sommet des Djebels Tarcïref et Tascara ; celui de Sbia-el-Haïmeur, du Koudiat Chckedoua et du Rebaïl Kerbab, différents îlots séparés par l'atterrissement quaternaire.

Masqué par des atterrissements, il doit se prolonger vers l'Ouest pour y constituer la bande étroite à rudistes de Djelfa où sont ouvertes les carrières et la bande plus septentrionale du Djebel Aïa à l'est du Rocher-de-Sel, où Nicaise a recueilli Ostrea biscarensis Coq., Apricardia Matheroni Coq., Radiolites socialis (Nicaise) devenu Sphærulites aïaensis Coq. Il existe dans le Djebel Mimouna où il atteint son altitude maximum, avec une puissance de 80 mètres ; il y montre des contournements en chevron et renferme de nombreuses cavernes ; il faut aller jusqu'au Djebel Bou-Khaïl pour le retrouver en couronnement sur le Ras Ouzina, d'où il plonge vers le Nord-Est. L'ingénieur Tissot en figure un grand lambeau, dont les limites doivent être rectifiées, chez les Slamat, au sud-ouest du poste-café de Aïn-Hadjel ; la route d'Aumale à Bou-Saâda le recoupe en passant au col de Merkeb-Saoula où perce le substratum cénomanien.

Le terrain turonien est très largement développé dans la région saharienne de l'Algérie, il n'y a pas une grande épaisseur mais il est remarquable par la constance de ses caractères. Il est surtout constitué par une dolomie rigide formant des abruptes au-dessus des

assises gypsifères du cénomanien et donnant bien souvent lieu à la
formation de troncs coniques ou gours, ou à de longs escarpements
plus ou moins rectilignes, qui donnent un cachet particulier au paysage
saharien. Ces dolomies renferment quelques espèces d'Ammonites
découvertes par M. Le Mesle au Djebel Milok; un certain nombre
d'oursins ont été aussi récoltés par M. le commandant Durand. Il y
a aussi des rudistes très difficiles à dégager et à déterminer, mais
dont la structure est toujours suffisamment reconnaissable, ainsi que
cela se voit au Ksar El-Maïa. J'y ai vu aussi de mauvais exemplaires
qui paraissaient présenter tout à fait les caractères d'une caprinule et
peut-être ne diffèrent-ils pas de Caprinula Boissyi d'Orb.

C'est surtout autour de Laghouat que ce terrain joue un rôle topographique important. Le Milok, la Dakla, leur prolongement dans le
sud au delà de l'Oued Mzi, le groupe de crêtes du Ksar El-Aouïta,
qui émerge dans le prolongement des Milok au sud d'Aïn-Mahdi ; le
Garet-Si-Tahar, le Guern-el-Khelal reproduisent en plus petit la
même physionomie rupestre. Vers l'Ouest et en longeant le pied des
montagnes qui bordent le Sahara, on a observé des indices de son
existence, mais assez peu certains ; il y aura lieu, lorsque les occasions
le permettront, d'explorer un peu plus en détail cette région pour
y débrouiller cet inconnu. Nous avons vu plus haut que le terrain se
montrait au Mzab avec ses rudistes ; mais ne l'ayant point reconnu
dans la partie que j'ai traversée je ne saurais en indiquer la distribution. Au sud de la Chebka du Mzab, l'étage turonien se dégage plus
nettement de son substratum cénomanien et s'isole en couronnant
d'une plate-forme escarpée les collines qui se dressent en tronc-cône,
et le faciès s'étend ainsi vers le Sud dans le bassin de l'Oued Mia.
M. Rolland en a rapporté des rudistes et des échinides. Il y a également du bois silicifié dont je n'ai pu encore faire l'étude.

J'ai déjà fait remarquer que le turonien dans le Tell de la province
d'Alger ne pouvait être reconnu et limité d'une façon authentique
et que, s'il y existait, il n'y revêtait pas ses caractères habituels,

son faciès restant le même que celui de partie au moins du cénomanien. Cependant comme il n'a été remarqué nulle part de discordance
entre ces deux étages, on pourrait admettre que le supérieur existe
virtuellement sans pouvoir être limité par suite de modification de
son faciès lithologique, devenu semblable à celui du cénomanien. Il
est aussi très probable qu'il a disparu souvent sous l'action d'ablations d'une grande puissance.

Dans le Tell oranais, les formations crétacées des groupes supérieurs sont très peu développées et je n'y ai rien observé encore qui
put être attribué au turonien, sauf dans la vallée de la Tafna, où
M. Pouyanne a récolté des traces très certaines d'hippurites dans des
calcaires marneux qui forment un certain nombre de petits îlots chez
les Oulassa et les Beni Fouzèche, entre le massif volcanique de
Rachgoun et le confluent de l'Isser et de la Tafna.

En résumé, le groupe de la craie moyenne prend en Algérie un
très grand développement. Le gault est surtout remarquable à ce
point de vue dans le Tell d'Alger ; il est moins développé dans le
grand bassin du Hodna ; partout il se comporte comme une formation indépendante que la paléontologie rattache cependant un peu
plus directement au cénomanien. Ce dernier, peu représenté dans
l'Ouest et beaucoup plus dans l'Est, s'y présente sous des faciès
variés sans qu'il soit possible d'y introduire des divisions naturelles
constantes et le turonien qui le surmonte paraît lui-même n'y constituer qu'un faciès oriental des parties supérieures.

§ 3. — *GROUPE SÉNONIEN.*

Le groupe sénonien, représenté sur la carte provisoire par la teinte
claire et l'indice **cs**, débute en Algérie par une série d'alternances de
bancs argilo-marneux et de calcaires plus ou moins durs ou rognoneux qui se distingue facilement du terrain turonien, lorsque celui-ci
est constitué par les grosses masses calcaires avec ou sans rudistes.

Mais il n'en est pas partout ainsi, et lorsque les fossiles font défaut, ce qui est le plus fréquent, la distinction est alors plus délicate, non seulement avec l'étage qui le supporte, mais encore entre les divisions qu'il peut comporter et, dans ce cas, sur les cartes détaillées, il ne pourra figurer que sous l'indice collectif c^{7-9}. C'est sur les hauts plateaux de Constantine que la série est la plus complète aux points de vue stratigraphique et paléontologique ; c'est là que le type peut en être pris pour y rattacher les différents faciès qu'il revêt non seulement dans le reste de l'Algérie mais même dans cette région classique, où il est loin de rester toujours semblable à lui-même. La vallée de Batna à Biskra et celle de l'Oued Ksob, au sud de Bordj-bou-Arréridj, sont célèbres par le développement du groupe et par sa richesse paléontologique. Je ne puis mieux faire que de résumer la coupe qu'en a donnée M. Péron pour ce dernier gisement et que j'ai pu vérifier.

c^7) La partie inférieure, étage santonien, est formée de bancs rocheux d'un calcaire brunâtre un peu grossier, séparés par des lits ou des bancs d'argiles rudes et non liantes. La teinte générale est foncée ; les limites inférieures en sont assez nettes sur les calcaires turoniens massifs. Les premiers bancs calcaréo-marneux renferment Turritella gigantea, devenue depuis Cerithium Encelades Coq. Puis viennent des marnes alternant avec des calcaires grésiformes plus ou moins subordonnés, qui contiennent des cératites et de grandes turritelles. C'est là qu'apparaît Hemiaster Fourneli Desh. Au-dessus est une autre alternance de marnes noirâtres et de bancs calcaires contenant encore des cératites.

Couche calcaire avec Plicatula ventilabrum Coq., surmontée de marnes riches en échinides : Hemiaster Fourneli Desh. (très abondant), Cyphosoma Delamarei Desh., Holectypus serialis Desh., Orthopsis miliaris Cot.

Calcaires marneux remplis de Vulsella turonensis Duj., nombreux gastéropodes, grandes turritelles qui persistent, Ammonites texanus Rœm., Ostrea Costei Coq., O. dichotoma Bayle, Inoceramus Cripsi Goldf., Janira tricostata Bayle.

Lits de calcaires noduleux avec Ostrea Costei Coq., O. cadierensis Coq., Hemiaster Fourneli Desh. et Echinobrissus Julieni Coq. abondant.

Marnes fissiles, assez argileuses, avec lits calcaires contenant Ostrea sulcata Goldf. (semiplana Sow.), souvent en lumachelle; autre zone à petites Ostrea proboscidea d'Arch.; puis Ostrea Peroni Coq. en grande quantité; au-dessus encore Ostrea Bourguignati Coq. avec Plicatula Flattersi Coq., P. Ferryi Coq., Ostrea cadierensis Coq., Hemiaster Fourneli Desh. persistant.

Ensemble puissant de marnes noirâtres, verdâtres par places, très fissiles avec filets de calcite interstratifiés, sans fossiles, surmonté de bancs gréseux avec Ostrea Pomeli Coq. qui persiste sur une grande épaisseur.

C'est ici que M. Péron termine l'étage santonien auquel il attribue 150^m d'épaisseur, qui me paraît une estimation tout à fait faible. Quant à la limite établie en ce point de la série, plutôt qu'en un autre voisin, j'avoue qu'elle ne me paraît être qu'une affaire de sentiment; car, en réalité, la série de couches continue vers le haut sans aucun contraste stratigraphique ni lithologique, sauf un peu plus de prédominance des argiles sur les calcaires; certains fossiles apparus antérieurement se montrent encore fréquents dans la série supérieure.

c³) La partie moyenne, ou étage campanien, cette limite étant acceptée, débuterait par des argiles gypsifères verdâtres, surmontées de marnes jaunâtres avec filets de calcite et ensuite par des alternances de marnes et de calcaires gris où apparaît Ostrea Nicaisii. Puis vient une nouvelle assise verdâtre, surmontée d'alternances de marnes noires et de calcaires noduleux gris, jaunes ou blancs où apparaît Ostrea Villei Coq. avec O. Nicaisii Coq., et presqu'en même temps Ostrea vesicularis, qui devient de plus en plus abondante.

Calcaires lumachelles schisteux gris, avec Ostrea Janus Coq., surmontés d'une couche à Echinobrissus, dont deux espèces, E. Julieni Coq. et E. pseudominimus Gauth. Pér. remontent du santonien; on y trouve aussi Cyphosoma Ioudi Gauth. Pér.

Marnes calcaires jaunes et blanchâtres, vertes par places. de 30 mètres de puissance et très fossilifères à divers niveaux: Ostrea vesicularis Lamk., O. Villei Coq., encore Hemiaster Fourneli Desh , Cyphosoma Ioudi Gauth. Pér., Leiosoma Selim Gauth. Pér., Periaster Payeni Gauth. Pér.; un peu plus haut Plicatula Flattersi Coq. et Janira tricostata Bayle, remontant aussi du santonien, Hemiaster Brossardi Coq.

Marnes noirâtres et lumachelles d'une trentaine de mètres d'épaisseur ne contenant plus que Ostrea Villei, y formant de véritables bancs.

Ici se termine, d'après M. Péron, l'étage campanien avec une puissance d'environ 80 mètres. Cette limite ne me paraît pas plus justifiée que la limite inférieure; car plusieurs des fossiles qui paraissent y jouer un rôle important remontent en abondance dans les horizons supérieurs, de même que nous en avons vu venir d'importants aussi des horizons inférieurs. Je n'ai pas pour mon compte d'autres limites à proposer; car elles seraient tout aussi arbitraires dans une série aussi transitive. J'ai à faire les mêmes réserves au sujet de la synchronisation de ces étages avec ceux reconnus en France; car dans cet immense développement de strates et de faunes nous ne trouvons presque absolument rien qui rappelle le sénonien classique de l'Europe, et M. Péron reconnaît qu'on ne peut citer que le seul Ostrea vesicularis Lamk. comme commun à la série campanienne d'Algérie et à celle de France. J'avoue que je me méfie singulièrement de la valeur stratigraphique d'une espèce aussi inconstante dans ses formes. Il n'y a donc qu'une convenance d'occupation de place dans un cadre systématique ; mais, à défaut d'autre raison plus positive, il faut s'en contenter. Il en est de même pour l'étage supérieur, dont on va exposer les caractères d'après le même document.

c⁹) L'étage danien ou dordonien, ces mots étant presque synonymes, débute en concordance sur ce campanien, par une série de bancs de calcaires gris, bien rocheux, assez bien lités sur une assez grande épaisseur, contenant déjà dans leurs interstices marneux quelques exemplaires de l'Heterolampas Maresii Cott., qui plus haut devient abondant dans une zone plus marneuse, avec d'autres espèces d'échinides spéciales comme lui à la localité : Salenia nutrix Pér. Gauth., Holectypus subcrassus Pér. Gaut. et Linthia Payeni remontant du campanien. Un dernier banc formant souvent corniche est recouvert par un calcaire marneux riche en Echinobrissus sitifensis Coq., E. Meslei Pér. Gauth., Cyphosoma Mahdid Pér. Gauth.

Marnes jaunes puissantes avec bancs subordonnés de calcaires noduleux, de lumachelles, de calcaires durs, etc. ; encore Hemiaster Fourneli Desh. et Echinobrissus sitifensis Coq., Leisoma Selim Pér. Gauth., Inoceramus Goldfussii d'Orb., Ostrea Villei Coq.

Calcaires gréseux, feuilletés par places, grossiers et lumachelles, alternant avec des marnes schisteuses grises : grandes plicatules, Ostrea larva Lamk., O. Matheroni d'Orb., Orthopsis miliaris Cott., Hemiaster mirabilis Pér. Gauth., Nerita Fourneli Coq., Nerita Archiaci Coq.

Nouvelle zone de calcaires gréseux sur quelques argiles verdâtres et marnes rognoneuses blanchâtres, alternant avec des marnes calcareuses contenant beaucoup de fossiles : Nautilus Dekayi Mort., Nerita rugosa Hœningh., Janira quadricostata Sow., Echinobrissus pyramidalis Pér. Gauth., E. cassiduliformis Pér. Gauth., E. subsitifensis Pér. Gauth., encore Linthia Payeni Pér. Gauth., Plistophyma africanum Pér. Gauth., etc.

Bancs calcaires et lumachelles, marnes blanchâtres à moules de turritelles, puis plus argileuses avec Ostrea Villei qui persiste. Une couche gypseuse renferme des bancs de lumachelle à Ostrea Peroni Coq. var., avec O. Villei encore abondante.

Série de marnes avec intercalation de calcaire contenant Ostrea Aucapitainei en quantité et nouvelle, et le dernier Hemiaster (Brahim Pér. et Gaut.). Un banc puissant dur, en corniche, supporte d'autres argiles jaunes avec les Ostrea Aucapitanei et O. Villei et à nouveau des marnes blanchâtres. Une argile noirâtre gypseuse à fossiles pourvus de leur test contient encore les mêmes huîtres, et de plus Roudairea Drui Mun. Ch. (Trigonia auressensis Coq.) et Ostrea Fourneti Coq. (le vrai O. Overwegi de Buch). Une vingtaine de mètres d'argiles noirâtres terminent ici la série sénonienne et en même temps crétacée. L'épaisseur du dordonien est estimée à 160 mètres; c'est un minimum.

Le faciès de ce groupe sénonien varie peu dans la région qui s'étend du Djebel Tarfa chez les Righa-Dakra, où il a été d'abord étudié par M. Brossard, jusqu'à El-Alleg. On y trouve dans le dordonien, de plus qu'à Medjez, des rudistes parmi lesquels M. Brossard cite Radiolites Jouanneti d'Orb. Il doit se prolonger bien plus loin à l'Ouest par son étage inférieur qui, au Mazem-el-Kebir, près de Sidi-Aïssi, apparaît dans sa zone à cétatites. Le danien se prolonge depuis El-Alleg vers l'Est, passant au pied du Djebel Mahdid, en bande étroite jusque chez les O. Sidi-Taïeb. Il occupe une assez vaste région au nord de la chaîne chez les O. Aïade jusqu'au Djebel Mzaïta. Dans l'ouest de cette zone il laisse émerger vers le Nord le campanien et le santonien jusqu'au Kef El-Acel et un peu au-dessus de l'Oued Ziatine ; mais à l'Est. les étages inférieurs ne forment plus qu'une étroite bande interrompue sur la limite méridionale de la large zone des O. Aïade, qui se relève très haut, et une autre bande plus large vers le nord du Djebel Mzaïta et à l'est de l'Oued Safsaf. Dans les plaines de Bordj-bou-Aréridj et de la Medjana, le santonien couvre d'assez grands espaces par sa zone à Ostrea acanthonota et O. Costei,

et on en suit le prolongement au loin à l'Ouest par El-Achir, Mansourah et le télégraphe de Roumélia jusque vers l'Oued Okris de la
province d'Alger.

Vers l'Est, dans la direction de Sétif, quelques petits lambeaux,
d'Aïn-Tagrout à Fermatou, sont attribués au dordonien d'après quelques fossiles : Echinobrissus sitifensis, Inoceramus Goldfussii et
Ostrea Villei qui est tout autant campanienne que dordonienne. Il
doit en être de même d'autres lambeaux plus étendus qui se montrent
dans l'est de Sétif, chez les Ouled-Bou-Salah, où ils ont besoin d'être
étudiés et limités ; de même aussi de ceux que l'on rencontre dans la
petite Kabylie sétifienne, d'où l'ingénieur Mævus a rapporté Ostrea
Bomilcaris (O. Villei Var) et tel que celui de Takitount, où, si la zone
à inocérames s'y montre du côté de Kérata, on peut aussi observer
vers Amoucha un faciès qui rappelle celui des environs de Mansourah.

La vallée qui descend de Batna jusqu'à Biskra montre, à partir
d'El-Ksour ou d'Aïn-Touta, une région assez étendue occupée par la
craie supérieure. En descendant la vallée, on passe successivement
sur les affleurements des couches à cératites, de celles à ostracées
(O. dichotoma Bayle), puis au-dessus des marnes campaniennes à
Ostrea vesicularis et Ostrea Nicaisii, et on voit se dresser au-dessus
de ces dernières les escarpements formés par un calcaire blanchâtre
plus ou moins riche en Inoceramus Cripsi Mantell. Ce serait au-dessous de ces calcaires que se trouveraient les Hemipneustes africanus
Desh. et H. Deletrei Coq.

Coquand place ces calcaires à inocérames et les couches à Hemipneustes dans son étage campanien, auquel, du reste, il associe le
terrain de Maëstricht à Hemipneustes radiatus. M. Péron, au contraire, fait commencer le dordonien avec ces calcaires, qu'il synchro-
nise avec ceux de Medjez à Heterolampas. Cette manière de voir
paraît plus conforme, quant aux Hemipneustes, avec les classifications qui ont cours. Mais alors ce serait le nom de danien qui devrait
être adopté.

La série est toutefois incomplète dans le bassin d'El-Kantara où les assises argileuses à Ostrea Overwegii font défaut. Mais à une assez grande distance dans l'Est, près de la bordure saharienne, on les retrouve au-dessus du calcaire à inocérames depuis Taberga jusqu'à Djellaïl et Khanga-Si-Nadji. De sorte qu'on peut admettre que ces couches ont disparu des autres régions occupées par ces calcaires, par ablation ou par érosion. C'est la seule partie de la formation que Coquand plaçait dans son dordonien algérien.

Le bassin crétacé supérieur d'El-Kantara se poursuit vers le Sud-Ouest, très probablement sous des formations plus récentes, jusque chez les Sahari, Djebel Kebila, Djebel Aksoum et dans le Zab Dahari, Djebel Enneinia. Vers l'Est il s'étend le long du contrefort des Beni-Daoud, dont fait partie le Djebel Lazereg, pénètre dans la vallée des Bou-Sliman jusqu'auprès du Chebka et en descend par le Djebel Ahmar-Kaddou, jusqu'au rebord du Sahara ; il s'étend ensuite, un peu tronçonné par des recouvrements tertiaires, jusqu'à Djellaïl et Taberga cités plus haut. De là il se développe largement vers l'Est jusqu'à la frontière et vers le Nord-Est jusqu'à Halloufa sur la route d'Aïn-Beïda à Tébessa ; mais il est en grande partie recouvert et n'affleure qu'en bandes parfois très étroites, dirigées du Nord-Est au Sud-Ouest.

Le vallon de Refana, près de Tébessa, présente la série d'El-Kantara, depuis les couches à cératites jusqu'aux calcaires à inocérames qui forment corniche au Djebel Doukan. Le faciès est moins rigide par un peu plus de prédominance des bancs argileux ou marneux dans le santonien ; mais beaucoup de fossiles sont les mêmes qu'à Medjès ou dans la vallée d'El-Kantara. Il y a lieu de noter que Micraster Peinei Coq. a été trouvé dans le santonien de cette localité. Un peu plus à l'Ouest et au voisinage de Khenchela, émerge une autre bande, qui par la forêt de Tafrent et par un coude à l'Ouest vers le Djebel Hammar, va former le lambeau d'Aïn-Beïda, remarquable par l'abondance de ses inocérames et où on ne voit presque que l'étage des calcaires ;

11

puis il tourne vers le Nord-Est, passe sous le quaternaire de l'Oued Trauch, reparaît bientôt au delà et se prolonge par Mdaourouch et Aïn-Guettar, jusqu'au delà de la frontière. C'est toujours l'assise calcaire à inocérames qui domine et laisse rarement voir son substratum. Elle a dû s'étendre dans tout le vaste espace triangulaire compris entre Souk-Ahras à l'Est, Aïn-Smara à l'Ouest de Constantine et Aïn-Beïda au Sud, puisque les affleurements y sont fréquents, tantôt coupés par des reliefs de formations crétacées antérieures, tantôt recouverts par un manteau plus ou moins discontinu de terrains tertiaires ou quaternaires. Il semble qu'en divers points de cette région ces calcaires soient en stratification transgressive ; mais des études plus détaillées sont nécessaires pour en établir les limites et la composition de détail.

Le lambeau situé un peu au sud de Guettar-el-Aïch, près d'El-Guerrah, renferme quelques échinides très intéressants qui ont été retrouvés à l'est de Souk-Ahras et en divers points de la Tunisie orientale, où la formation est aussi très largement représentée par ses calcaires à inocérames et ses céphalopodes très curieux, parmi lesquels Heteroceras polyplocum, signalés par M. Marès, M. Rolland et M. Thomas. A Constantine même, le turonien massif est recouvert au Sidi-M'cid par un banc marneux où on a trouvé un micraster déterminé comme M. brevis, mais qui n'est sans doute qu'une variété de M. Peinei Coq., et cette couche est très probablement le prélude du santonien. Elle supporte une couche argileuse schistoïde qu'on a confondue tantôt avec les argiles à bélemnites plates du Djebel Ouach, tantôt avec les argiles suessoniennes de Sidi-Mabrouck, mais qui sont également santoniennes et renferment le Hemiaster verrucosus Coq. déformé mais incontestable ; ce qui donne un renseignement précieux pour l'âge du gisement de l'Oued Okris.

Les formations sénoniennes pénètrent par deux points dans la province d'Alger sur sa région de l'Est ; d'abord par la bande de Mansourah qui se prolonge sans changer beaucoup de faciès par l'Oued

Okris, où ont été recueillis Cardiaster pustulifer Pér. Gauth. et Hemiaster verrucosus Coq., jusqu'à Aumale, où M. Péron a trouvé Micraster Peinei Coq. près de l'abattoir ; ce qui donne à penser que le terrain santonien commence dans ces parages sans se distinguer pétrographiquement d'un turonien sans fossiles ou à peu près. Alors il constituerait avec le campanien la grande masse marno-calcaire du nord du Djebel Abdalah et celle de la presque totalité du Dira, dans laquelle on ne trouve que de rares et mauvais fossiles et des empreintes d'inocérames.

Il n'est pas improbable que les trois étages y soient en grande partie représentés. Il en est peut-être de même dans la grande bande crétacée qui s'étend du Dira à Berrouaghia, où nous n'avons aucun document positif qui permette de l'affirmer. Au voisinage immédiat de la Smala, transformée en pénitencier, il n'a pas été possible de retrouver le point où M. Thomas a trouvé Micraster Peinei Coq., à moins que ce ne soit à une certaine distance, une douzaine de kilomètres au Sud, où le terrain santonien, ainsi que l'avait signalé Nicaise, apparaît sur le bord de l'Oued El-Akoum, avec un faciès pétrographique à peine distinct de celui du cénomanien qui le supporte. Il y est constitué par des marnes à Ostrea Pomeli Coq., Ostrea proboscidea d'Arch., soit la partie supérieure seulement du santonien. Au-dessus apparaissent des marnes plus calcaires avec une huître indéterminée, puis des alternances de marnes et de lits de calcaires noduleux, où abondent Ostrea Villei Coq., O. santonensis d'Orb., O. matheroniana d'Orb., etc., qui indique le campanien. C'est un assez petit lambeau de 5 à 6 kilomètres de largeur qui, vers l'Est et le Sud, passe sous le terrain suessonien, à travers lequel il reparaît vers le Sud-Ouest en trois ou quatre autres très petits lambeaux, dont un, le Djorf-Alia, a présenté le Micraster Peinei et appartient par conséquent à la base du santonien. Il y a lieu de rectifier une erreur de Nicaise sur les couches glauconieuses à Ostrea vesicularis et Nautilus Dekayi, qui appartiennent à l'étage suessonien, ces fossiles étant mal nommés, du moins ce dernier, qui est une espèce inédite des plus caractéristique de ce suessonien. Il a dû y avoir des ablations considérables des étages de la craie supérieure ; car dans les poudingues suessoniens du voisinage on trouve de grandes quantités d'Ostrea Villei et O. vesicularis, qui sont quelquefois si peu détériorées par le transport qu'on les croirait encore en place.

Dans le massif de la grande Kabylie, à l'est de Dellys, on trouve des couches de marnes et de calcaires marneux qui rappellent tout à fait le faciès de la craie supérieure algérienne, mais dans lesquels on n'a pas encore trouvé de fossiles ; M. Ficheur les croit semblables à celles qui à l'ouest de Bougie ont été classées comme suessoniennes par Tissot, en raison des blocs noduleux de calcaires qu'elles renferment ; mais en réalité elles en diffèrent trop par leurs relations stratigraphiques pour leur être assimilées. C'est sans doute d'un gisement de même âge que proviennent Ostrea Nicaisei Coq. et O. acanthonota Coq., que M. Letourneux a reçues des environs de Toudja et dont il a enrichi nos collections.

Le massif montagneux, qui rattache l'Atlas de Blida au Djurjura à l'Est de la coupure de l'Oued Harach, est formé en grande partie d'un système de marnes plus ou moins argileuses, alternant à divers horizons avec de nombreux lits de calcaires ; ces assises sont supérieures à d'autres plus rocheuses par suite de l'épaississement de leurs bancs qui renferment des fossiles cénomaniens : Ammonites navicularis Sow., Discoïdea cylindrica Ag. ; mais elles s'y lient d'une façon tellement transitive qu'on ne saurait où placer la démarcation et encore moins y reconnaître un représentant de l'étage turonien entre les deux. Les parties supérieures de cette formation, qu'on peut observer sur la route de l'Arba, vers les sommets, sont formées de marnes peu nettement litées, renfermant des nodules plus ou moins, et quelquefois très volumineux, d'un calcaire dur et jaunâtre qui présente parfois des empreintes d'inocérames. On pourrait peut-être y voir la base du danien, c'est-à-dire l'équivalent des calcaires à inocérames de l'Est, si on pouvait en juger par ce seul fait ; mais la probabilité est plus grande pour le campanien, d'après ce qui se voit près de Bougie et ce que nous retrouverons chez les Zatyma.

Ce système de couches s'étend de chaque côté de l'Isser, sur la rive droite jusqu'à une distance non reconnue, et sur la rive gauche jusqu'auprès de Palestro. Les plissements et les ondulations des couches, et probablement des failles peu visibles, ne permettent guère, avec l'absence presque absolue de fossiles et la similitude de faciès pétrographique, d'établir un ordre probable dans cette interminable succession de lits à alternances variées. Ici cependant on peut constater un fait nouveau ; c'est l'apparition d'un horizon gréseux puissant, formé de gros bancs se succédant avec ou sans interlits argileux, concordant et se liant par des alternances plus ou moins ménagées avec les couches argilo-marneuses inférieures. C'est bien certainement la terminaison de la série crétacée et le dernier terme du groupe sénonien. M. Ficheur, qui le premier a constaté sa présence sous Palestro, à l'entrée des gorges, l'a retrouvé très développé près de Thiers, puis au Sud et à l'Ouest dans le massif du Bou-Zegza.

Le terrain sénonien n'est peut-être pas étranger à la constitution du massif de Blida-Mouzaïa, à l'ouest de l'Oued Harrach ; mais il ne peut y jouer qu'un rôle très peu important. Au contraire, vers le Sud de Palestro, il se poursuit avec le même développement dans la vallée de l'Oued Djema, où M. Ficheur l'a reconnu dans la partie si écrasée et plissée qu'a péniblement traversée la voie ferrée en amont d'Aomar ; tandis que sur le versant opposé que suit la route nationale il s'arrête au rocher voisin du pont, qui reste comme un témoin du démantellement du terrain cénomanien pour laisser apparaître le gault sur le reste de la montée de la route. Un peu à l'Ouest, vers Ben-Haroun, M. Ficheur, dans ses explorations pour l'exécution de la carte géologique détaillée, a pu y découvrir quelques gisements fossilifères et y récolter Ostrea acanthonota Coq., O. Boucheroni Coq., O. proboscidea d'Arch., O. Pomeli Coq., réputées santoniennes, et O. Renoui Coq., O. Villei Coq., O. vesicularis Lamk. abondante, réputées campaniennes et cependant confondues dans un gisement indivisible.

On pourrait probablement, en contournant l'ilot du gault par l'Ouest, suivre sans discontinuité ce même terrain jusqu'à une petite distance d'Aumale vers les villages d'Aïn-Bessem et d'Aïn-Bou-Dib. Là aussi la discordance du sénonien avec le cénomanien, disloqué et fortement réduit par les ablations, et la transgressivité sur le gault par superposition directe, sont manifestes et résultent des constatations de M. Ficheur. Au sud de Aïn-Bou-Dib il a recueilli Hemiaster verrucosus Coq., dans un gisement analogue à celui du Djebel M'cid, par conséquent voisin de la base de la formation ; à une certaine distance au Nord, la même association d'espèces qu'à Ben-Haroun se présente dans un gisement tout aussi indivisible : Ostrea acanthonota Coq., O. Peroni Coq., O. proboscidea d'Arch., O. Pomeli Coq. - Ostrea Renoui Coq., O. Nicaisei Coq., O. vesicularis Lamk. C'est une indication du peu de valeur de la démarcation paléontologique essayée dans la série algérienne entre l'étage santonien et l'étage campanien et qu'on ne peut considérer que comme une indication de probabilité de synchronisme avec les divisions adoptées pour l'Europe.

Dans la chaîne littorale qui s'étend du fond de la plaine de la Mitidja jusqu'au delà de Ténès, le groupe sénonien prend un grand développement et un faciès tout particulier et bien persistant sur toute cette étendue. Au-dessus des alternances d'argiles marneuses de calcaires et de grès que nous avons considérées comme occupant la place virtuelle de l'étage cénomano-turonien, on observe une assez puissante assise d'un calcaire argileux, se feuilletant à l'air, contenant quelques zones siliceuses et farci d'empreintes souvent confondues avec la substance de la roche et appartenant à un type d'algues nommé Phymatoderma par Brongnart (Granularia Pom.) d'espèce indéterminée, rappelant le faciès de l'assise qui au-dessus du gault

de la même région représente le cénomanien à Ammonites Mantelli
Sow. et Belemnites ultimus d'Orb. C'en est presque la répétition,
sauf les fossiles qui sont ici absents, et une nature un peu plus argileuse de la roche.

Il y a donc lieu d'admettre, en raison de cette réapparition et de ce
brusque changement dans les caractères lithologiques, que c'est le
point de départ d'une nouvelle série qui ne peut être que la série
sénonienne. Son épaisseur n'est pas très grande et est un peu variable, de 30 à 50 mètres. Sa rigidité relative lui fait jouer un rôle dans
l'orographie de la région, où elle forme des crêtes dentelées, ou des
mornes avec falaises abruptes, lorsqu'elle atteint le bord de la mer.

Au-dessus se succèdent des alternances variées de marnes ou
argiles, de calcaires durs ou marneux en bancs peu épais, auxquelles
succèdent par transition des intercalations gréseuses. Dans les grands
bancs de marne, on observe des nodules plus ou moins volumineux
d'un calcaire compact, dur, jaunâtre, souvent d'apparence sporadique, rappelant ceux de Bougie et de la route de Tablat, mais qui ne
m'ont fourni aucune trace de fossile. Cependant, dans les marnes et
dans des plaquettes de calcaire qu'elles contiennent à divers niveaux,
on a pu recueillir un petit nombre de fossiles qui permettent de syn-
chroniser approximativement cet horizon : Ostrea santonensis d'Orb.,
O. proboscidea d'Arch., O. dichotoma Coq. chez les Chebébia, —
Ostrea Matheroni d'Orb., O. Nicaisei Coq., O. vesicularis Lamk. chez
les Beni-Aquil, Ostrea vesicularis chez les Gouraya, — Rhynchonella alata chez les Souhalia, reçue de M. Letourneux.

Ce sont là des espèces du santonien supérieur et du campanien. Il
faudrait donc en déduire que les calcaires à fucoïdes ne représenteraient que la base du santonien tel qu'il est constitué à l'Oued Ksob.
Au-dessus des marnes les alternances gréseuses se multiplient,
finissent par prédominer et conduisent à un ensemble de gros bancs
de grès semblables à ceux des gorges de Palestro, séparés de même
par de minces lits d'argiles ou se superposant directement sur une

certaine épaisseur. Il n'a point été trouvé de fossiles dans cette formation gréseuse, sauf sur un point, le Djebel Mantarach, où une orbitoline, prise à tort pour l'O. lenticulata d'Orb., se trouve dans un lit de fer hydroxidé entre deux assises et a été considérée comme démontrant l'existence du terrain aptien à l'encontre de toute impossibilité stratigraphique. La concordance absolue et la liaison intime de ces grès avec les marnes et argiles à Ostrea vesicularis ne permettent pas de douter de leur attribution à la partie supérieure de la formation crétacée, au sommet de laquelle ils paraissent représenter le grès d'Alet des Corbières et sans doute le danien.

Le groupe sénonien ainsi constitué dans cette chaîne en occupe une grande partie du versant à la mer, vers laquelle plongent ses assises avec une inclinaison assez forte mais variable. Des ondulations étendues du plan de stratification et des ablations souvent importantes font que ce sont tantôt les grès qui plongent sous la mer, comme au Chénoua et chez les Gouraya, et tantôt les calcaires schistoïdes comme chez les Larhat, entre Gouraya et Villebourg. D'autres fois l'inclinaison est faible et l'étage des grès constitue des plates-formes à bords plus ou moins escarpés, comme chez les Beni-Aoua et chez les Zougara. En un seul point ils se rapprochent assez de la vallée du Chélif pour faire partie de son bassin ; ils couronnent en effet le gros massif du Techta et s'étendent en face chez les Beni-Rached. Ils se prolongent vers l'Ouest jusqu'au Techta des Cheurfa ; mais ils n'ont pas encore été assez étudiés dans cette partie du Dahra de Ténès pour que nous puissions en tracer les limites.

Le groupe sénonien doit prendre un assez grand développement en surface dans la région forestière qui s'étend assez loin dans le Sud du pays des Attaf, chez les Beni-Boudouane, et dans celle occupée par le haut bassin de l'Oued Sly et la partie orientale des affluents de l'Oued Riou ; mais l'exploration méthodique en est encore à faire et les documents que nous possédons ne peuvent que démontrer son existence sans autres détails.

Il faut maintenant nous transporter assez loin sur les hauts-plateaux pour retrouver les terrains sénoniens, entre Djelfa et le Rocher-de-Sel, d'où ils se prolongent vers l'Est sur le cercle de Bou-Saàda. C'est au Djebel Snalba que se montre la série la plus complète, commençant par les alternances marno-calcaires, jaunes ou blanches à cératites, grandes turritelles, Vulsella turonensis Duj., Holectypus serialis Desh. et autres, que Coquand plaçait dans son mornasien. Plus haut d'autres espèces apparaissent dans des couches semblables d'aspect : Ostrea Renoui Coq., O. tetragona Bayle, Pholadomya Royana d'Orb., etc. Cet ensemble a été considéré comme représentant le santonien et le campanien. Plus haut encore se montrent sur le versant nord des bancs de calcaire moins marneux avec Ostrea Overwegi de Buch, qui indiquerait l'étage dordonien ; mais il n'y aurait rien pour représenter les calcaires blancs à Inoceramus, ni les calcaires bruns à Heterolampas. Dans toutes ces couches les fossiles sont assez souvent revêtus de leur test et d'une teinte claire. On ne sait pas jusqu'où se poursuit ce terrain dans le Sud-Ouest de la chaîne. Il forme dans la région où conflue l'Oued Si-Sliman avec l'Oued Djelfa un assez grand lambeau très riche en fossiles, souvent visité par les paléontologistes, mais non encore reconnu dans ses limites vers l'Est et vers l'Ouest.

A Djelfa même, contre le turonien à rudistes de la rive droite de l'Oued Melah s'appuie un affleurement de marne santonienne jaunàtre, presque couvert par l'atterrissement quaternaire qui, dans cette région, envahit tous les bas-fonds et masque le prolongement de la formation vers l'Est-Nord-Est, dans un long pli que suit la route de Bou-Saàda. Elle y affleure en collines étroites et basses formées des mêmes calcaires marneux jaunàtres, quelquefois assez durs, mais où les fossiles sont assez rares, et qui se terminent un peu au delà du Kef Thiour. Ici M. Brossard a trouvé dans les bancs calcaires durs mêlés de rognons siliceux, Ostrea vesicularis Lam., et dans des intercalations marneuses Ostrea Nicaisei Coq. Le tout est couronné par des bancs calcaires siliceux puissants dans lesquels je n'ai pas été plus heureux que lui dans la recherche des fossiles. A Oglat Slim, c'est dans la couche aquifère et dans les déblais des puits que l'on rencontre les mieux conservés.

La chaîne crétacée littorale de l'Ouest, après un brusque rejet un peu vers le Sud, va former l'axe du Dahra oranais entre deux zones tertiaires et paraît presque en totalité appartenir au terrain sénonien. L'étage gréseux supérieur forme les points culminants ainsi que les îlots qui percent à travers les terrains tertiaires entre Cassaigne, Ouillis et le massif du cap Ivi. Au delà du Chellif, cet étage de grès et partie des argiles gréseuses qui les supportent, vont encore constituer le Djebel Diss auprès de Mostaganem. Ici ces argiles gréseuses prennent une assez grande ressemblance avec le gault de Milianah ; mais en l'absence de fossiles, le caractère de continuité, presque sans lacune, atteste leur âge sénonien. Les fissures du grès à l'Est du village de Karouba renferment des cristaux de galène.

D'après les explorations récentes de M. Welsch aux environs de Tiaret, le sénonien existerait également dans cette région au voisinage d'Aïn-Melakou ; mais nous devons attendre que ce géologue fournisse de plus amples informations sur les caractères et l'extension de ce terrain dans ces parages.

En résumé le groupe des formations sénoniennes prend dans l'Est de l'Algérie un développement considérable en puissance et en étendue et s'y présente avec des caractères lithologiques et paléontologiques contrastant sous tous les rapports avec ceux auxquels nous ont habitués les bassins crétacés de l'Europe. Il n'est donc pas étonnant que la concordance avec les subdivisions d'étages établies pour cette région classique ne soit que très approximative et en quelque sorte arbitraire. De plus il importe de remarquer qu'il existe entre ce groupe et le groupe cénomanien une discordance manifeste de stratification directe et trangressive, qui légitime son autonomie stratigraphique.

Les horizons qu'on peut y établir sans s'occuper d'y rechercher la série classique d'Europe, sont les suivants :

1° Zone calcaréo-marneuse où les marnes sont subordonnées, caractérisée par les cératites, les grandes turritelles, la grande abondance de Hemiaster Fourneli avec Cyphosoma Delamarrei, Holectypus serialis, Vulsella turonensis et les grandes huîtres du type de O. dichotoma ;

2° Zone marno-calcaire où les calcaires sont plus subordonnés, où apparaît en abondance Echinobrissus Julieni, puis une forte collection de plicatules et des huîtres particulières, comme O. Peroni et O. Bourguignati ;

3° Zone argilo-marneuse peu mêlée de lits calcaires renfermant, après une assez grande épaisseur sans fossiles, d'autres huîtres comme O. Pomeli Coq. et O. Nicaisei Coq., qui par leur fréquence relative et leur vaste dispersion en Berbérie rendent de grands services aux stratigraphes ; puis apparaissent Ostrea Villei Coq., O. Renoui Coq. et O. vesicularis dans des assises de plus en plus argileuses ;

4° Zone des calcaires à Heterolampas et à Radiolites Jouanneti Desm., qu'on peut considérer comme placée sur l'horizon des calcaires à Inocérames et à Heteroceras de l'Est. Echinobrissus sitifensis abonde ; Ostrea Villei persiste. Je n'ose point me prononcer sur l'attribution des Hemipneustes à la base de cette zone ou au sommet de la précédente. Elle se termine par des calcaires gréseux alternant avec des marnes schistoïdes, contenant Ostrea larva, O. Matheroni, Echinobrissus subsitifensis et autres échinides.

5° Zone des Ostrea Overwegi, accompagnée encore de O. Villei, et de Roudairea Drui dans des alternances de marnes jaunâtres et de calcaires de plus en plus subordonnés. C'est cette zone seule qui constituait pour Coquand son étage dordonien.

Il est difficile de faire cadrer cette série avec celle du Dahra, où la lithologie ne permet d'établir que trois zones au lieu de cinq et avec des caractères absolument contrastants. La zone schisteuse infé-

rieure pourrait correspondre aux deux premières et la zone gréseuse supérieure à la quatrième seule ou réunie à la cinquième.

CHAPITRE V

TERRAIN ÉOCÈNE.

Ce terrain est représenté sur la carte provisoire au 1/800.000ᵉ par
la couleur nuancée selon les étages, affectée à la lettre **e**, accompagnée d'indices appropriés. La connaissance de ce terrain a été
considérablement améliorée dans ces derniers temps par suite des
explorations faites par moi-même dans les provinces de l'Est et de
l'Ouest, mais surtout par celles de deux de nos collaborateurs à
l'exécution de la carte géologique de l'Algérie : M. Ficheur dans la
Grande Kabylie, qui n'a plus maintenant de secret pour lui, et
M. Pierredon, dans le massif qui limite au Nord la région des Hauts-
Plateaux, entre Aumale, Boghari et Téniet-el-Haàd. La constitution
de ce terrain est en Algérie bien plus compliquée que dans les régions
considérées comme les plus classiques et il me sera bien difficile de
faire concorder autrement que par approximation les divisions naturelles des groupes avec celles admises pour les autres régions.

§ 1. — *GROUPE SUESSONIEN.*

Ce groupe est représenté par la teinte foncée et par l'indice **es**.
C'est entre Birin et Berrouaghia qu'il montre la plus grande puissance et la série la plus complète ; elle nous servira de type pour la
majeure partie du groupe.

e₍ᵥᶜ₎) Le terrain suessonien débute par une assise puissante de marnes et d'argiles imprégnées de sel et lardées plus ou moins de cristaux de sulfate de chaux ; elles sont très délitescentes, en raison de l'hygrométricité de leur sel et faciles à raviner. Leur épaisseur est variable, car elles constituent un dépôt de nivellement des bas-fonds du bassin. On n'y a pas observé de fossiles. Elles sont généralement recouvertes par des marnes blanches ou par des calcaires crayeux contenant des lits de silex plus ou moins volumineux, noirâtres à l'intérieur, blancs extérieurement, considérés par les indigènes comme des ossements pétrifiés, d'où le nom de Oum-el-Adam, mère des os ou des germes. On n'y a pas non plus constaté la présence de fossiles dans ces parages ; mais il se pourrait qu'en d'autres points paraissent quelques espèces que je signalerai en leur lieu, en me bornant à faire remarquer ici qu'il n'est pas impossible qu'il y ait plusieurs niveaux de ces rognons de silex.

e₍ᵥᵢᵢ₎) Au-dessus des couches à silex on observe une série de couches marneuses ou gréseuses plus ou moins tachées de glauconie et dans lesquelles les débris de sélaciens ne sont pas rares, vertèbres et dents de squales, Otodus, Lamna, Cacharodon, Pristis, etc., dont les espèces sont à déterminer ; il y a aussi une Ostrea du type de l'O. vesicularis, mais paraissant en être distincte, et une petite térébratelle assez abondante. On y trouve assez habituellement une variable proportion de phosphate tribasique provenant de coprolites qui sont parfois bien reconnaissables. Ces phosphorites se trouvent presque partout où se montrent les dents de squales ; mais ce niveau n'est pas unique, ainsi que je le constaterai plus loin. Ici l'épaisseur est de 10 à 20 mètres.

Au-dessus de l'assise précédente apparaissent des bancs alternatifs de marnes et de marnes gréseuses, puis de grès prédominants dans lesquels se rencontre un nautile de grande taille, confondu par Nicaise avec le N. Dekayi Mort., mais d'un type tout différent, rappelant assez Nautilus Forbesii d'Arch. par ses cloisons très sinueuses.

J'aurai occasion de signaler sa présence en plusieurs autres régions de Berbérie. Il est accompagné du Thersitea strombiformis Pom., du Fusus Contejeani Coq. et du Schizaster Nicaisei Pom. ; c'est aussi le gisement de peignes et janires indéterminés à surface strigilée. Leur épaisseur est d'une cinquantaine de mètres. En d'autres lieux c'est à la partie supérieure de ces assises que se transporte le gisement de dents de squales et de phosphorites. En d'autres points encore sa base contient un gisement de polypiers en mauvais état de conservation. On commence à trouver, mais très rarement dans cet ensemble de couches, les premiers représentants du type de l'Ostrea multicostata Desh. Cette partie supérieure ne m'a pas paru assez indépendante de l'inférieure pour l'en séparer.

e_6. Le calcaire nummulitique du Djebel Mou-el-Adam forme au-dessus des couches précédentes un massif rocheux d'une cinquantaine de mètres d'épaisseur. Il est blanc, plus ou moins dur, un peu cristallin, criblé par places d'une espèce de nummulite du type de N. planulata et de N. irregularis. Le Djebel Birin est constitué par la même roche et présente la même nummulite et par places une operculine très abondante, non déterminée. M. Pierredon y a recueilli le Thersitea ponderosa Coq., mais dans des parties assez inférieures et à une certaine distance vers le Sud, ce qui avec leur caractère siliceux pourrait porter à l'attribuer au niveau inférieur ; ce n'est toutefois pas appréciable dans les conditions du gisement, qui émerge comme un îlot des atterrissements quaternaires.

e_7. Le calcaire à nummulites de Mou-el-Adam est recouvert en stratification concordante par une épaisse succession d'alternances de bancs de grès, plus ou moins prédominants à la base, et d'argiles qui se développent inversement et finissent par constituer à elles seules toute la partie supérieure sur le quart ou le cinquième environ de l'épaisseur totale. Il n'est pas facile d'estimer la puissance de ce système ; elle a paru à M. Pierredon avoisiner 1,500 mètres, et quelle que soit l'erreur de cette estime, il restera un chiffre remarquablement élevé. La faune est très peu variée dans cet ensemble ; mais elle est à peu près également répartie dans toutes les assises argileuses et se compose de l'Ostrea multicostata Desh. ou d'une espèce ou variété voisine, mais tout aussi différente de l'Ostrea strictiplicata Raulin.

Cet ensemble de formations constitue un groupe très bien lié par la concordance de stratification et conservant une certaine persistance dans ses faciès lithologiques. En général ses assises plongent vers le Nord, assez fortement quelquefois, et dans cette direction les supérieures vont s'appuyer sur les assises crétacées, cénomaniennes ou sénoniennes, sans laisser apparaître au contact les assises inférieures. Celles-ci, au contraire, s'étendent vers le Sud en dépassant plus ou moins les supérieures pour aller elles-mêmes se perdre sous le manteau quaternaire. On peut en déduire qu'on était du côté Nord au voisinage du bord de la mer, dans laquelle les dépôts se sont constitués, et que son bassin s'étendait vers le Sud à une distance inconnue. Il y a quelques variations dans les épaisseurs relatives des différentes parties et l'horizon calcaire est quelquefois atrophié. Ce système occupe une zone assez étendue et continue depuis le bord du Chellif à Boghari jusque vers le Djebel Amris à l'est du poste de Sidi-Aïssa avec ses étages complets ; soit une longueur de plus de 100 kilomètres sur une largeur de 30 kilomètres environ du côté de l'Ouest, réduite à une quinzaine du côté de l'Est.

Dans le prolongement vers l'Ouest, deux grands îlots, dont un a environ 25 kilomètres de longueur, affleurent par les couches supérieures à travers le terrain miocène ; il paraît en exister un autre au sud de Téniet-el-Haâd, qui n'est pas encore suffisamment connu.

La présence de ce terrain dans la province de l'Ouest a été constatée en un très petit nombre de points du Tell qui n'en montrent que de faibles lambeaux. L'un d'eux, au sud de Relizane, est formé de calcaires noirâtres contenant les mêmes nummulites que celles de Mou-el-Adam ; une huître épaisse sans côtes trouvée aussi au Degma et un Schizaster sont contenus dans des assises marno-gréseuses associées à des conglomérats. La formation a dû s'étendre assez loin sur le sommet de la chaîne d'entre Mina et Menasfa ; mais il n'en reste que très peu vers Si-Mohamed-ben-Aouda. Près de Dublineau, sur la rive gauche de l'Oued El-Hammam, il en existe un témoin consistant en petits lits calcaires blancs séparés par des lits argileux criblés de nummulites ; ils forment berge de 3 à 4 mètres sur une assise de conglomérat au niveau de la rivière. Sur le Dir-el-Slougui, où la route de Mascara développe son lacet, est un autre témoin masqué par le maquis, et qui a été exploité pour l'empierrement de la route. Le calcaire est ici noirâtre et renferme des dents de squales et des nummulites.

Il n'est pas improbable que l'on découvre encore quelque autre témoin de ce terrain, qui a dû primitivement occuper des surfaces étendues, si on en peut juger par son épaisseur, mais qui a été presque totalement démantelé par des dislocations auxquelles celles du système des Pyrénées ne sont pas étrangères et ont laissé leur empreinte sur la chaîne qui longe la Mina à l'Est.

A l'est de la province d'Alger, sur ses limites et après une interruption d'une quinzaine de kilomètres, le terrain apparaît de nouveau dans la province de Constantine, au pied méridional de la longue chaîne du Djebel Mahdid, depuis le Djebel Tarfa jusqu'au Djebel Soubela, sous forme d'une étroite bande redressée contre les couches crétacées supérieures. Il paraît n'y être représenté que par les assises inférieures e_n, et leur horizon à silex contiendrait des fossiles encore indéterminées, mais peut-être déjà dans les premières couches de e_{nb}. Il y aura à vérifier si les calcaires à nummulites signalés par M. Brossard au village de Kasbah dans l'Ouennougha et qui contiendraient Nummulites lævigata, ne seraient pas plutôt les équivalents de ceux du Mou-el-Adam et d'âge suessonien. Les couches à silex

du pied du Mahdid supportent en concordance de stratification de
nombreuses alternances de bancs de gypse et d'argiles assez irrégulières et fortement bigarrées, que recouvrent en discordance des
assises miocènes. Il ne me paraît pas probable qu'il faille les séparer
du suessonien, dans lequel elles constituent un accident localisé dans
cette région et que M. Brossard avait sans raison suffisante rapporté
au parisien.

Un lambeau peu étendu de suessonien se montre au nord de la
chaîne, y formant le plateau de Mzaïta. Celui-ci paraît indiquer d'anciennes relations de continuité avec d'autres grands îlots qui s'étendent de Bordj-bou-Arréridj à Sétif et d'Aïn-Tassera au Djebel Guergour, abstraction faite des atterrissements quaternaires qui les masquent dans les bas-fonds. Il y aura sans doute à corriger les limites
tracées par Tissot, parce qu'il a confondu parfois ce terrain avec le
sénonien. Auprès de Sétif l'étage des silex prend une grande épaisseur et est formé de calcaires bien lités sans intercalations argileuses ;
les silex y abondent et les fossiles y sont au moins très rares. Les
marnes qui les supportent admettent quelques intercalations gréseuses. Ostrea multicostata Desh. se trouverait dans les quelques bancs
calcaires qui recouvrent et prolongent les bancs à silex. Mais je n'ai
point été assez heureux pour pouvoir le vérifier. On a estimé à une
centaine de mètres l'épaisseur totale de ce système.

Vers l'Ouest la bande se rétrécit du côté de Bordj-bou-Arréridj et
il y en a encore des lambeaux sous Mansourah et peut-être encore
quelque autre à rechercher plus loin ; vers le Nord, au delà du Djebel
Guergour et du Djebel Anini, tout ce qui avait été marqué par Tissot
comme suessonien et même jusqu'à l'ouest de Bougie, d'après ma
vérification et celles de M. Ficheur, est probablement crétacé et campanien jusqu'aux bancs à Inocérames. Il en sera probablement de
même chez les Beni-Medjalet ; mais c'est à vérifier, de même que
chez les Arb-el-Oued et dans la vallée qui en descend vers l'Est et
sur laquelle je n'ai aucun renseignement. C'est encore plus certaine-

ment à vérifier pour ce long ruban qui contourne au nord le Tamesguida, passe au nord du Djebel Zarra et va par le Fedj-el-Melah suivre le cours de l'Oued Ouedia jusqu'à l'Oued El-Kebir. Le grand lambeau de Djemila paraît aller passer sous le terrain helvétien des Ouled-bou-Kebbeb. Dans ces derniers parages, Tissot signale au-dessus de marnes un calcaire à nummulites qui correspond sans doute à celui du Mou-el-Adam.

À l'est de Sétif l'atterrissement dans ses lacunes laisse apparaître le terrain suessonien entre Saint-Donat et Châteaudun, à Aïn-Kebech, au voisinage de l'Oued Seguin, vers Guettar-el-Aïch et aux Ouled-Ramoun. Ici les assises inférieures consistent en marnes noires, très gypseuses, qui sont recouvertes par des calcaires marneux sensiblement teintés de glauconie, renfermant de petits bivalves et des huîtres mal conservés. M. Péron y a trouvé le Nautilus cf. Forbesii. C'est donc un représentant des assises e_{b}, et l'horizon des silex serait ici absent ou masqué. Ce lambeau paraît se continuer sous l'atterrissement dans la vallée de l'Oued Zenati, où une puissante série de marnes et de calcaires marneux, m'ayant paru sans fossiles, affleure vers le Bordj-Méheris, vers Aïn-Regada, et en sort par le village de l'Oued Zenati pour se diriger sur Clausel dans la vallée du Cherf. Le lambeau de l'Oued Seguin descend la vallée du Rhumel pour s'appuyer d'un côté sur le massif du Chettaba et de l'autre sur le néocomien du Djebel Ouach vers le Meridj et Lamblèche. Il ne paraît y avoir là que les argiles brunes délitescentes de la base, où se trouverait rarement, comme aux Ouled-Ramoun, l'Ostrea multicostata.

Tissot en figure un autre grand lambeau qui contourne par l'ouest le massif des Ouled-Daan et se rattache par des îlots, dans les plaines de Temlouka, à celui de Bordj-Méheris et est suivi vers l'Est d'un dernier lambeau formant la masse culminante du Djebel Bou-Diss. Je n'ai point de renseignements sur la composition du terrain suessonien inférieur dans ces parages. Cependant comme nous nous sommes considérablement rapprochés des gisements dont il nous reste à parler, au voisinage de Souk-Ahras, il y a lieu de penser qu'on leur reconnaîtra une composition assez semblable ; et que le terrain que nous avons poursuivi jusque dans ces parages, aura cessé d'être réduit aux assises inférieures aux couches à nummulites, qui y font défaut.

Le Djebel Degma nous montre un développement important de l'étage des calcaires à nummulites, qui y sont d'une abondance extrème en certains points. Les calcaires sensiblement cristallins, blancs sur les cassures fraîches, sonores et homogènes y sont disposés en dôme effondré vers l'Ouest et montrant les tranches sur une hauteur de près de 80 mètres, mais n'ayant pas probablement plus de 40 à 50 mètres d'épaisseur réelle. Le substratum est ici masqué par les éboulements et ne laisse voir qu'une zone phosphatée comme celle de Tarja, que nous allons examiner, sans que les strates inférieurs en soient visibles. Le calcaire est recouvert par une épaisse assise de marne jaunàtre, dont la base plus ou moins liée avec lui contient une assez forte proportion de phosphate et des dents de squales ; dans la marne sont éparses des Ostrea dont une non plissée, longue et épaisse pourrait passer pour une O. crassissima à première vue et dont l'autre pourrait être une variété de O. multicostata.

Elle est surmontée de bancs marno-gréseux de quelques mètres d'épaisseur avec nodules phosphatés et des coquilles et échinodermes dont le plus remarquable est le Thagastea. La même série se répète une seconde fois avec un peu plus d'épaisseur dans l'assise marneuse et peut-être y en a-t-il une troisième avec les mêmes fossiles, ce que les éboulements ne permettent pas de constater avec certitude. Les derniers lits sont plus calcaires, plus durs et contiennent une cardite et de nombreux débris de balanes formant lumachelle, que l'on peut observer surtout sur le versant à la Medjerda et sur le bord de la route. Il est difficile d'estimer l'épaisseur totale de ce système marneux, mais on ne peut être au-dessus de la réalité en le portant à deux cents mètres. On trouve sur le revers opposé de la montagne des calcaires marneux tendres,, très blancs qui ont été pris pour des calcaires à Inocérames, dont ils ne renferment pas de traces et qui me paraissent être de simples intercalations lenticulaires dans les marnes.

La rive gauche de la Medjerda est ici occupée par une puissante formation gréseuse à bancs épais se succédant sans alternance argileuse, du moins dans leur principale masse ; ils sont gris en dehors, blancs et sabloneux dans leur cassure et contiennent des valves du balane qui fait lumachelle à la partie supérieure des marnes en contact avec la base de ces grès et concordant avec eux. C'est probablement la même série qu'au nord de Mou-el-Adam avec cette différence que les marnes qui recouvrent directement les calcaires à nummulites, sont plus développées et que la partie supérieure de l'étage, dont elles font partie, est inversement plus gréseuse et par conséquent non pourvue des fossiles de station argileuse. Il ne serait pas impossible que l'ensemble des marnes, grès et calcaires marneux à échinides fussent seuls les équivalents des marnes et grès à Ostrea multicostata de Boghari et que les grès du Moulin Deyron représentassent ceux des Djebel Lackdar dont la mention va suivre sous l'indice e₋ₘₕ. Tissot avait pris ces grès pour des représentants d'assises miocènes ; mais il est impossible de les séparer stratigraphiquement des marnes et calcaires gréseux à Thagastea. Les nummulites des calcaires sont les mêmes qu'à Mou-el-Adam.

Le Djebel Bou-Quebch, à l'opposé de Souk-Ahras et au-dessus de la station du Tarja, est aussi presque entièrement constitué par le terrain suessonien inférieur. Les calcaires blancs à nummulites montrent leurs tranches au-dessus de la station sur une quarantaine de mètres d'épaisseur, avec une petite intercalation marneuse contenant quelques gastéropodes. Les nummulites sont les mêmes, rappelant le type de N. irregularis. Au-dessus sont les marnes avec quelques lits intercalés marno-gréseux sous les grès superposés, mais présentant à leur contact avec les calcaires des nodules phosphatés, des dents de squales et des nummulites presque libres. Au-dessous des calcaires est un horizon marno-gréseux très glauconieux, riche en phosphate, en dents et en vertèbres de squales sur 4 à 5 mètres d'épaisseur; il ne forme en quelque sorte que la partie supérieure d'un puissant système de grès glauconieux, qui se dégagent du côté du Sud pour s'élever vers les crêtes et renferment des peignes et janires du même type que l'on a déjà rencontré à Boghari et au Djebel Afoul.

On y retrouverait sans doute Nautilus cf. Forbesii; mais le temps a manqué pour s'en assurer et même pour constater quel était le substratum, que tout fait supposer être privé ici des rognons de silex. Les marnes phosphatées supérieures et les grès à peignes strigiliformes ont été pris par Tissot pour des formations miocènes, comme au Djebel Degma; ils s'étendent de la région du Bou-Quebch jusqu'à la Smala d'El-Guettar et au Bordj Merahan. Il y aura lieu de réunir au suessonien tout ce qui dans ces parages et sur la carte provisoire avait été marqué de la lettre z, sauf au-dessus et à l'ouest du village de Zarouria.

À une quarantaine de kilomètres à l'Est, en Tunisie, le Dir, ou plateau, du Kef est constitué par le terrain suessonien et sert de jalon pour relier les gisements précédents à ceux que nous examinerons vers le Sud. Nous y voyons d'abord une assez puissante masse de calcaire subcristallin blanc contenant des nummulites, formant toute la ligne des escarpements qui rendent cette montagne si singulière. Ils rappellent complètement ceux du Djebel Degma et conservent par dessus des traces ou lambeaux de l'assise de marne jaunâtre avec phosphorites, dents de poisson et beaucoup de nummulites libres. On y trouve aussi Ostrea multicostata et probablement l'espèce du Degma qui a le faciès de O. crassissima Lamk.

Je serais tenté d'identifier ces deux fossiles, mais je dois avouer que je n'ai pas eu le temps d'en examiner un assez grand nombre de sujets, pour me prononcer sans réserve à cet égard. En tout cas, si c'est l'O. crassissima, l'étage helvétien ne serait ici constitué que virtuellement par ce fossile, car après avoir distrait du terrain de la surface ce qui est incontestablement nummulitique, je ne trouve pas à lui attribuer une épaisseur sensible de strate. M. Aubert serait du reste du même sentiment que moi, d'après M. Le Mesle. On a figuré le massif calcaire comme divisé en deux assises par un banc de marnes calcaires renfermant des Pseudopygaulus et des Ostrea multicostata. Mais c'est une illusion résultant d'un abaissement brusque avec faille, ou simplement par glissement après rupture, qui a amené vis-à-vis et contre le milieu des bancs calcaires, les lits marneux à phosphorites du dessus. Il suffit du reste pour s'en convaincre d'examiner la surface de la plate-forme inférieure pour y retrouver les mêmes nummulites et les mêmes Ostrea que sur celle de la plateforme supérieure ; le Pseudopygaulus est donc sur le même horizon que le Thagastea au Degma.

Quant aux différences signalées entre les nummulites des deux prétendus étages, elles sont tout aussi illusoires ; car ces espèces se trouvent toutes réunies au même niveau, au Dir comme au Tarja, comme au Degma, comme au sud d'Aumale, où les Nummulites Rollandi et la variété du N. Zittelii se retrouvent ensemble dans les zones même à phosphorites et à dents de poissons. Sous les calcaires nummulitiques du Dir paraissent des calcaires marneux grisâtres simulant presque les calcaires à inocérames, qui ont dû sans doute en fournir les éléments ; ils deviennent par place un peu cristallins et renferment la même térébratelle signalée à l'Aïn-Seba, au sud de Boghari. Cette assise peut avoir de 10 à 15 mètres. Elle repose sur une marne sableuse ou grumeleuse brunâtre de 7 à 8 mètres d'épaisseur, assez riche en dents de poissons, en grumeaux phosphatés, et renfermant la même térébratelle ; j'ai été assez heureux de pouvoir y constater la présence du Nautilus cf. Forbesii, qui sert de lien incontestable entre tous les massifs et lambeaux que nous poursuivous depuis Boghari jusqu'ici. Au-dessous de cet horizon on trouve les marnes argileuses noires ; mais les calcaires ou marnes à silex qui habituellement les recouvrent font ici défaut. On peut aussi remarquer l'absence des grès à peignes strigillés du Djebel Bou-Kebch, qui passent à leur partie supérieure aux bancs à phosphorites, celle aussi des grès de Oum-el-Adam qui surmontent ces mêmes bancs à dents de squales ; mais la présence du Nautile ci-dessus cité indique que ce sont là des variations locales, comme on en constate assez souvent dans l'étendue des bassins même les plus homogènes.

Au sud du Kef on voit se profiler les rochers (Kifan) de El-Heoud et plus loin ceux du plateau de Calaa-es-Snam, qui conduisent au Dir de Tébessa et en présentent à distance tous les détails d'orographie et sans aucun doute de structure. Nous savons par M. Thomas, qui s'est surtout attaché en Tunisie à la recherche de l'horizon à phosphorites, que cet horizon se montre dans ces deux montagnes comme au Kef, qu'il y est même plus développé et que l'horizon à silex reparaît. Le Dir de Tébessa a la même physionomie ; Coquand en a donné la coupe suivante : à la base, argiles brunes contenant des dents de squales et sans doute des phosphates ; au-dessus, deux ou trois alternances de marnes ou argiles et de calcaire marneux à Turritella carinifera Desh. ; plus haut, calcaire marneux rempli de silex noirs, d'Ostrea multicostata, et de Thersitea ponderosa ; couronnement par des calcaires blanchâtres formant escarpement, remplis de Nummulites lævigata, d'après Coquand, mais par suite d'une erreur de détermination qui a permis à cet auteur d'affirmer l'existence du terrain parisien, tandis que ces espèces sont les mêmes que celles de Kalaa-es-Snam, du Dir El-Kef, du Tarja et du Degma. L'étage semble ici se simplifier par disparition des couches à Nautilus cf. Forbesii, qui s'interposent ailleurs entre les horizons à silex et à Nummulites Rollandi ; tandis que celui de la base se complique de quelques intercalations et devient plus fossilifère. Le Thersitea, toutefois, relie ce gisement à celui de Birin ; mais ici il est difficile d'apprécier la situation vraie des Thersitea par rapport aux calcaires à nummulites.

Vers le Sud, le Djebel Tasbent, le Djebel Doukhan, le Djebel Oum-Debben conduisent à un vaste district suessonien, sur la partie sud du Kaïdat des Allaoua et Brarcha jusqu'au Djebel Ong et au Djebel Si-Abid, et depuis Oum-El-Kemachen, jusqu'au Djebel Bou-Fissan. De là il rejoint la grande bande qui, à l'est du Djebel Cher-char, court vers le Nord-Est, depuis le bord du Sahara au nord de Khanga-Sidi-Nadji jusqu'auprès du Djebel Griga, à la hauteur de Tébessa.

Dans toute cette région, les couches calcaires à nummulites ont disparu. On trouve vers le haut des calcaires sans fossiles se délitant plus ou moins en dalles, superposés à d'autres calcaires massifs contenant divers échinides : Schizaster Meslei Pér. Gauth., Macropneustes Baylei et M. Arnaudi Coq., Sismondia Desori Coq., Pseudopygaulus Trigeri Coq. Au-dessous se montre une assise épaisse de calcaire ou de marne calcaire contenant des silex en abondance et d'assez nombreux fossiles gastéropodes et acéphales : Turritella secans Coq., Ostrea multicostata Desh., etc. Autre zone calcaire ou marno-calcaire à Turritella secans et beaucoup d'autres fossiles acéphales et gastéropodes. et quelquefois avec intercalation de bancs de grès. Enfin marnes plus ou moins argileuses contenant des alvéolines. L'épaisseur atteint de 60 à 80 mètres. Ici l'existence des phosphorites n'a pas été signalée. ni même celle des dents de squales qui les accompagnent d'habitude. Cependant il en est autrement vers l'extrémité orientale, au Djebel Ong et au delà de la frontière, vers le Sud. autour de Tamerza, et plus loin encore, dans la direction de Gafsa, région non vue par Coquand, auquel ces détails sont dus. tandis que les limites sont celles de la carte provisoire de Tissot. M. Thomas les a observées dans les assises qui gisent au-dessous des bancs à silex ; là les dents abondent, ainsi que les coprolites, et les bancs intercalés dans les marnes gypsifères de la base renferment beaucoup de fossiles : cardites, cérites, turritelles et rostellaires. C'est un faciès analogue à celui d'un niveau plus inférieur.

Le terrain suessonien forme à l'Ouest de cette région une série de petits îlots bordant la steppe ; puis il remonte dans la vallée de l'Oued El-Abiad et de son principal affluent de gauche jusque tout auprès du Djebel Chélia. La carte de Tissot en représente encore une bande dans la partie la plus élevée de l'Oued Abdi et une étroite demi-ceinture au Nord-Est de la plaine d'El-Kantara. La même carte en figure une vaste étendue à partir des Zibans à l'Ouest, jusqu'au delà de l'Oued Bou-Abana, entre le pied des montagnes et le cours de l'Oued Djedi, abstraction faite des recouvrements quaternaires. Il paraît encore passer sous ces derniers vers le Sud pour en ressortir dans le haut de l'Oued Itel vers Oum-el-Adam, dans l'Oued Harradj, où des recherches d'eau ont été entreprises sur un sol d'apparence crayeuse rempli de nodules de silex de formes bizarres. La roche est une véritable craie se dissolvant presque en totalité dans les acides ; on y trouve peu de fossiles. M. Pierredon, appelé à examiner au point de vue géologique quelles pouvaient être les chances d'y trouver de l'eau potable, en a rapporté Turritella numidica Pomel à faciès de T. rotifera Desh. et Sulcobuccinum Deshayesi Coq. et constaté que des puits de 47 mètres n'avaient pas traversé l'argile du substratum.

e_b) Un système de marnes grises, alternant avec de minces lits de calcaire marneux blanc à la partie supérieure et de marnes jaunes à la base, repose sur les argiles à Ostrea multicostata de l'étage précédent, sans discordance apparente ; il renferme un deuxième niveau de silex. Les fossiles y sont très rares ; une petite huître du type proboscidea et d'espèce non déterminée, des articles de pentacrine, des oursins écrasés, peut-être du genre Hypsopatagus. Il supporte une épaisse formation de calcaire marneux blanc, lité en minces bancs et renfermant des nummulites, dont une du type de la planulata. Ces deux grandes assises paraissent assez bien liées ensemble

et il paraîtrait que l'inférieure a une plus grande extension que la
supérieure ; car cette dernière ne la suit pas toujours dans son passage sous les formations supérieures, et dans ce cas il devient assez
difficile d'en reconnaître les limites par suite de sa ressemblance
avec les dernières assises de e₁₀.

Quoi qu'il en soit et considéré seulement dans sa partie calcaire,
cet étage constitue une bande étroite, bordant au Nord la zone inférieure à Ostrea multicostata depuis le pied sud du Djebel Gratène et
Djebel Guetrana jusqu'au Djebel Znaker, et dans la plus grande partie
de cette bande il déborde sur la craie cénomanienne. La ligne se
continue vers l'Ouest par une série de lambeaux étroits en bordure
contre les terrains plus récents au Sud du Djebel Mergueb ; elle
reparaît à l'Ouest de Chaâba jusque vers la Mechta Mrïouet, formant
le sommet coté 1,040ᵐ. Vers l'Est, un lambeau assez isolé au milieu
des argiles à Ostrea multicostata s'étend sur 8 kilom. de l'Est à
l'Ouest et 1 kilom. de large, au Nord du Djebel Naga ; on n'y a pas
trouvé de fossiles. L'épaisseur de l'étage dépasse 200 mètres.

Je crois devoir rapporter au même étage une formation importante de la province d'Oran dont le substratum n'est pas connu, mais
paraît être crétacé, et qui est recouverte par des couches de composition lithologique différente de celles qui recouvrent les calcaires du
Znaker, mais qui renferment le même oursin fossile, Echinolampas
clypeolus Pom. L'étage est ici formé en majeure partie de marnes
délitescentes, d'un gris olivâtre, plus ou moins zonées de blanc, qui
constituent les terres de labour par excellence de toute la grande
banlieue de Sidi-bel-Abbès. La délitescence de ces marnes uniformise
les surfaces ; d'autres fois elles se couvrent d'une croûte d'exsudation
calcaire comme d'une carapace ; dans les dépressions elles sont
recouvertes d'atterrissements, et leur étude est très difficile et ne peut
se faire qu'en quelques localités dénudées. Elles renferment, sans
doute à divers niveaux, des intercalations de petits bancs calcaires,
plus rarement de grès, ou de marnes rognoneuses contenant parfois

des lentilles de silex. On peut y recueillir alors soit des nummulites (Sidi-Brahim), soit des orbitoïdes et même l'Echinolampas clypeolus (Mouley-Abd-el-Kader); les marnes délitescentes ne paraissent pas avoir conservé les fossiles. Il m'a paru que le phosphate de chaux n'y était pas rare sous forme de cropolithe, et que des analyses à faire montreront que cette substance précieuse doit également exister incorporée dans le sol arable que les marnes constituent; ce qui en expliquerait le renom bien mérité de fertilité exceptionnelle. Un des caractères empiriques, qui peuvent servir à défaut d'autre, consiste dans la présence de nombreux grumeaux d'un calcaire blanc, partie concrétionné, partie pulvérulent, qui tachent les surfaces dénudées.

Ce terrain paraît s'étendre dans toute la plaine de Bel-Abbès à l'Ouest, jusqu'au voisinage de Tatfamam et de Parmentier ; il affleure ça et là à travers le terrain quaternaire, au Sud, jusque vers Hassi-Daho, où il est recouvert par des sables grossiers et des marnes paraissant appartenir au terrain helvétien ; vers le Nord-Est, sur la rive droite de la Mékéra, à Zarouéla et à Zélifa, où il reste à le limiter vers le Sud-Est et à rechercher s'il ne passe pas sous l'helvétien pour ressortir dans la vallée du Melreïr, où j'ai vu dans le temps des témoins de calcaire à mélobésies, pris alors pour de l'helvétien. Il y a aussi à rechercher jusqu'où il pénètre dans la vallée basse de la Mékéra, sous les vrais affleurements helvétiens de la Gada. Vers le Nord il va passer sous le vrai calcaire à mélobésies et à clypéastres de l'helvétien vers Aïn-Trid pour de là s'élever dans le vaste col qui s'étend du Djebel Bou-Aneuch jusqu'au Tessala et redescendre vers le Nord presque jusqu'aux collines miocènes qui bordent la plaine de la Mléta près du Kramis. Les sommets de Zertila et le Tessala sont formés par le miocène qui le couronne à l'état d'îlot. Toute cette région du versant nord du Tessala avait été considérée comme appartenant à la craie, qui existe réellement sur ce versant de la chaîne un peu plus au Nord-Est. Les affleurements de lits fossilifères y sont rares ; on en trouve cependant à l'ancien pont de l'Oued Sarno et dans les carrières de la colline que longe la route d'Aïn-Sefra. Sous Zertila, il y a quelques plaquettes de grès quartziteux très durs ; de ci de là des marnes gypseuses accompagnées de dolomies et plus ou moins en relation avec des roches éruptives. Les limites de détail dans la région du Tessala ne sont pas encore relevées.

$e_{\text{III}a}$) Les calcaires du Znaker passent au-dessous d'une épaisse formation gréseuse bien litée en bancs sableux et se délitant en longues dalles alternativement, ailleurs alternant avec des bancs d'argile jaune subordonnée ; l'Ostrea multicostata ne paraît pas s'y montrer. On y trouve des peignes à surface strigilée, des oursins du genre Eupatagus, et une autre espèce très intéressante : Echinolampas clypeolus Pom., qui nous servira de lien pour rattacher cet étage à des gisements très développés dans la province d'Oran et isolés à une grande distance. Ce système est en discordance transgressive sur e_{IV} et passe sur e_{VA}, qu'il déborde à l'Est du Kef Roumadia, vers Aïn-Dalia. L'étage e_{IIIb} passe certainement au-dessous au Djebel Lakdar-Rharbi ; mais le plus souvent il est absent, ou bien il est incomplet et réduit aux parties inférieures, difficiles alors à distinguer des argiles à Ostrea multicostata ; cette discordance par lacune indique une certaine indépendance de formation. L'épaisseur de ces grès a été estimée à 500 ou 600 mètres.

Ils constituent plusieurs bandes étendues formant des escarpements caractéristiques. La plus grande à l'Est comprend les deux Kefs Lakdar depuis le voisinage d'El-Guelb jusqu'auprès du Mergueb ; 34 kilomètres de long sur 5 à 6 de large. Un second en échelon au Sud du précédent commence à Aïn-Dalia, comprend El-Maskar et se termine au Djebel Taragreguet ; 25 kilomètres de l'Est à l'Ouest sur 4 à 5 de large. Plus au Nord, vers l'Ouest, le lambeau allant du Djebel Amra au Djebel Chaàba, laisse sortir de sa base les couches calcaires du Znaker ; étendue 8 kilomètres sur 3. Un petit lambeau au Sud forme le Coudiat El-Lorf. Le Djebel Fegnouna fait partie d'un

autre lambeau à l'Ouest des précédents, très irrégulièrement découpé
et fortement rétréci par les pénétrations des branches de l'Oued
Aroua. Enfin une dernière zone au Sud de la précédente commence
au Maskrota et se termine au-dessus de Ksar Boghari : 16 kilomètres de long sur 6 de large. Il ne paraît pas en exister au delà du
Chélif.

Je serais cependant fortement tenté de rapporter à cet étage le
gisement de Kef Ighoud, remarquable par ses nombreux échinides,
de types au moins très rares dans les étages inférieurs, mais cependant non identiques à ceux trouvés à l'Est de Boghar, ni à ceux que
nous allons signaler dans une autre formation probablement contemporaine de la province d'Oran. Ce Kef Ighoud a été l'objet dans les
publications du service géologique, d'une monographie à laquelle nous
renvoyons. Les grès qui forment la partie supérieure étant rapportés
à e_{ma}, les marnes à orbitoïdes appartiendraient à e_{mb}. Il paraîtrait y
avoir ici un niveau à phosphorites et à dents de squales ; mais son
affleurement est très restreint sur les lèvres d'une faille.

Ce n'est que dans ces derniers temps que l'on a pu constater le
développement que prend en puissance et en surface, dans la province d'Oran, une formation nummulitique, que ses clypéastres, ses
scutelles et même ses échinolampes, ainsi que l'abondance des mélobésies, avaient, à la suite d'une première exploration rapide, où les
nummulites n'avaient pas été observées, conduit à considérer comme
helvétienne. La présence à Boghari, dans l'étage désigné par e_{ma},
d'Echinolampas clypeolus, fossile le plus répandu et en quelque sorte
caractéristique de la formation, ne laisse pas de doute sur leur assimilation stratigraphique malgré la différence de constitution pétrographique : dans l'Est, des grès quartzeux presque sans mélange ;
dans l'Ouest, des calcaires plus ou moins compacts n'admettant que
de rares intercalations gréseuses. On voit très distinctement ces calcaires recouvrir les marnes verdâtres en différents points, comme au
marabout qui culmine à l'Est de Zarouéla ou à l'ancien télégraphe

aérien de Tingcmar, où leur exploitation a fourni beaucoup de matériaux aux constructions de Bel-Abbès.

Au delà de Tingcmar paraissent les montagnes de Taarbacha, de Zackar, de Sidi-Daho, des Ouled-Zeir, qui sont constituées en majeure partie par des calcaires à nummulites, prenant une forte apparence concrétionnée par suite de l'abondance des mélobésies globuleuses, qui parfois les constituent presque en totalité. Ils sont très durs, souvent de teinte rougeàtre, montrant dans leur cassure les sections clivées des échinides ou celles de leurs grandes nummulites du type de N. gizehensis.

Près de Parmentier et vers Aïn-Fras ces fossiles sont abondants ; l'Ostrea gigantea s'y rencontre ; les échinolampes, les scutelles et les clypéastres n'y sont pas rares, mais toujours fortement engagés. Certains bancs sont plus ou moins gréseux. Les fossiles n'y sont pas également répartis. Il y en a qui ne contiennent que des petites espèces de nummulites et des orbitoïdes ; d'autres sont absolument stériles. Leur épaisseur visible peut aller de 40 à 50 mètres. Quelques vallées les découpent et laissent voir dans leur fond le substratum marneux conservant souvent ses concrétions blanches et sa couleur un peu livide ; ils descendent jusque dans le fond de la vallée du Rio-Salado, ou Oued Arlal, et remontent même sur le revers opposé, où ils constituent de gros mornes. Ils vont se mettre en contact avec la roche volcanique du massif d'Aïn-Témouchent et, vers l'Ouest, couronner les montagnes, qui bordent le bassin de l'Isser d'entablements rocheux jusqu'au voisinage d'Aïn-Tekbalet. Sur le versant de l'Isser ils doivent aller faire substratum à l'helvétien ; mais il y a encore à en relever les limites. A l'époque où nous considérions cette région comme formée par le terrain helvétien, nous avions été vivement frappé de la direction pyrénéenne de cette chaîne et nous ne pouvions nous expliquer cette anomalie qui, on le voit, n'était qu'apparente. La direction de la chaîne de Si-Mohamed-ben-Aouda est un autre exemple de la prédilection qu'a le terrain nummulitique pour les chaînes de cette direction.

Une étude approfondie des nummulites provenant des divers gisements énumérés plus haut, tous de date suessonienne, et dont la
plupart des exemplaires ont été recueillis par moi, a été faite par
M. Ficheur et sera publiée à titre de matériaux pour la carte géologique de l'Algérie ; elles appartiennent aux groupes de N. irregularis, N. planulata, N. biarritzensis, N. gizehensis et constituent dix-
huit espèces ou formes. Le tableau qui en a été dressé démontre
quelles sont les relations intimes qu'ont entre eux la plupart de ces
gisements, qui certainement appartiennent tous à l'éocène inférieur
et ne renferment aucune espèce de celles qui caractérisent l'éocène
moyen ou parisien. Celui-ci est également très développé, mais constitue une zone indépendante que nous n'avons encore vue nulle part
prendre contact avec la zone du suessonien. J'espère que la série si
complète des horizons que je viens de passer en revue jettera beaucoup de jour sur la classification des étages, qui dans d'autres régions
ne montrent pas des relations stratigraphiques aussi évidentes et aussi
certaines en raison des superpositions directes, dont elle fournit des
exemples variés. Ce tableau démontrera que le gisement des Ouled-
Zeir a une série assez particulière d'espèces (N. Ehrenbergi), pour la
plupart rares ou absentes dans les autres gisements, tandis que les
espèces de ceux-ci, ou manquent ou sont très rares dans ces mêmes
gisements ; il n'en est pas de même des marnes inférieures.

§ 2. — *GROUPE PARISIEN.*

Ce groupe est représenté par la teinte moyenne affectée à la lettre
ep. Il est surtout développé dans la chaîne du Djurjura, où nous en
prendrons le type, en empruntant à M. Ficheur les résultats de ces
explorations et presque le résumé qu'il en a donné dans le compte
rendu du Congrès de l'Association Française à Oran, en 1888.

e₀) Le terrain parisien débute par des couches formées d'éléments
détritiques ou conglomérés. En contact avec les calcaires jurassiques

à l'Est, il comprend des marnes schisteuses verdâtres ou violacées, intercalées de calcaires en plaquettes, supportant ou des poudingues à éléments de quartz et de calcaire, ou le plus souvent des brèches calcaires stratifiées, à aspect de calcaire massif. Des nummulites, rares dans les marnes, deviennent abondantes dans les brèches (Takerrat). Cette série se développe en continuité sur le versant sud du Djurjura, passant la crête à Tizi-Ogoulmine, forme les contreforts élevés des Beni-Yala et après avoir entouré comme d'une ceinture le pic de Lalla-Khadidja, sur le flanc duquel les poudingues s'élèvent à près de 1,900 mètres, couronne la crête du Takerrat (2,000 mètres) ; l'épaisseur est évaluée à 200 mètres. A l'autre extrémité du même versant, en s'appuyant contre le crétacé, il prend un autre faciès : alternances de marnes jaunâtres, de calcaires en plaquettes, de grès calcareux jaunes, avec intercalations irrégulières de poudingues et de brèches calcaires, se succédant en lits bien réglés sur plus de 250 mètres. Nummulites rares au voisinage des conglomérats appartenant au type du N. lævigata du calcaire grossier. En d'autres points les poudingues dominent à la partie supérieure avec une grande puissance.

eͺ) Calcaires compacts pétris de nummulites de différentes espèces, d'assilines et d'alvéolines, s'élevant au-dessus de 1,500 mètres ; ils forment une ligne rocheuse presque continue, comme un premier gradin adossé aux calcaires jurassiques. La puissance est estimée à 150 mètres ; ils ne se développent que sur le flanc nord de la chaîne, à l'inverse de la zone inférieure dont ils paraissent indépendants ; mais vers l'Ouest on les voit en plusieurs points recouvrir cette zone des grès et des poudingues, à laquelle ils sont par conséquent en partie au moins supérieurs. C'est ainsi accompagnées que ces deux zones se montrent dans les gorges de Palestro, puis dans le Bou-Zegza et enfin au Chénoua et à Ténès, les deux lambeaux ultimes dans cette direction. Les nummulites deviennent ici très rares. M. Ficheur signale l'existence des calcaires chez les Beni-Zikki, entre les cols de Chellata et d'Akfadou.

Il faut aller au centre du Tell de la province de Constantine pour retrouver un district occupé par ce même terrain parisien, et il y a été très fortement démantelé. Rattaché par Tissot à l'étage des grès de Numidie comme étant subordonné, il a été au contraire reconnu par M. Hardouin comme bien indépendant et fortement discordant avec lui ; Coquand non plus ne les avait pas franchement séparés. Le terrain se présente avec tous les caractères que nous lui avons trouvés dans les gorges de Palestro : poudingues et conglomérats à la base, calcaires blanchâtres compacts et cireux à la partie supérieure, riches en foraminifères, nummulites, assilines, orbitoïdes de grande taille et alvéolines. L'ensemble peut aller jusqu'à 80 mètres de puissance. C'est aux Zardezas qu'on peut le mieux l'étudier au point projeté pour la construction d'un barrage-réservoir, dont il fournirait l'assiette. Il repose sur les schistes anciens que j'ai signalés à leur place comme pouvant représenter ceux de Fedj-Kantour, et il est entouré par les grès et marnes du terrain ligurien.

Par le Djebel Msouna, ce massif se relie aux Toumiettes, où Coquand prétend que se trouvent également les calcaires liasiques, ce que je ne puis ni confirmer ni démentir, mais ce qui existe à Sidi-Cheik-ben-Rohou, où il est bien difficile de les séparer, à cause de la similitude de faciès lithologique lorsqu'il n'y a pas de fossiles. Je n'ai pas vu les petits lambeaux signalés au Kef Sidi-Driss. Au delà des Zerdezas, la formation se poursuit par lambeaux : Djebel Tangoust et Djebel Siafa au Sud de Jemmapes, où se trouve le gisement de mercure de Ras-el-Ma · puis Djebel Masseur et Djebel Chebebik, où Coquand prétend avoir observé des bélemnites qui n'ont pas été retrouvées. La zone se continue vers le Nord par les îlots du Djebel Toumet (revers Nord), du Djebel Safia et Djebel El-Jahar. Elle se terminerait ensuite au Filfila, si les marbres de cette montagne étaient le résultat de leur métamorphisme ; toutefois je ne puis encore les considérer que comme des cipolins. Je crois de nouveau devoir faire remarquer que nulle part encore on n'a pu voir cette formation en contact direct avec le terrain suessonien.

e⁴) A la base, grès argileux friables, supportant des poudingues à galets et blocs de calcaire nummulitique provenant de l'étage précédent ; épaisseur estimée à 500 mètres. Au-dessus, série d'alternances de marnes grises et de grès sableux, en bancs minces, atteignant 300 mètres de puissance. On y trouve Assilina exponens Sow. Ce système d'assises est en discordance complète, transgressive et absolue, avec les calcaires à alvéolines et nummulites. Les immenses accumulations de galets et de blocs pris à cette dernière formation témoignent d'un démantellement formidable et de dislocations de la dernière énergie. Les poudingues sont extrêmement développés dans la partie occidentale de la chaîne sur les deux versants. Au pied du Tamgout-Haïzeur ils dépassent 500 mètres de puissance et forment un contrefort rocheux de plus de 1,700 mètres d'altitude. Au Nord, leur distribution est irrégulière, mais ils reposent constamment sur les calcaires à nummulites. Les marnes supérieures sur le versant Nord de la chaîne forment tous les contreforts du pays des Guechtoula. On les retrouve très développés dans la région de Dra-el-Mizan ; plus au Nord-Ouest, les grès se montrent chez les Beni-Khalfoun ; et dans les gorges de Palestro on peut observer les poudingues avec leurs galets empruntés au calcaire à nummulites.

La publication prochaine des cartes détaillées de cette région, me dispense de plus longs détails sur cette remarquable formation. J'ajouterai cependant que M. Ficheur pense avoir retrouvé les grès et marnes du même système à Ferouka près de Souma, où ils constituent un lambeau compris entre les couches crétacées du flanc de l'Atlas et les collines carténiennes de son pied, qui se dégagent du quaternaire depuis Bouïnan. Des recherches ultérieures feront probablement retrouver quelque autre lambeau le rattachant à ceux de l'Est. Mais en dehors de cette région rien n'a signalé sa présence et il reste peu de probabilité pour qu'on en découvre un massif important.

§ 3. — *GROUPE LIGURIEN.*

Ce groupe est représenté par la couleur de teinte claire affectée à l'indice **el**. Il est très développé dans la région orientale du Tell et paraît manquer totalement dans la région occidentale.

e^2) C'est encore à M. Ficheur que l'on doit la distinction de cet étage qui se développe sur le flanc Sud de la partie orientale de la chaîne du Djurjura; il est formé à la base par des argiles schisteuses grises intercalées de plaquettes de calcaires marneux renfermant en grande abondance des fucoïdes paraissant exactement correspondre aux Chondrites intricatus et C. Targioni Brong. Elles revêtent un faciès de gault très prononcé et je les avais d'abord, au premier examen, déterminées comme telles. Mais elles se délitent très facilement, au contraire de celles du gault très rigides ou esquilleuses, et du reste la présence des chondrites ne laisse point de doute. A la partie moyenne les grès augmentent peu à peu d'épaisseur et dans la zone supérieure ils forment des bancs de 0,5 à 2 mètres d'épaisseur et prédominants sur les marnes. L'épaisseur totale est estimée à 400 mètres. C'est surtout à la montée de la route du col de Tirourda, à partir de l'Oued Tixeriden, jusqu'au point culminant du contrefort des Beni-Kani (1,900^m) qu'on peut étudier la succession des assises.

Le diagramme donné par M. Ficheur dans le compte rendu du Congrès de l'Association française à Oran le figure plissé entre deux failles qui l'encadrent, l'inférieure le séparant du terrain de transport miocène; la supérieure le mettant en contact avec le lias dolomitisé en ce point. A partir du col de Tirourda, il constitue toute la crête principale de la chaîne jusqu'au col de Chellata. Plus à l'Est, il disparaît par suite de son recouvrement en discordance par l'étage suivant. Les relations stratigraphiques inférieures sont plus incertaines, et comme nulle part ce terrain ne se trouve en contact avec celui du pied de l'Haïzer, il serait difficile de conclure leurs relations stratigraphiques. M. Ficheur, dans son esquise géologique de la chaîne du Djurjura, incline à penser que les deux formations pourraient être corrélatives, étant comprises entre les mêmes limites stratigraphiques. Il me paraît toutefois que les formations conglomérées du pied de l'Haïzer ont des relations plus intimes par leurs fossiles avec les calcaires à nummulites proprement dits et que les argiles et grès de Tirourda en ont au contraire de plus intimes avec le ligurien, dont il ne serait pas toujours facile de les distinguer ; c'est du reste maintenant le sentiment de M. Ficheur.

Ce terrain est-il représenté en d'autres régions du Tell algérien ? Il serait très difficile de le dire. Il ne serait pas impossible, en effet, qu'il eut été confondu, en l'absence de relations stratigraphiques bien constatables, et pris pour le terrain ligurien, et peut-être même y aurait-il à rechercher si les intercalations de lits calcaires qui sont signalées en plusieurs lieux dans les parties inférieures de ce dernier ne pourraient pas lui être rapportées. Des recherches nouvelles pourront seules faire résoudre ce problème. Toutefois, M. Ficheur penserait que cet horizon serait représenté sur les plateaux de Constantine, au Sud et au Nord de Bordj-bou-Arréridj par un système assez analogue d'argiles schisteuses avec intercalation de lits gréseux, qui sont de plus en plus épais et arrivent à dominer dans les parties supérieures ; je n'ai pas d'objection à y faire, ne l'ayant examiné que rapidement et l'ayant pris pour du ligurien d'un faciès un peu modifié. Il couvre une assez grande surface, que traverse la route de Bordj-bou-Arréridj à M'sila, le long de l'Oued Ksob. Il commence près d'Aïn-Tassera, s'étend jusqu'au Djebel Kteuf, au-dessus de Mansourah, et peut-être plus loin encore vers l'Ouest jusque vers Kasba, où M. Brossard a signalé au-dessous de lui un gisement de calcaire à nummulites. Cela est à revoir ; car probablement le tout doit se rattacher au suessonien de Si-Aïssi.

Plus à l'Ouest il n'y a que des lambeaux dont la continuité primitive ne fait point doute avec le massif du Kteuf : Djebel Taguedid, Djebel Attache , Djebel Mogrenine, Djebel Hadjar-sour-Tourba formant ensemble un grand croissant, Djebel Abdallah à son sommet. Un dernier îlot plus grand que les autres couvre le Dira et la crête qui le prolonge à l'Ouest ; sans compter quelques autres témoins dont un recouvre le terrain suessonien au Djebel Gratine. Vers l'Est du massif principal, un autre lambeau va d'Aïn-Tassera au Djebel Sdim. Au Nord de la Medjana un autre grand lambeau fait face à celui du Kteuf et repose soit sur la craie supérieure, soit sur le terrain suessonien ; mais toutes les limites ont ici besoin d'être vérifiées ; il faut ajouter celui du Djebel Magris au Nord de Sétif. Il ressort de cette distribution un isolement assez caractérisé de la partie supérieure de la formation ligurienne qui s'élève du Tell numide jusqu'au massif du Djebel Ouach et d'El-Aria, près de Constantine, et au contraire un certain rapprochement de ces gisements avec celui de Tirourda qui ne rend pas impossible, dans une région peu connue en détail et peu hospitalière, la découverte d'autres lambeaux qui les relieraient entre eux.

e¹ª) En discordance de stratification avec la formation précédente, dans les rares circonstances où elle la recouvre, celle-ci est formée à sa base d'un système ordinairement puissant d'argiles et de marnes brunâtres, là rigides, ailleurs délitescentes et souvent plus ou moins salées. Ces argiles renferment des intercalations de plaquettes ou de lentilles de grès dur et elles contiennent assez rarement des lentilles de calcaire argileux exploité pour chaux hydraulique, comme à Robertville et à Saint-Charles ; ce sont ces intercalations qui avaient porté Tissot à y réunir les calcaires compacts à nummulites qui en sont certainement indépendants. On a trouvé également dans les par-

ties calcaires marneuses de la base des fucoïdes du type de Chondrites
Targioni et C. intricatus Brongt. et de petites nummulites que
M. Ficheur étudie. Sur la route de Philippeville à Jemmapes, on
observe, dans ses talus, des poudingues qui forment le substratum de
ces argiles ; il paraîtrait qu'ils se développent vers l'Est, autour du
Djebel Alia. Tissot leur a assimilé, avec réserve toutefois, d'autres
poudingues en grandes masses autour du massif cristallophyllien des
Ouled-El-Hadj, près de Bir-Beni-Salah. Leur présence est acciden-
telle et tient sans doute à des conditions particulières à quelques dis-
tricts, où affluaient sans doute près des bords du bassin maritime
quelques grands cours d'eau.

$e^{3\,h}$) Grès plus ou moins grossiers souvent micacés, en bancs assez
épais plus ou moins durs, souvent séparés entre eux par des lits
minces d'argiles souvent bigarrées d'assez vives couleurs. Les bancs
inférieurs montrent en certains endroits des alternances de transition
aux argiles qui les supportent, d'autres fois le passage se fait brusquement. C'est par excellence la région forestière, surtout propice au
chêne-liège, et les massifs forestiers y sont souvent impénétrables.
Les grès supérieurs, dit Tissot, paraissent s'être formés partout où
se sont formées les argiles schisteuses ; mais ils ont été enlevés par
les érosions sur d'énormes étendues. Lorsqu'ils couronnent un plateau, leurs débris en jonchent toutes les pentes et encombrent le
substratum, alors difficile à déterminer.

Cette formation, comprenant les deux étages, joue le rôle capital
dans la constitution géologique et orographique de tout le littoral de
l'Est de l'Algérie. Très développée chez les Kroumirs en Tunisie, elle
pénètre en large bande dans la Numidie, depuis les plaines de Bône
jusqu'aux sommets qui limitent le bassin de la Medjerda aux environs
de Souk-Ahras ; un peu étranglée à l'Ouest de la Seybouse par l'intercalation de l'îlot crétacé de Guelaat-bou-Seba, elle s'élargit brusquement entre Philippeville, la Mahouna, le Sud de l'Oued Zénati, le Djebel

Ouach, en laissant passer dans quelques lacunes des îlots de terrains plus anciens. Le massif à l'Ouest de l'Edough en est principalement constitué. Dans le Sud et l'Ouest de Collo, elle est bizarrement découpée par des saillies du massif cristallophyllien. A partir de Djidjelli elle devient plus compacte, elle s'élève jusqu'aux sommets des Beni-Foural et l'une de ses branches jusqu'à celui du Tamesguida. poussant une pointe jusqu'auprès du Babor.

Au Sud de la rade de Bougie, elle s'interpose à plusieurs gros massifs jurassiques et se rétrécit notablement pour regagner le massif montagneux à l'Ouest de Bougie.

Elle y est d'abord en quelque sorte confinée sur les sommets et sur le versant à l'Oued Sahel, où elle se poursuit jusqu'à sa rencontre avec la formation inférieure (e^4), qu'elle recouvre en discordance dans la province d'Alger ; plus au Nord elle prend vers l'Est du bassin du Sébaou un très grand développement. Plus loin à l'Ouest on n'en trouve plus que des lambeaux. souvent réduits à l'horizon marneux. Auprès de l'Arba des grès ont été souvent exploités pour pavés et pierres de construction ; mais leur classement ici est peut-être douteux.

Je crois devoir résumer ce chapitre par le tableau suivant :

ÉOCÈNE ALGÉRIEN.

<table>
<tr><td rowspan="4">GROUPE LIGURIEN</td><td>e^{3b} Grès de Numidie. Région forestière par excellence, chêne-liège.</td></tr>
<tr><td>e^{3a} Argiles et marnes à fucoïdes avec plaques gréseuses d'El-Arouch.</td></tr>
<tr><td>DISCORDANCE ET TRANSGRESSIVITÉ.</td></tr>
<tr><td>e^2 Grès et argiles alternant avec plaquettes calcaires à fucoïdes de Tirourda.</td></tr>
</table>

DISCORDANCE ET TRANSGRESSIVITÉ.

<table>
<tr><td rowspan="3">GROUPE PARISIEN</td><td>e¹ Grès poudingues et marnes des Guechtoulas. Nummulites exponens.</td></tr>
</table>

GROUPE PARISIEN

e¹ Grès poudingues et marnes des Guechtoulas. Nummulites exponens.

DISCORDANCE.

e₁ Calcaire nummulitique compact. Alvéolines; Nummulites perforata.

e₁₁ Poudingues et marnes de Takerrat. Nummulites lævigata.

TRANSGRESSIVITÉ COMPLÈTE.

eₘ a Grès du Lakdar à Echinolampas clypeolus. Grès du Degma? Calcaires à mélobésies et Nummulites Ehrenbergi de Sidi-Daho.

DISCORDANCE DANS L'EST.

eₘ b Calcaires en feuillets avec Nummulites irregularis du Znaker, marnes en dessous.

Marnes avec rares intercalations marneuses ou siliceuses renfermant Nummulites planulata et Caillaudi, de Zarouéla et Sidi-Brahim.

DISCORDANCE DANS L'EST; TRANSGRESSIVITÉ ABSOLUE DANS L'OUEST.

eᵢᵥ Argiles et marnes à Ostrea multicostata; alternances gréseuses variées.

eᵥ a Calcaires plus ou moins cristallins à Nummulites Rollandi du Degma, etc.

eᵥ b Grès et marnes glauconniennes ou à phosphorites. Nautilus cf. Forbesii. Nummulites voisine de N. planulata.

eᵥ c Marnes ou calcaires à silex; argiles séléniteuses délitescentes à la base.

L'examen de ce tableau et de la carte provisoire donne lieu à des remarques d'une certaine importance : la première est la complexité de composition de toute cette série et les nombreux exemples de discordance qu'elle présente ; ce qui prouve que cette période a été remarquablement troublée en Berbérie par la production de phénomènes dynamiques intenses, nombre de fois répétés. Il y a aussi à remarquer que pendant toute cette période il y a eu dans la même région des dépôts sédimentaires et que si leur série a été souvent troublée, même interrompue, il n'y a pas lieu de supposer que ces interruptions ont eu quelque durée et qu'elles n'ont pas dépassé celle des phénomènes de dislocation. En sorte que la série des formations peut y être considérée comme assez complète pour y devenir classique.

La formation suessonienne paraît s'être étendue d'une façon à peu près continue de la vallée de l'Habra à la Tunisie, se développant surtout sur les plateaux du centre et de l'Est et de là s'étendant jusqu'au Sahara. Vers les derniers temps, elle se serait déversée vers l'Ouest, de la région de Boghari-Aumale dans les plaines de Bel-Abbès. La formation parisienne occupe une étroite bande isolée et au Nord de la précédente et manque dans l'Ouest. Sa partie supérieure est limitée à l'Ouest du Djurjura. La formation ligurienne a sa portion inférieure limitée au Sud des crètes du Djurjura, et paraît avoir pénétré sur les plateaux sétifiens pour recouvrir le suessonien. Sa portion supérieure occupant le versant maritime, depuis le Djurjura jusqu'en Tunisie, remonte également sur les plateaux numides pour y prendre contact avec le suessonien à Constantine et à Souk-Ahras.

CHAPITRE VI

TERRAIN MIOCÈNE.

Ce terrain est représenté sur la carte provisoire au 1/800.000ᵉ par la couleur jaune, nuancée suivant les étages, et la lettre **m**, accompagnée d'indices appropriés.

§ 1. — *GROUPE TONGRIEN?*

Ce groupe est représenté par la teinte affectée à la lettre **mt** ; mais ce n'est pas sans réserve qu'il est fait ici mention de son existence en Algérie. En effet, le terrain qui doit le représenter, du moins provisoirement, est limité dans un district peu étendu relativement et n'y a encore fourni aux chercheurs que des fossiles indéterminables, suffisant cependant pour démontrer son origine marine. Il est compris entre deux autres formations, avec lesquelles il est en discordance complète de stratification ; les grès liguriens à la base et les poudingues cartenniens au-dessus. Dans cet intervalle nos cadres de classification admettent deux termes, le tongrien et l'aquitanien. La raison qui a fait décider ce choix, c'est que ce terrain est manifestement antérieur à la formation des grandes rides du système du Tatra, qui jouent un rôle important dans l'orographie de la zone orientale littorale de l'Algérie.

m₁₁) C'est encore à M. Ficheur que l'on doit l'étude et l'établissement de cet étage, auquel il propose de donner, pour simplifier, le nom de grès de Dellys ou de terrain dellysien. Il est constitué à la base par des grès très grossiers et des poudingues peu cohérents, à

éléments empruntés au terrain cristallophyllien voisin, assez nettement stratifiés et atteignant 200 mètres d'épaisseur. Au-dessus sont
des grès argileux micacés en bancs minces alternant avec des lits
d'argiles grumeleuses sur une épaisseur de 200 mètres. Par places
les poudingues deviennent rares à la base et les grès micacés grossiers dominent et y forment de gros bancs ; les lits argileux intercalés y sont minces. C'est là le faciès du littoral qui persiste à l'intérieur ; mais vers l'Ouest l'assise supérieure passe latéralement à des
couches plus schisteuses, argiles et grès.

Ce terrain est fortement démantelé ; mais on suit assez nettement
la continuité des divers lambeaux depuis la rive de l'Isser jusqu'à la
hauteur de Tamda sur environ 50 kilomètres. Il constitue le Djebel
Bouberak, les environs de Dellys, la crête du Taourga et d'Aïn-El-
Arba. C'est vers l'Est de cette bande que l'on peut plus facilement
constater la discordance du terrain avec les deux autres entre lesquels il est compris ; il en est de même au Kef Makouda, qui domine
la rive droite du Sébaou au Nord de Tizi-Ouzou. Une deuxième grande
bande s'étend sur le flanc Nord de la chaîne nummulitique des Beni-
Khalfoun, depuis Tizi-Renif à l'Est, jusqu'à l'Oued Corso sur environ
40 kilomètres de longueur ; elle est complètement séparée de la précédente zone, à laquelle elle a dû être liée cependant dans l'origine
pour ne former qu'un bassin unique, dont l'étendue devait être d'une
centaine de kilomètres. La constitution est assez homogène dans
toute cette étendue et confirme cette continuité. Jusqu'à ce jour, la
présence de ce terrain n'a point été constatée sur d'autres points de
l'Algérie. Cependant il se pourrait qu'on dût lui attribuer des lambeaux incomplets et isolés rapportés aux étages suivants d'après le
faciès congloméré qui leur est commun dans leurs assises inférieures
et à une époque où l'on ignorait l'existence de cet étage plus ancien.

m) J'ai déjà attribué à un faciès continental du terrain cartennien
des formations importantes de poudingues, qui ne diffèrent des pou-

dingues typiques que parce qu'on n'y rencontre pas de fossiles et qu'ils n'ont que des apparences de stratification, ainsi que le montrent les accumulations constituées en dehors des grands bassins. Ils sont très développés à Thyout ; à Berézina, sur le bord même du Désert, ils sont en rapport direct avec un pli du système des Baléares. On les retrouve au sommet de la partie du Djebel Amour qui s'étend d'Aflou à Sidi-Bou-Zid. On en rencontre aussi près de Chellala-Dahrania et au Rocher-de-Sel de la route de Djelfa : il m'a semblé que ces dépôts étaient postérieurs aux mouvements pyrénéens, et c'est la raison qui me porte à leur assimiler ceux d'El-Kantara et du versant Sud de l'Aurès, que Tissot a considérés comme nummulitiques supérieurs, ou liguriens, parce qu'ils étaient compris entre le suessonien et les couches à Pecten numidus. Ce n'est pas concluant, puisqu'il y a plus d'un étage entre ces deux termes ; mais cela pourrait bien indiquer qu'ils pourraient être rapprochés des grès et poudingues de Dellys, ou terrain dellysien de M. Ficheur.

C'est à El-Kantara, dans la vallée de Biskra, que se trouve le type le plus développé de ce système de couches. Il comprend à la base des grès grossiers et des poudingues sans fossiles reposant sur des assises suessoniennes (m_{1c}). Au-dessus viennent des marnes rougeâtres ou blanchâtres contenant des fossiles (lacustres, dit Tissot à tort) terrestres ; car ce sont des hélices (m_{1b}). Une deuxième assise de poudingue couronne le tout vers le télégraphe de Selloum et n'est pas fossilifère (m_{1a}). Ce terrain remonte très haut dans la vallée de l'Oued Abdi, où il est suivi et recouvert par un terrain marin miocène à Pecten numidus, dit Tissot, et par conséquent probablement cartennien. C'est ce fait stratigraphique qui me porte à faire descendre ce système d'un degré dans l'échelle géologique toujours avec la même réserve que pour m_{1a}. Il affleure en quelques points de la lisière du Sahara vers l'Est. Il est bien moins certain que la longue bande figurée par Tissot au pied du revers du Sud-Est du Bou-Khaïl doive lui être rapportée. En tout cas le tracé n'a pu être conservé par suite

de corrections considérables faites à la topographie de cette région ;
il ne l'a été que là où il ne se superposait pas à d'autres tracés de
terrains d'un autre âge.

§ 2. — *GROUPE CARTENNIEN.*

Ce groupe est représenté par la teinte jaune un peu bistrée et la
lettre **mc**.

m^{1a}) Grès quartzeux blancs à ciment calcaire contenant abondam-
damment une amphiope spéciale (A. palpebrata Pom.), un petit
schizaster (S. Bogud Pom.), une grande turritelle voisine du Proto
cathedralis, etc. L'homogénéité et la puissance (40 mètres au moins)
de ces grès est remarquable ; mais ils ne paraissent, malgré cela,
que jouer un rôle très accidentel à la base de la formation. Ils forment le Ras-el-Abiod entre les embouchures de l'Oued El-Hachem et
de l'Oued Bellac, près de Cherchell, et s'atténuent promptement en
biseau sous les couches supérieures. Au Bled Chaàba, au confluent
de la Mouïla et de la Tafna, ce sont des grès quartzeux où des sables
également blancs, plus ou moins mêlés de lits d'argile blanche parfois très salée, formant un ensemble de plus de cinquante mètres de
puissance ; ils occupent la même place sous les couches conglomérées
de l'étage, et doivent correspondre à ceux de Cherchell. Ce sont jusqu'à ce jour les deux seuls points connus.

m^{1b}) Le plus habituellement, la formation commence par des assises puissantes de poudingues à éléments plus ou moins volumineux,
mais toujours bien roulés. Des argiles gréseuses, grises ou bleues,
quelquefois rouges, s'y intercalent très irrégulièrement. D'autres fois
ce sont des grès grossiers en bancs assez réguliers, surtout dans les
parties supérieures. En quelques points les éléments des poudingues
sont peu volumineux et noyés dans une pâte argilo-gréseuse brunâtre.

D'autres localités ne montrent que des grès très grossiers, assez bien lités, dont les premières assises pourraient encore passer pour de petits poudingues. Il y aura sans doute à faire une révision des gisements figurés sur la carte, dont certains pourraient bien appartenir au terrain dellysien.

Il est naturel que les fossiles manquent dans les parties fortement conglomérées ; ils sont moins rares dans les autres, mais ne se trouvent d'ordinaire que sporadiquement. Ce sont de grosses huîtres, de grands peignes, des vénus, des tellines, des pectoncles, des balanophyllies en général assez mal conservés. Les plus intéressants sont les échinodermes qui représentent le premier horizon important de clypéastres miocènes, celui de Corse probablement, oursins que j'ai décrits dans la *Paléontologie algérienne*, à laquelle je renvoie Il est cependant un point exploré dans ces derniers temps par M. Pierredon, au Sud de Berrouaghia, où les fossiles sont mieux conservés et plus nombreux, constituant une faune qui a la plus grande analogie avec celle de Léognan par ses Proto cathedralis, Turritella terebralis, etc., mais dont les espèces pour la plupart présentent des différences qui en font pour le moins de fortes variétés. Elle fera l'objet d'une monographie spéciale avec iconographie.

m^{te}) Des marnes brunes à délit conchoïde très peu délitables recouvrent l'étage des grès et poudingues dans un grand nombre de points. Elles renferment très peu de fossiles, à l'exception de foraminifères qui ne sont pas rares en certains gisements : rotalies, textulaires, etc. On y observe quelques récifs coralliens : Adélia, près Milianah ; Oued-Malah, près Perrégaux, etc., et quelquefois des calcaires à mélobésies (Ouled-Mehala), ou compacts (Sidi-Zaher). En quelques points de la province d'Alger, ces marnes renferment des spongiaires, rappelant le faciès de ceux de la craie et appartenant en partie aux mêmes genres, mais en constituant également de spéciaux et très variés : Djebel Djambeïda, à l'Est de Cherchell ; Amraoua, au

Sud de Ténès ; Beni-bou-Mileuk, au Nord des Zattafs sont les principaux. A l'Ouest de Cherchell, vers l'Oued Messelmoun, ces marnes ont pris un aspect pépérineux très remarquable et il faut y regarder de près pour reconnaître leur origine sédimentaire ; un phénomène identique s'est produit sur certains points des Traras.

Ce terrain est très remarquable par le démantellement qu'il a subi et qui l'a réduit en un grand nombre de lambeaux épars dans toute la région du Tell des provinces de l'Ouest et du Centre et même un peu de l'Est, dans les régions surtout où se sont produites les dislocations du système du Vercors.

Il serait trop long d'énumérer en détail tous ces lambeaux avec leurs caractères particuliers, il suffira d'indiquer les principaux cantons où on peut les étudier. Il y en a un assez beau développement près de la frontière du Maroc, à l'Ouest de la Tafna depuis Sidi-Zaher jusqu'au delà de la Mouïlah ; un autre grand îlot dans la région de Honaï, où la puissance visible a été estimée supérieure à 600 mètres par M. Pouyanne et où les marnes sont couronnées de poudingues et de quartzites ; ce sont aussi des poudingues qui forment le Djorf-el-Gat, sur la route de Rachgoun. Dans la région de Mascara ce terrain constitue le Djebel Ghar-el-Maïz, le Rocher-des-Aigles jusqu'au barrage de l'Habra, plusieurs fonds de ravins chez les Beni-Chougran. On la retrouve dans le Pays des Anatra, au sud de Relizane, jusqu'au Djebel Tamdrara. Le Dahra oranais en montre plusieurs petits lambeaux, dont celui de Ouillis possède un beau gisement de clypéastres et de schizobrisses, et celui de Sidi-Saïd contient des coquilles de mollusques et des balanophyllies avec des échinolampes. Le barrage de Saint-Aimé, sur la Djidiouïa, est installé sur les grès, qui dans la vallée du Riou reparaissent sous les couches helvétiennes.

A Ténès, qui a fourni le nom de l'étage (Cartennæ), les poudingues et les grès associés ainsi que les marnes constituent un lambeau assez étendu ; il est accompagné vers l'Ouest d'autres bien plus petits, éparpillés sur le massif accidenté, qui se termine au Techta des Cheurfa. Il forme les collines qui s'étendent sous Milïanah depuis Adélia ; plusieurs lambeaux en constituent des témoins au-dessus des Braz. J'ai déjà cité ceux de Cherchell et de Gouraya ; au Sud ce ne sont plus aussi que des témoins vers la Sra-Khebrazza, aux environs de Téniet-el-Haàd et dans le massif de l'Amraoua.

Plus à l'Est, le terrain est presque réduit aux marnes, qui deviennent fossilifères sur le flanc Nord du Mouzaïa et de la montagne de Blida. Plus au Sud, au delà du massif de Médéah, il forme le Ben-Mahiz, grand massif reconnu récemment par M. Pierredon, et qui renferme de nombreux fossiles conservés avec leur test, quoique souvent assez mal ; puis à l'Ouest de Boghar, un autre encore plus étendu, qui se subdivise en trois branches vers l'Ouest, se rapprochant de ceux de Téniet-el-Haàd.

Il est difficile de savoir s'il y avait connexion entre ces grands massifs et ceux si isolés aujourd'hui et si petits d'Aumale et du Kef Guebli. Dans le massif d'Alger, les grès d'El-Biar en font partie et on les retrouve à Matifou. Ils y sont réduits à de si petits lambeaux qu'ils ne pourraient être figurés à l'échelle du 1/800.000ᵉ. Considérés d'abord comme base du Sahellien, ils ont dû descendre dans la série, par suite de la découverte de divers fossiles caractéristiques. Au pied septentrional de la grande Kabylie, la formation est en quelque sorte pincée dans un long pli synclinal qui s'étend de Belle-Fontaine au delà de Fréha ; les poudingues n'y paraissent que sur les bords et les marnes remplissant le fond des dépressions sont souvent recouvertes elles-mêmes de dépôts plus récents. Divers gisements renferment des fossiles comme ceux de Belle-Fontaine, Haussonvillers, Tizi-Ouzou ; j'en ai décrit les échinides dans la *Paléontologie algérienne*. On en trouve quelques témoins dans le bas de l'Oued Sahel et un dernier sous les murs même de Bougie.

Dans la Kabylie de Sétif, il en existe un certain nombre de témoins bien singuliers par leur isolement et leur dispersion. On peut citer celui placé au Nord du Takintouch sur l'ancienne route de Sétif à

Bougie ; ceux de Ighil-Aguissan et Ighil-Gouls ; celui de Beni-Amran,
à l'Ouest des Babor ; celui, plus rapproché de la côte, entre le Djebel
Haïd-Achour et le Djebel Haddid ; celui encore plus au Sud, sur le
Djebel Ktef, à la hauteur mais bien loin d'Aumale. L'esprit est confondu du grandiose des déblais qui ont dû être opérés entre ces
terrains pour les isoler ainsi.

Dans l'Est du département de Constantine, Tissot avait marqué
comme miocène inférieur (m^1) une formation qui, à la Chebka
Sellaoua, au Nord de la plaine des Haractas, est constituée par des
faisceaux alternants de marnes et de grès, contenant dans ces derniers des veinules plombeuses et cuivreuses, qui ont été explorées
sans succès. Pour cet auteur, ce miocène inférieur est en général
formé de marnes rouges passant à des poudingues et à des grès avec
des calcaires subordonnés, où on rencontre de grosses huîtres distinctes de l'Ostrea crassissima, Pecten numidus, etc. Cela concorde
très bien avec notre cartennien. Cette formation des Sellaoua se
développe en largeur à l'Est, puis s'étend jusqu'auprès de Kamiça
en s'atténuant. Il semblerait qu'elle se poursuit vers le Degma d'après
les indications de Tissot ; mais nous avons vu qu'il fallait attribuer
au terrain suessonien la majeure partie des lambeaux considérés
comme tels, du Degma et de Tarja à la Smala d'El-Guettar, et
réduire considérablement les surfaces attribuées au miocène ; ce que
nous avons fait pour la nouvelle édition, mais ce qui devra être confirmé par des études de détail.

C'est certainement le cartennien qui se développe dans la région
de Mdoukal comprise entre la vallée inférieure de l'Oued Chaïr, El-
Outaya, Ngaous et la route de Sétif à Batna ; c'est la région typique
signalée par Tissot et où les fossiles ne sont pas rares. Le gisement
de Tiferouin a la plus grande analogie avec celui de Boghar ; Ville
en a rapporté une petite Aturia et un Crescis depressa ? qui leur sont
communs. La distinction ayant été opérée sur la nouvelle édition
de la carte provisoire, je ne pense pas devoir insister sur ce sujet,

d'autant qu'il sera nécessaire d'y faire de nouvelles études plus détaillées. Sur le flanc septentrional de l'Aurès, à Lambesse, et près de Khenchela, les fossiles ne laissent aucun doute sur sa présence. La formation paraît se prolonger au Nord des plaines du Hodna, peut-être pour se rattacher au gisement du Kef Guebli, malgré qu'on n'en voie aucune trace au passage de la route de Bou-Saàda vers Sidi-Aïssi. M. Brossard l'avait attribué au tongrien ; M. Péron en a donné des diagrammes, auxquels nous renvoyons. Mais je ne saurais dire si dans ces parages il n'y aurait pas, comme vers El-Outaïa, quelque représentant de formations plus récentes.

J'ai dit plus haut que les lambeaux du cartennien étaient souvent observables dans les régions accidentées par les dislocations du système du Vercors, qui leur est postérieur, tandis que le groupe d'étages qui va suivre sous le nom d'helvétien échappe totalement à leur action. C'est cette grande discordance stratigraphique qui, au début de mes travaux géologiques en Algérie, m'avait conduit à les séparer dans des formations distinctes. J'avais d'abord pensé, en consultant les travaux de Pareto sur le miocène d'Italie, pouvoir le classer, en partie du moins, sur l'horizon de son bormidien. Les documents paléontologiques faisaient alors à peu près complétement défaut ou consistaient en espèces non comparables.

Ce n'est que tout récemment que les explorations de M. Pierredon dans le Sud de Berrouaghia ont fourni un certain nombre d'espèces rappelant la faune inférieure de Léognan, si ce n'est par des identités absolues, du moins par des analogies de faciès bien prononcées ; il est en effet très remarquable d'observer des différences sensibles entre les espèces comparables de l'Algérie et celles de l'Aquitaine. D'après les classifications en faveur, le cartennien ne serait que du langhien ; mais je ne puis me décider à abandonner mon nom, qui a le privilège de l'antériorité sur celui de langhien et ce dernier correspond du reste à un faciès tout différent. C'est bien du cartennien que j'ai observé dans la région du Vercors avec tous les caractères de celui d'Algérie et qui discorde comme lui sur le bord des grandes plaines avec les molasses helvétiennes.

m²) Je crois devoir inscrire dans le même groupe et à la partie supérieure, du moins provisoirement, une formation complexe, qui sur la carte à petite échelle figure sous l'indice **mp**. Un de ces types se fait remarquer dans la haute vallée de La Chiffa, autour du massif du Djebel Msala et à partir du col de Hassen-ben-Ali, par les intenses colorations bigarrées et surtout rubigineuses qu'il montre sur une grande épaisseur. Il est formé d'assises argileuses renfermant beaucoup de menus débris de roches crétacées, alternant avec des lits gréseux assez irréguliers et discontinus et passant à la brèche. Ces dépôts sont couronnés dans le haut par des grès très grossiers passant souvent à des pondingues. Au-dessus viennent des marnes grises avec couronnement de grès ayant un tout autre faciès et appartenant à un autre étage. Le Kef El-Hameur et le Kef Rmel montrent une très belle coupe où les marnes rouges ont une épaisseur d'environ 250 mètres. Ces dépôts sont en quelque sorte confinés dans le massif de Ben-Chikao séparé de celui de Médéah par un étroit couloir qui prolonge la vallée de l'Oued El-Arch, comme si ce sillon eut autrefois correspondu à un relief séparant deux bassins distincts, celui des Aouara et celui de Médéah. On a trouvé des fossiles marins peu déterminables, huîtres surtout, dans les marnes rouges, mais dans des parties qui pourraient bien appartenir à l'étage supérieur.

A une douzaine de kilomètres vers le Sud au delà de Berrouaghia, au Djebel Retaël, l'œil est saisi par de grosses masses rutilantes qui, par leur couleur, rappellent celles du Kef El-Hammeur. Elles sont constituées par des argiles rouges à stratification indistincte, et renferment, d'après M. Pierredon, des blocs calcaires provenant du cénomanien et des grès empruntés à la formation cartennienne contre laquelle elles s'appuient, ainsi qu'au terrain nummulitique qui les limite au Sud ; la puissance est difficile à estimer, mais elle est grande. La surface couverte est de 18 kilomètres, et la largeur varie de 1 à 5 kilomètres.

La place ici de cette formation est assez incertaine ; j'ai été conduit à la lui assigner provisoirement à la suite des constatations de M. Ficheur, qui tendent à faire donner la même place à une série de formations d'origine détritique et alluvionnaire que caractérise cette même coloration rouge et qui rappellent assez le faciès des atterrissements quaternaires caillouteux avec lesquels on les avait d'abord confondus.

A 35 kilomètres au Nord-Est du précédent se trouve un premier gisement, à Sidi-Hallel, que la route d'Aumale à Alger traverse sur plusieurs kilomètres, mais dont l'extension sur les plateaux voisins n'avait pas été encore l'objet de recherches. M. Ficheur a pu tout récemment constater qu'il se poursuivait vers l'Ouest un peu Sud jusqu'auprès de l'Oued El-Malah et n'était séparé du massif de Msala, dont fait partie le Kef El-Hameur, que par le quaternaire qui remplit le fond de cette vallée. Vers l'Est il a pu reconnaître aussi sa liaison avec les affleurements distants de 40 kilomètres de Ben-Haroun et avec ceux de Aomar, qui ont la plus grande analogie d'aspect avec ceux du Kef El-Hamar des Ouled-Brahim. Les couches conglomérées rouges grossièrement stratifiés, se terminent par des limons gris dans lesquels des nids de galets se sont souvent cimentés en poudingues très durs. Des recherches attentives ne m'y ont fait découvrir aucun débris organique, pas plus qu'à M. Ficheur ; cependant M. Pierredon y a trouvé quelques moules d'hélices en aval d'Aïn-Tiziret, mais, peut-être dans le vrai quaternaire du fond de la vallée, ce qu'il y aura lieu de vérifier ; ils sont du reste indéterminables.

M. Ficheur a poursuivi l'étude de ces atterrissements dans la vallée de l'Oued Sahel sur une longueur de 95 kilomètres, du village des Trembles jusqu'à Irzer-Amokran. La plus grande largeur est de 14 kilomètres à la hauteur d'El-Snam ; mais la bande se rétrécit notablement ailleurs et le terrain est alors souvent enfaillé. Il comble en quelque sorte tout le fond de la vallée comme dépôt d'un ancien grand fleuve. Mais quel pouvait être ce fleuve capable d'accumuler sur son fond des masses roulées incohérentes de plus de 150 mètres d'épaisseur ? M. Ficheur, dans la notice plus détaillée publiée dans le compte rendu du Congrès d'Oran, à laquelle nous renvoyons, incline à penser que cette formation est d'âge cartennien ; mais l'accident du système du Vercors, sur lequel il se fonde, n'est pas assez important pour être absolument déterminant. On a vu plus haut que le gisement du Djebel Retaël en fait probablement partie ; comme il renferme des blocs de roches cartenniennes et des fossiles leur appartenant, la formation pourrait être placée à la base de l'helvétien. C'était notre premier sentiment et nous l'avions d'abord considérée comme l'assise inférieure m^{3a} de ce groupe. Je pense maintenant qu'il est plus conforme aux convenances stratigraphiques d'en faire un étage spécial, qui montre une composition et des relations stratigraphiques de transgressivité que l'on n'observe pas dans l'helvétien inférieur.

§ 3. — *GROUPE HELVÉTIEN.*

Ce groupe est représenté par la teinte jaune pur et la lettre **mh** pour les formations marines et par **mhl** pour les formations continentales ou lacustres. Le groupe auquel j'ai appliqué la désignation de terrain helvétien, plus étendu sans doute que celui de même nom de M. Mayer, est assez complexe ; mais il ne présente aucune discordance bien nette entre ses assises. Il est très indépendant à tous égards dans son ensemble du terrain cartennien et beaucoup moins démantelé. Il est surtout complet à l'Ouest d'Alger, entre Hammam-R'hira et le Chélif et entre Adélia et Bou-Medfa.

m^{3a}) Les couches inférieures sont formées de marnes et d'argiles avec alternances plus ou moins nombreuses de grès parfois argileux et de quelques lits calcaires contenant des bryozoaires. Il y a par places, tout à fait à la base, des conglomérats formés de débris peu roulés. On peut estimer à 300 mètres la puissance de l'étage dans la vallée et au voisinage de Hammam-R'hira, où il constitue tout le flanc de la vallée de l'Oued El-Hammam, depuis le substratum crétacé du Dyouan-Solla jusque un peu au delà de la rivière en plongeant assez fortement vers le Sud un peu Est. Il se comporte comme un dépôt de nivellement de fond de bassin, n'en occupant que les parties les plus déprimées et laissant transgressivement son super-stratum recouvrir les reliefs un peu accentués de ces fonds, ainsi que ceux des bords du bassin.

Ces dépôts sont en général peu développés et manquent même complètement dans bien des points de l'arrondissement d'Alger. Dans l'Ouest ils prennent par place un développement tout aussi considé-rable qu'à Hammam-R'hira, dans la vallée du Chélif par exemple, au Sud d'Orléansville, entre le Tighaout et l'Oued Fodda (où il restera à vérifier s'il n'y aurait pas lieu d'en classer tout ou partie dans le cartennien), puis dans les gorges du Riou, dans le massif d'entre Sig et Tlélat, enfin dans l'arrondissement de Tlemcen. Dans cette dernière région ils semblent constituer le principal terme du groupe, formé de marnes très délitescentes à la pluie et mêlées de lits en général assez espacés de grès, qui dans les dénudations ont été pris pour des chaussées romaines.

Cet étage semble manquer dans la zone qui s'étend de Bou-Medfa vers Médéah, du moins dans la partie qui représente le bord de l'an-cien bassin. Les dépôts, un peu conglomérés qui s'y montrent en divers lieux et dans la vallée de l'Oued El-Arch, au Sud de ce massif, renferment assez souvent des clypéastres et autres échinides parais-sant plutôt appartenir à l'étage supérieur à celui-ci et qui est ordi-nairement de nature calcaire.

Il paraît en être de même dans toute la bande étroite de terrain helvétien des plateaux, depuis Téniet-el-Haàd jusqu'à Mercier-

Lacombe, où je n'ai rien vu qui puisse lui être rapporté et où on ne trouve également que des rudiments de l'étage qui suit.

m[3b]) J'ai dans mes publications antérieures donné une grande importance à l'étage dont il est ici question, parce qu'il présente des caractères lithologiques contrastant avec ceux des étages entre lesquels il est compris et qu'il fournit un excellent repère stratigraphique. Je l'ai habituellement désigné sous le nom de calcaire à mélobésies, qui pourrait être transformé en celui moins euphonique de calcaire à lithothamnium depuis que l'on a séparé des mélobésies de Decaisne le genre ainsi nommé ; ces algues y sont surtout représentées et dans beaucoup de cas même elles en constituent presque la totalité. Ces calcaires apparaissent dans notre coupe typique au pied du versant de droite de l'Oued El-Hammam, servant d'assiette au Pont dit Chez-Granger et se relèvent vers l'Ouest pour aller constituer le sommet boisé du flanc Nord du Djebel Bou-Yaya, au-dessus de Vesoul-Benian. Au-dessus de l'auberge Granger, ils disparaissent et supportent des grès jaunâtres argileux qui par alternances passent à l'étage supérieur. Les couches sont un peu ondulées, masquées par les éboulis où le maquis et leur puissance est difficile à estimer ; elle peut atteindre au plus 80 mètres. Elle est du reste variable, car sur les bords du bassin, vers Bou-Medfa par exemple, le calcaire à lithothamnium s'atténue jusqu'à disparaître, n'étant plus représenté, lorsqu'il l'est, que par des nodules épars de mélobésies et quelques-uns des fossiles de l'étage, tels que Pecten latissimus.

Le rôle orographique de cette formation est ici assez effacé ; mais dans l'Ouest il est au contraire considérable. C'est elle en effet qui constitue toute cette région rocheuse dénudée, qui encadre le Chélif sur sa rive gauche depuis les environs de l'Oued Fodda jusqu'au delà de Djediouïa. Là ces calcaires ont plus de cent mètres de puissance et consistent en bancs se succédant sans interposition d'autre roche, de structure partie concrétionnée, partie grossière et corallienne, résultant du mélange de corps organisés très variés, tels que bryo-zoaires, coquilles de récifs corallinigènes, spondyles, huîtres, peignes et même des polypiers en général d'espèce différente de ceux du car-tennien. C'est un deuxième grand niveau d'échinides et surtout de clypéastres nombreux en individus et en espèces, dont on trouvera les descriptions et les figures dans la *Paléontologie algérienne*. Il n'a pas partout la même homogénéité et en certaines localités, comme au voisinage de Nemours, c'est plutôt un dépôt grossièrement gréseux, tendre, renfermant les mêmes fossiles et en aussi grande abondance, même les mélobésies et les clypéastres.

Dans la région d'Alger, où l'helvétien est en général incomplet et n'y occupe que des surfaces restreintes, le calcaire à mélobésies ne se montre que sous forme de témoins comme au Djebel Zabrir, près de Marceau ou à l'entrée de l'Harrach, près de Hammam-Mélouan et au Sud du village de l'Alma. Chez les Soumata il devait être à peine représenté par ses polypiers et autres fossiles, dont il est resté quel-ques traces éparses, sur le terrain crétacé par absence de l'étage inférieur ; dans le prolongement, vers Médéah, il n'y a eu que des traces de quelques décimètres d'épaisseur avec clypéastres et concré-tions reposant également sur le terrain crétacé sous les marnes de l'assise supérieure. Dans le grand massif de M'sala et des Aouara, sa place est peut-être prise par la couche gréseuse qui couronne les argiles rouges ; mais il est plus probable qu'il est absent.

Sur la rive droite du Chélif, sous El-Kantara, il est représenté par un horizon de clypéastres et grands peignes et contient beaucoup de débris de grès et de schistes qui en font une sorte de brèche. A l'Oued Fodda, il est tendre, presque sableux, et, avec les clypéastres, con-tient des hétérostégines en bancs. Sur la rive gauche du Chélif, il n'est point recouvert, et sur la rive droite, où se développent les étages plus récents, il ne ressort qu'en de rares points. Chez les Beni-bou-Mileuk, au Nord-Est du Techta, il constitue un grand îlot presque isolé, bien normal, avec une épaisseur d'une vingtaine de

mètres, qui a dû former un golfe profond détaché du grand bassin
vers les Beni-Rached, où cependant il est assez peu développé et où
même il ne le serait pas du tout, si les assises qui tiennent sa place
ne devaient pas plutôt être attribuées au cartennien.

A la hauteur de la Djediouïa la grande bande venant de l'O. Fodda
éprouve un rejet brusque vers le Sud jusqu'aux montagnes de Zemora,
depuis la Menasfa (Djediouïa supérieure) jusqu'au voisinage de la Mina.
Dans le Dahra, un faible témoin émerge des terrains plus récents à
Mazouna et donne les belles eaux de cette ville indigène. Il en existe
un autre isolé sur un district crétacé et non recouvert chez les Tasgaït,
et enfin un autre représentant sous forme de calcaire tendre un peu ·
grenu avec clypéastres, formant le bord septentrional de la plaine de
Gri et se perdant chez les Médiouna sous les marnes de l'étage
superposé. Assez loin à l'Ouest, est une masse considérable s'élevant
au-dessus de Kalaà, reposant sur le néocomien, entièrement formée,
sur plus de 100 mètres d'épaisseur, par des calcaires mélobésiens
typiques et qui est singulièrement restreinte en surface relativement à
sa puissance. Elle constitue une véritable énigme ; car on ne peut la
rattacher qu'à une faible et mince bande qui occupe le sommet d'un
contrefort assez culminant vers l'Ouest, à Aïn-Kebira, sous El-Bordj.

Au delà, vers l'Ouest, le calcaire mélobésien s'atrophie ou plutôt
perd sa texture corallienne, prend une texture grenue, sableuse,
tendre. avec quelques concrétions et se distingue alors assez difficilement des étages qui l'enclavent. C'est sous cette apparence que la
route de Mascara le traverse au delà du Krouf, et la montagne qui
s'élève au-dessus d'Aïn-Hallouf, sur la même route, montre dans ce
même faciès une zone très siliceuse et coquillière exploitée pour l'entretien de la route. C'est à partir de l'Ougas que le mélobésien typique
reparaît pour se continuer sur le flanc de Ksar, de Tafarouï et de la
montagne d'Arbal. Vers le Sud il reparaît dans la Mékéra chez les
Cheurfa, et se développe sur le sommet du plateau d'El-Gada, pour
aller former les marnes du col des Ouled-Ali, où il repose sur le

terrain néocomien. Il forme ensuite les sommets du Fernen et du Djebel Kerma, s'étendant par Aïn-Oumata jusqu'à Aïn-Trid, où il s'interrompt pour laisser sortir le suessonien.

A l'Ouest il n'y en a plus que sur les collines qui bordent la plaine de la M'léta, vers le Kramis, Aïn-el-Arba et le Kéroulis. Au-dessus d'Er-Rahel un assez grand lambeau, confondu d'abord avec le sahélien, fait face à celui d'Aïn-el-Arba. La formation se poursuit au delà par Chabat-el-Ham jusqu'à Aïn-Témouchent, où elle est interrompue par la masse des roches éruptives. L'îlot schisteux au Nord du Rio-Salado et du Chabat-el-Ham, montre des traînées de polypiers qui le représentent et où domine une solénastrée très fréquente dans les gisements de cet étage, col de l'Oued Imbert, Cheurfa, etc. Plus à l'Ouest, la chaîne qui borde le bassin de l'Isser sur la rive droite en présente un assez grand îlot vers les Seba-Chiourk avec ses caractères normaux.

Au delà de la Tafna, chez les Beni-Ouarsous, des gisements de polypiers astréens lui correspondent; aux abords de Tlemcen son existence est presque réduite à des gisements des mêmes polypiers attachés aux roches jurassiques sur l'ancien rivage, et le sommet en plate-forme des contreforts qui descendent vers le Nord présente quelques tables d'un calcaire, ou concrétionné ou gréseux, qui le représente. A El-Massar, près des gorges supérieures de la Tafna, les calcaires rappellent par leurs hétérostégines ceux de l'Oued Fodda.

Dans la grande bande helvétienne qui, partant de Téniet-el-Haâd, va par les Beni-Linth former le Kartoufa de Tiaret, puis les Beni-Chougran de Mascara, et enfin les collines de Mercier-Lacombe (Sfisef) jusqu'à la plaine de Tilmouni, les calcaires à mélobésies ou manquent totalement, ou bien sont représentés par une assise qu'on peut dire rudimentaire, renfermant des clypéastres, soit à l'état de calcaire domitique comme à Tiaret, soit à l'état de brèche à ciment calcaire comme chez les Beni-Chougran. Cependant il y a lieu de citer des témoins de leur ancienne extension à Cacherou, sur les calcaires à nérinées jurassiques à l'opposé de Kalaà ou dans le Mel-Reir, en face de l'Oued Imbert également sur le terrain jurassique, mais très près des assises supérieures du même groupe sans qu'on puisse y voir leurs relations stratigraphiques. Cela ferait admettre comme possible une méprise sur leur classification et leur vraie place dans la série suessonienne supérieure ; ce qui est à vérifier par un nouvel examen.

Dans la province de l'Est, le terrain helvétien est très peu représenté, si ce n'est dans la région des Hauts-Plateaux autour de l'Aurès, à l'Ouest et au Nord. Le calcaire à mélobésies me paraît devoir y être représenté par des calcaires à échinides : Schizaster numidicus, Clypeaster crassicostatus, Brissopsis Tissoti, que Ville a rapportés du Djebel Garribou, près d'El-Outaya ; ce qui ferait supposer que ce terrain peut recouvrir le terrain cartennien et servir de substratum à l'étage suivant.

m[3e]) Revenons à notre coupe typique de Hammam-R'hira au Chélif. Tout le contrefort sur lequel serpente la route nationale d'Alger à Milianah, à partir de l'Oued Djer chez Granger, a son revers méridional constitué par des argiles marneuses plus ou moins délitescentes, très ravinées ou arrondies dans lesquelles la stratification est diffuse, sauf en quelques places, où des plaquettes de grès donnent lieu à une végétation spéciale et indiquent une inclinaison vers le Sud, tantôt plus, tantôt moins forte que celle de la surface du sol. Au delà de la vallée de l'Oued Bou-Allouane, leurs tranches continuent à se montrer sur le flanc septentrional du Djebel Gontas et sur plus de 250 mètres de hauteur. Elles plongent toujours vers le Sud, mais d'une quantité que leur nature ébouleuse par délitescence rend très difficile à apprécier. Les foraminifères, surtout des types des textulaires, n'y sont pas rares ; mais il n'y a que des empreintes très détériorées de coquilles d'acéphales et de gastéropodes et elles sont très rares.

On peut estimer qu'ici l'épaisseur de cette assise atteint près de 400 mètres et qu'elle est à peine diversifiée par quelques plaquettes et lits, ou gréseux ou calcaires. Elle donne lieu à des surfaces dénudées, qui sont envahies par le Daucus aureus, quand elles ne sont pas cultivées, ou par le Sainfoin sulla dans les friches d'assolement, lorsque les hivers sont assez pluvieux ; par contre, elles salent et salissent très promptement toutes les eaux qui les traversent. Elles constituent le plus mauvais des terrains pour l'établissement des travaux publics. A leur partie supérieure elles renferment quelques alternances de lits, puis de bancs gréseux. En même temps apparaît l'Ostrea crassissima, qui y forme de véritables bancs. Ces bancs se reproduisent du reste à la base de l'étage supérieur et cette alternance rend assez arbitraire la limite précise à tracer entre les deux.

La puissance de l'étage est variable, mais toujours assez grande. Quant à son extension, on peut dire en général qu'il existe plus ou moins développé partout où se montre l'étage gréseux qui le recouvre ; en sorte que l'on peut se dispenser de l'indiquer en détail, ce qui sera dit de ce dernier à ce point de vue s'y appliquant également. Mais on le rencontre en outre en un certain nombre de localités, où il se montre seul et le plus souvent se fait reconnaître aux Ostrea crassissima qu'il contient. C'est en effet le cas qui se présente à Tlemcen même, où cette huître est représentée par de magnifiques exemplaires et où en outre les marnes assez résistantes contiennent un certain nombre d'empreintes de coquilles qu'une étude attentive permettra peut-être de spécifier ; des lithodomes sont fréquents dans les calcaires jurassiques contre lesquels ces marnes s'appuient et sont très déterminables.

Sur le plateau de Terni, un grand lambeau, fortement dénivelé et difficile à relier à la formation de la précédente localité, malgré son voisinage, présente un dépôt ligniteux, non industriel, avec Ostrea crassissima et un potamide à l'état de moule dans des plaquettes de calcaire marneux. Assez loin dans l'Est, au fond d'un golfe formé

par le massif jurassique du Roumélia, dans le ravin de l'Isser sous
Lamoricière, le même étage renferme une couche de lignite impur
sur lequel on a fait quelques recherches sans succès. Des coquilles
lacustres n'y sont pas rares, planorbes et limnées, mais écrasées et
indéterminables.

A l'Ouest d'Alger on en observe quelques lambeaux très restreints
dans les montagnes de Ménerville, dont tout l'intérêt est d'indiquer
l'ancienne extension du terrain dans ces parages. A l'Ouest de Constantine, à Mila, on a signalé depuis longtemps un banc d'Ostrea
crassissima dont le gisement est dans une formation argilo-marneuse
de cet horizon. Cette formation y est assez étendue chez les Ouled-
Kebbeb, où elle renferme des gites de sel exploités par les indigènes.
Il n'y a qu'elle pour représenter le groupe helvétien.

On a également signalé son existence aux environs d'El-Outaïa,
où l'Ostrea crassissima y forme une accumulation considérable ;
mais ici il paraît y avoir au moins dans le voisinage un représentant
de l'étage qui en constitue le substratum. Au pied Nord de l'Aurès,
Tissot signale aussi l'existence de ce fossile dans des marnes, notamment à Fesdis, où elles ont été traversées par un sondage de 150
mètres. Il leur rapporte aussi les marnes qui au Nord de la plaine
du Hodna recouvrent les poudingues et grès que nous avons considérés comme pouvant être cartenniens. Mais un nouvel examen est
nécessaire pour décider cette question. C'est encore à cet horizon
qu'il y a lieu de rapporter des lambeaux de marnes qui se trouvent
dans l'arrondissement de Souk-Ahras : celui de Zarouria entre le
village et la montagne de ce nom, et celui de Sidi-Bader par exemple
que j'ai cru reconnaître pour tels ; mais il y a lieu de faire des
réserves pour la plupart de ceux indiqués par Tissot dans cette
région et qui sont suessoniens.

m³ᵈ) Les alternances gréseuses du haut de l'étage marneux précédent peuvent, dans notre région typique, être prises aussi pour les

premières assises d'une puissante formation qui couronne le faîte du Gontas et occupe tout son versant vers le Chélif avec une épaisseur de deux à trois cents mètres, suivant les lieux, et une inclinaison qui est peu différente de celle de la surface. Il y a dans la série des bancs de grès quelques intercalations irrégulières et interrompues de bancs de marnes gréseuses. Le grès est plus ou moins grossier, ordinairement tendre, et ses couches les plus élevées passent en certains lieux (le télégraphe du Gontas, par exemple) à l'état de poudingues, dont les grès et poudingues cartenniens ont quelquefois fourni les matériaux. Dans quelques lits à grains moins grossiers, on observe des empreintes de coquilles marines indéterminables pour la plupart. C'est au voisinage de la base et dans les alternances argileuses qui la constituent, qu'est le gisement habituel de l'Ostrea crassissima ; elle y forme parfois de véritables bancs et en est le fossile le plus caractéristique et parfois le seul.

La puissante formation de grès du Gontas se poursuit dans la direction de Médéah et forme le grand massif du Ouambourg. Elle s'interrompt un instant vers la région du Haouch Magzen pour reprendre vers le plateau de Médéah, former le sommet du Nador et se prolonger jusqu'à Damiette. Après l'interruption de l'Oued El-Arch, elle reparaît chez les Beni-bou-Yacoub, où elle pénètre dans le haut bassin de l'Oued Harrach, va former les sommets de Ben-Chikao (1,350^m), le massif des Aouara, pour descendre au Chélif en aval du confluent de l'Oued Karakach et se prolonger chez les Matmata jusqu'au-dessus du Camp-des-Scorpions sous Téniet-el-Haâd. Le massif des Beni-bou-Yacoub pourrait bien avoir été en connexion avec le lambeau de la rive droite de l'Harrach, à la sortie des gorges ; il y en a encore un lambeau au Fondouk. Il ne peut en exister en Kabylie que des résidus de démantellement ; mais dans la vallée de l'Oued Djema on trouve les témoins de Ben-Haroun et de Aomar avec leurs marnes sous-jacentes qui surmontent les argiles et conglomérats rouges de **m²**. Je n'en connais pas à l'Est ; les grès à Ostrea crassissima cités par Tissot au pied de l'Aurès paraissant leur être inférieurs.

Dans l'Ouest, après une interruption, soit réelle, soit par ablation, entre Aïn-Soltan et Duperré, ils reparaissent sur la rive droite du Chélif en aval de l'Oued El-Arch et se prolongeant jusqu'auprès des contreforts du Techta, toujours inclinés vers le Sud comme au Gontas mais bien moins puissants, tronçonnés par les grands ravins affluents du Chélif et prenant contact en discordance au pied des montagnes avec le terrain m^4. En même temps que paraît sur la rive gauche l'étage mélobésien, celui des grès de la rive droite semble s'atrophier et on n'en trouve que des témoins perçant à travers les formations plus récentes, qui les masquent comme auprès des Cinq-Palmiers, sur la route de Ténès. Il en est de même au Dahra oranais, où leur présence est même douteuse.

De Téniet-el-Haàd et du Djebel Enndate, venant sans doute des Matmata, ils se prolongent par les Beni-Lint, jusqu'au Kartoufa de Tiaret ; et après une interruption qui laisse à nu les marnes m^{3c}, dans la vallée de la Mina, ils vont former les sommets des Beni-Chougran, prolongés jusqu'au-dessus et au Nord de Tizi. Il y a, chez les Beni-Chougran, dans des argiles gréseuses, un niveau fossilifère assez riche, qui contient un mélange d'espèces faluniennes et d'espèces tortoniennes, dont une liste établie par M. Mayer a été publiée comme tortonienne ; cependant la continuité stratigraphique indique certainement leur âge helvétien. Enfin, après la lacune de l'Oued El-Hammam, ils vont former la montagne de Sfisef jusqu'auprès de Tilmouni.

C'est un millier de mètres d'épaisseur qu'atteint au moins l'ensemble des quatre étages, qui constituent la formation helvétienne, dans la partie comprise entre le Chélif au Djendel et Hammam-R'hira. C'est une puissance respectable ; mais cet état complet de la formation s'est rarement réalisé ailleurs. Soit par suite d'ablations qui ont été parfois colossales, soit par suite de conditions différentes dans les profondeurs des bassins, qui ont pu se modifier au cours

même des dépôts, ou d'autres causes qu'il n'est pas facile d'apprécier, certains étages se sont développés comme aux dépens les uns
des autres, et leur série est assez souvent incomplète. En essayant
de reconstituer les bassins de la formation, on voit que le principal
devait s'étendre dans la partie basse du Tell, depuis le méridien du
fond de la Mitidja jusque vers la Tafna, où un grand îlot de cartennien lui barrait le passage vers le Maroc. Ses deux extrémités diffèrent en ce que, vers l'Est, Hammam-R'hira excepté, c'est la partie
supérieure qui prend un grand développement, tandis que, vers
l'Ouest, c'est la partie inférieure qui prend de la puissance et se
montre presque exclusivement.

Vers le grand coude du Chélif près d'Amoura, ou Dolfusville, il
s'en détache une bande formée dans un canal assez étroit et bien
moins profond, puisque l'étage inférieur m^{3a} ne s'y est pas déposé et
que l'étage calcaire m^{3b} y est partout comme atrophié, tandis que les
étages supérieurs y prennent un développement normal comme s'il y
avait eu à la fin du dépôt des mélobésies un déversement partiel du
bassin des mers vers le Sud. Ce canal passait par Téniet-el-Haâd,
Tiaret et Mascara et allait de nouveau confluer au bassin principal
auprès de Bel-Abbès, environnant une grande île dont l'Ouarsenis
était le centre et le sommet.

Il est plus difficile de reconstituer les limites du bassin où se sont
déposées les marnes à Ostrea crassissima de la Numidie. Ici les
dénudations paraissent avoir acquis leur maximum d'intensité et les
témoins de l'ancienne extension font souvent défaut. On peut reconnaître toutefois que ce bassin, tout en se rapprochant beaucoup de la
région qui devait devenir saharienne, n'y a cependant point pénétré.
C'est à la fin de cette période de sédimentation que la région barba-
resque, et plus spécialement l'Algérie, a subi les plus grandes modifications dans son relief et dans les limites de ses terres émergées, de
telle sorte que les eaux marines n'y ont plus occupé que des zones
étroites parallèles au rivage actuel.

m³¹) Dans le Tell de Constantine se trouvent des dépôts lacustres renfermant des fossiles d'eau douce : Unio Dubocquii Coq., Anodonta smendovensis Coq., Melanopsis (Smendovia) Thomasii Tourn., planorbes, limnées, bythinies, paludines, néritines, etc. C'est à Smendou que le type peut en être pris. La formation débute par des couches conglomérées de galets et gros graviers cimentés, ou non, en poudingues; le tracé de la voie ferrée les a traversées en tranchée au commencement de la rampe de Fedj-Kantour; Elles plongent vers le Sud et passent sous une puissante assise d'argiles brunes plus ou moins marneuses et délitescentes. Dans la même vallée de l'Oued Ben-Ibrahim, en aval du passage de la route, sur la rive droite, ces argiles renferment des couches d'un lignite terreux sur lesquelles ont été pratiquées des recherches qui n'ont abouti à aucun résultat utile. C'est de là que provient sans doute la molaire d'un mostodonte décrite par Gervais, rapproché par lui de M. brevirostris, mais plus voisin de M. angustidens Cuv., et un Flabellcria Lamanonis Coq. (? Brongt). Les couches supérieures sont plus marneuses, mieux litées, et en remontant le lit de l'Oued Smendou à partir du village, on voit une succession de leurs tranches qui indiquent un fort pendage vers le Nord avec une direction du système des Baléares.

Cette direction se maintient sur un assez long parcours absolument conforme et ne laisse aucun doute sur l'action de ce système, qui a mis fin à la formation helvétienne. Les dépôts lacustres du bassin de Smendou sont donc au moins de cet âge, ce que rien ne contredit dans la faune, dont il a été trouvé d'assez nombreux spécimens. On pourra encore en recueillir en remontant le cours de l'Oued Smendou sur 2 à 3 kilomètres, jusqu'aux premières dénudations de la rive gauche, où se montrent les couches inférieures toujours redressées vers le Sud ; les Unio n'y sont pas rares, pas plus que les Smendovia. Ces argiles et marnes sont lardées de cristaux de gypse et le sol est plus ou moins salé. L'épaisseur du système est assez considérable, mais difficile à estimer. Il m'a paru qu'en lui attribuant une centaine de mètres on devait encore être bien en dessous de la réalité.

Le bassin lacustre de Smendou a été plissé synclinalement par un ridement du système des Baléares et sa surface a dû être plus ou moins restreinte par suite des ablations des couches du rivage ; en outre, il est recouvert par des dépôts d'âge plus récent et il n'est pas facile d'apprécier son ancien développement ; en tenant compte des affleurements qui se montrent à travers les dépôts plus récents, on peut estimer à une douzaine de kilomètres sa largeur maximum. Vers le Sud-Ouest, on peut en poursuivre le prolongement jusque chez les Ouled-Zied, où un coude très prononcé et une nouvelle direction vers le Nord-Ouest conduit à Milah à une quinzaine de kilomètres et très près du bassin à Ostrea crassissima des Ouled-Kebbeb, où des recherches futures peuvent faire espérer de découvrir leurs relations stratigraphiques. Vers l'Est le bassin se rétrécit pour former une bande étroite au Bled Teffaah, sur la rive gauche de l'Oued El-Bénia (ou Ben-Ibrahim), et il va s'arrêter au Bled Bou-Hadjel.

A 40 kilomètres plus à l'Est, sur la rive gauche de la Seybouse, le terrain lacustre forme une série de collines basses commençant à l'Oued Guer-es-Saïd, à l'Ouest de Héliopolis, jusqu'aux gorges des Nbaïls. Il est probable que les assises, au moins les inférieures, se prolongent sous les couches plus récentes de la rive droite, et que les sondages de Guelma les ont traversées. C'est par là, sans doute, qu'elles se mettent en continuité avec l'îlot des Nbaïls-Nador ; celui-ci paraissant également se prolonger sous le même manteau jusqu'à celui de Aïn-Tamimine. Ces limites sont celles figurées par Tissot ; elles sont sensiblement exactes dans les divers points où la vérification en a pu être faite. Le même auteur signale aussi, sans le figurer, un développement assez important du même terrain au Nord des chotts El-Moghzel et El-Guellif ; mais n'ayant pas observé ces derniers gisements, on n'a pas pu en tenir compte dans la nouvelle carte.

§ 4. — *GROUPE SAHÉLIEN.*

Ce groupe de formations est représenté sur la carte au 1/800.000e
par la teinte claire et la lettre **ms** pour les couches marines et **msl**
pour celles d'origine continentale ou lacustre. Ce groupe ne correspond peut-être pas exactement avec ce qu'on a classé en France
sous le même indice de **m⁴** dans les cartes détaillées ; mais il paraît
bien difficile de le désigner autrement et surtout d'en faire une simple
subdivision d'un des étages de **m³**. Les relations stratigraphiques en
effet s'y opposent absolument ; car ce terrain constitue une unité
tout à fait indépendante par discordance de stratification, soit avec
le groupe helvétien, soit avec le groupe pliocène, entre lesquels il
est compris. Cette indépendance ressort du simple examen de la
carte.

m⁴ᵃ) Dans le littoral Oranais où le sahélien est surtout bien développé, il commence par des grès micacés qui atteignent souvent une
puissance d'une cinquantaine de mètres. Ces grès sont constitués par
les éléments désagrégés d'une roche éruptive trachytique, dont l'un
des points d'émission est aux îles Habibas. Cette roche, à Oran, a été
prise pour un filon de porphyre (Ravergie) ; mais elle est évidemment stratifiée et renferme des fossiles assez bien conservés pour
confirmer son dépôt sédimentaire. Au cap Figalo, qui est voisin des
îles Habibas, les éléments fedspathiques de ces grès ont été kaoli-
nisés et constituent un gisement assez important de cette substance.
Lorsque les marnes helvétiennes servent de substratum aux marnes
sahéliennes, il serait difficile de les délimiter, si presque toujours on
ne trouvait entre elles une traînée de ces grès micacés, à défaut de
la formation elle-même, jusque dans le Dahra.

Dans la province d'Alger il n'y a que quelques lits un peu conglomérés à la base du groupe, lorsqu'il repose sur des terrains qui ont

pu en offrir les éléments ; et ailleurs il n'y en a aucune trace. Les fossiles qu'on a pu y recueillir sont peu différents de ceux des assises supérieures ; cependant en quelques points, comme à Sidi-Bachti chez les Ghamra, et auprès de Negmaria dans le Dahra oranais, ces dépôts détritiques, plus ou moins argileux, renferment un assez grand nombre de grands peignes et des clypéastres qui forment un troisième niveau presque aussi important que les antérieurs.

m^{1h}) Cet étage se présente sous trois faciès assez distincts. A l'Ouest il est constitué par des calcaires blancs plus ou moins concrétionnés et contenant en grande quantité des mélobésies globuleuses, des bryozaires, etc. Divers échinides, des huîtres (O. cochlear), des peignes (P. latissimus), des spondyles, ne sont pas rares dans ses couches inférieures, où l'on remarque des lits farcis de diatomées, de radiolaires et de spicules de spongiaires. C'est ce que Ehrenberg a décrit comme craie d'Oran ; il y a des silex ménilithes en plusieurs points. Dans ces couches on a trouvé des poissons qui ont été décrits par Agassiz, revus depuis par M. Sauvage, qui a retrouvé les semblables dans le gisement de Licata, en Sicile. Au-dessus se développent les calcaires massifs exploités pour pierres d'appareil, assez tendres pour être modelées et rappelant assez ceux du Riou de l'étage helvétien. Ce faciès se développe comme un ancien récif corallinien jusqu'à la vallée de l'Oued Ameria, à l'Ouest de Lourmel, s'appuyant sur les schistes et les dolomies du massif ancien du Merdjadjou, et en occupant tout le versant Sud vers la plaine de la Sebkha. L'épaisseur, assez variable, peut être évaluée à une centaine de mètres au moins.

Le sommet du massif est quelquefois occupé par un témoin des calcaires à mélobésies de l'helvétien, comme au Santon et à M'sila ; et il n'est pas facile alors de les distinguer. On retrouve des affleurements de ce même faciès de l'autre côté de la plaine, au pied de la chaîne du Tafarouï et d'Arbal.

Mais aux deux extrémités de ce massif, ces calcaires et les marnes calcareuses passent assez rapidement à des marnes argileuses massives, blanches, remplies de foraminifères, surtout des globigérines, et dont les fossiles les plus habituels sont Pecten cristatus et Ostrea cochlear. Du côté de l'Ouest, la formation ne tarde pas à disparaître et ne se retrouve plus que sur la côte près, et sans doute au delà, de la frontière du Maroc. Vers l'Est elle se poursuit à l'état de marne crayeuse blanche, longeant le Sud du massif du Djebel Kahar et du Djebel Aurousse et passant sous le pliocène, au travers duquel elle apparaît en divers îlots souvent en même temps que des gypses épigéniques ; elle s'étend jusqu'aux collines du Sig, du Bou-Ziri, de Perrégaux, de l'Oued Malah, d'El-Romri et vers les sommets de Bel-Hacel. Les fossiles y sont assez rares, sauf les globigérines. En quelques lieux on en rencontre à l'état ferrugineux et plus ou moins déformés, surtout des polypiers, Trochocyathus spinosus, etc., à Cirat, par exemple, à Arbal et entre Saint-Louis et Mangin.

Elle s'étend sur le littoral, toujours sous le pliocène, jusqu'à la dépression de la Macta, reparaît au delà en falaise ou dans quelques dénudations à Stidia, Ouréa, Mostaganem. De là elle se dirige vers le versant Sud du Djebel Diss, pour descendre dans la vallée du Chélif et remonter sur la rive droite par Pont-du-Chélif, Bosquet et Cassaigne en bande étroite, dont le cours se trace de loin à la blancheur de la roche. La bande va passer à Negmaria et c'est elle qui renferme la masse gypseuse et les grottes historiques ; elle s'étend ensuite jusque vers l'Oued El-Khamis, restant partout sur le versant maritime depuis Cassaigne. La traînée micacée de la base se poursuit jusque-là en s'atténuant.

Dans les gorges du Chélif, sur la rive gauche, elle montre des ondulations qu'il n'est pas aisé de débrouiller par suite des éboulis et des glissements. Auprès de la station de l'Oued El-Kheir, la formation fournit une autre ramification qui traverse le Chélif en aval de Sidi-Brahim, passant sous les grès pliocènes et fortement inclinée comme eux vers le Sud ; elle affleure sous ou vers les sommets des collines, en s'appuyant souvent sur les marnes de l'hévétien m^{3v} ; et ici la traînée micacée semble faire défaut.

Lorsqu'elles sont en contact immédiat avec les marnes helvétiennes, elles s'en distinguent par une apparence un peu plus crayeuse et par leurs nombreuses globigérines ; elles renferment en beaucoup de points des coquilles avec leur test conservé : vénus, pleurotomes, ceratotrochus, etc., les plus importants sont Ancillaria glandiformis et Cardita Jouanneti. Ces fossiles sont plus fréquents dans des parties un peu sablonneuses du haut de la formation. Cette bande se prolonge très loin vers l'Est. A la hauteur de Mazouna, elle s'est élargie et étendue sur le plateau, où elle se prolonge en bande étroite depuis Aïn-Meran jusqu'au plateau de Tadjena.

Après une interruption laissant à découvert les marnes helvétiennes, la formation reparaît sur le flanc Sud du massif vers les Ouled-Farés, les Medjadja, les Beni-Rached, les Braz, et, de plus en plus réduite en surface, va se terminer chez les Beni-Ghomerian à la hauteur de Duperré. Dans la région des Beni-Zéroual, jusqu'à la route de Ténès, elle renferme d'énormes masses interstratifiées de gypse ; mais ici de nouvelles études sont nécessaires pour fixer les limites de détail et rechercher s'il n'y aurait pas aussi des gypses dans l'helvétien dont le faciès est peu différent. Chez les Beni-Rached les assises supérieures deviennent de plus en plus sableuses et finissent même par un couronnement de grès tendres et c'est dans ces parties sableuses que se trouve un des plus riches gisements de fossiles conservés avec leur test. Il y aurait à revoir entre le village d'Aïn-Soltan et le Djendel, au pied Sud du Gontas, si certains gisements à coquilles ayant conservé leur test, affleurant dans quelques ravins, ne seraient pas encore un représentant du même terrain, dont l'ancien bassin se serait ainsi prolongé jusqu'au grand coude du Chélif.

Sur toute cette étendue dans le pays des Braz, la formation s'appuie sur les marnes ou sur les grès helvétiens supérieurs avec des relations de stratification discordantes en bien des points. Il est remarquable que sur cette longue étendue de la vallée du Chélif nulle part ne paraissent des affleurements sur la rive gauche ; en sorte qu'on peut en conclure que cette même rive a été celle du bassin de dépôt. Quant à la rive opposée, elle est moins marquée, surtout à la hauteur de Ténès, où la bande du Chélif a bien pu se lier à celle de Negmaria pour former une île de la partie du Dahra comprise chez les Tasgaït et les Beni-Zenthis ; mais vers l'Est, à partir des Beni-Rached, elle n'a pas dû être bien plus large qu'elle ne le paraît actuellement et ne constituer qu'une sorte de fiort profond.

Un autre district sahélien se développe dans le Sahel d'Alger et se poursuit dans la basse Kabylie jusqu'au grand coude du Sébaou. A l'Ouest, du côté de Zurich, il est constitué par des marnes jaunâtres. contenant souvent de gros nodules plus durs, se fondant plus ou moins dans la masse. Le terrain est le plus souvent recouvert ici par le pliocène et par le quaternaire de transport et n'affleure que ça et là. Le village de Zurich en montre un lambeau où ont été trouvées des Astéries, Cidaris saheliensis et moules d'acéphales et de gastéropodes mal conservés. Il est probable qu'il faut lui rapporter les petits lambeaux qui par le col, au Sud du Djambeïda, pénètrent derrière le cartennien et au-dessus de Cherchell ; ils y sont recouverts par le pliocène de la même manière qu'au col de Sidi-Moussa, où ce banc de pliocène a fourni aux Romains la plus grande partie des matériaux de leurs aqueducs. Les marnes qui longent le petit massif éruptif de l'Oued Agregoun ressemblent à celles de Zurich, ayant sans doute comme elles subi la même influence volcanique. A la hauteur de Marceau elles forment un grand lambeau enclavé entre les bandes éruptives ; elles se terminent par un gîte de lignite, qui fait actuellement l'objet de recherches industrielles.

Entre le Nador et le Mazafran, les marnes sont presque partout masquées par les formations plus récentes ; elles reparaissent dans cette découpure et se montrent enfin dans le massif d'Alger, où elles constituent les sommets argileux qui s'étendent de Chéragas et Dély-Ibrahim jusqu'au delà de Mahelma.

En quelques uns de ces points, M. Delage a recueilli quelques fossiles ferrugineux, comme ceux de Saint-Louis et de Cirat, Trochocyatus spinosus, etc. Le même terrain se poursuit dans le Frais-Vallon par El-Biar et Bir-Traria, et au voisinage de la Poudrière ; on y a trouvé Ostrea gengensis et Trochocyathus spinosus, ici avec son test et non ferrugineux.

Le même terrain reparaît à l'Est près de Belle-Fontaine, reposant sur les marnes cartenniennes plus rigides et s'étend avec le faciès marneux délitescent à travers le col de Ménerville et celui de Haussonvillers et même probablement autrefois par celui de Tizi-Ouzou jusqu'auprès de Fréha. Les fossiles y sont rares ; cependant M. Ficheur, qui en a relevé les limites, y a recueilli quelques grands pectoncles, des Pecten cristatus, natices, dentales et Trochocyatus spinosus. C'était comme dans la vallée du Chélif un fiort très étroit et d'une grande longueur.

M. Ficheur a constaté la présence d'un lambeau de même faciès couvrant le fond de l'Oued Seghir à l'Ouest de Bougie, et les quelques fossiles que nous y avons observés ne laissent aucun doute sur l'identité avec les gisements de la région de Ménerville.

Ainsi qu'on a pu s'en rendre compte par ce qui précède, le terrain m^i ne joue qu'un rôle très secondaire dans la constitution géologique de l'Algérie. Il est confiné sur le littoral de l'Ouest et ne pénètre dans les massifs montagneux que par d'anciens et étroits couloirs. Dans le Dahra oranais, il ne dépasse guère 400 mètres d'altitude et il en est de même à l'Ouest d'Oran. Lorsqu'il s'élève ainsi à ces altitudes, c'est toujours dans le dernier bourrelet montagneux, qui borde la mer, dans ce que l'on appelle ici le Sahel. Il reste toujours confiné au pied des grandes rides qui ont souvent porté l'helvétien à une altitude supérieure à 800 mètres, comme au Gontas, dépassant 1,300 mètres dans le massif de Médéah et s'élevant au-dessus de 1,700

dans le Djebel Endate ou Forêt des Cèdres de Téniet-el-Haàd. Il s'est
donc formé postérieurement aux plissements qui ont ainsi disloqué
les couches de l'époque helvétienne ou falunienne *(sensu stricto)* et
bouleversé les bassins des mers dans lesquelles elles s'étaient déposées. Dès l'origine de ce terrain, l'Atlas était à peu près constitué
comme il l'est actuellement, et c'est le système des Baléares qui
avait achevé d'en modeler les reliefs.

$m^{4\prime}$) Ce terrain est développé aux environs de Constantine, où il a
été considéré, ainsi que le terrain $m^{3\prime}$, par Tissot comme appartenant au terrain quaternaire. M. Thomas les réunit également en un
seul système, mais en fait un étage mio-pliocène, c'est-à-dire à
cheval sur le miocène et le pliocène sans doute ; intervalle qui peut
comprendre bien des choses. Ce qui nous paraît évident, c'est qu'il
n'a d'autre affinité avec le terrain à lignite du Smendou, que de lui
être superposé sans indice de stratification et de renfermer tout une
faune différente d'espèces exclusivement terrestres. Ces marnes
argileuses sont plus ou moins criblées de cristaux de gypse; elles
paraissent homogènes, de couleur brunâtre, et sembleraient plutôt
constituer un dépôt limoneux, non stratifié. Les hélices y sont par
places très fréquentes ; mais ce n'est pas partout. Elles appartiennent en partie à un groupe fortement denté au péristome et qui est
encore représenté sur les hauts plateaux de l'Ouest par les H. Dastuguei et H. Burini Bourguignat. Voici la liste des espèces : Helix
Jobæana Crosse, H. semperiana Crosse, H. desoudiniana Crosse, H.
dumortieriana Crosse, H. subsenilis Crosse, H. Vanvincquiæ Crosse,
H. rechodia Bourg., Bulimus jobæanus Crosse, Ferussacia atava
Crosse.

Ce terrain occupe une surface assez restreinte au Sud de Constantine. Les poudingues quaternaires du Coudiat-Ati le recouvrent au
lieu de le supporter, comme l'avait pensé et figuré Coquand; il s'étend
au delà jusqu'au pied de la colline qui porte l'ancien télégraphe

aérien d'Aïn-el-Hadj-Baba, sur l'ancienne route de Sétif et paraît passer sous ses couches calcaires. Il s'étend au delà du Rummel jusqu'au pied du Djebel Bou-Sellam, sous les calcaires travertineux duquel il paraît également pénétrer. Il paraît être encore représenté au Nord de Constantine par des marnes argileuses, où on a trouvé Helix subsenilis entre Deux-Ponts et Smendou. Il y aurait des recherches à faire pour tracer les limites de la formation avec précision, ce que pourra faciliter maintenant la nouvelle carte au 1/50.000ᵉ du Dépôt de la guerre.

Un deuxième gisement de ce terrain a été découvert par M. Pierredon au Sud du Mahouda et un peu à l'Est du pénitencier de Berrouaghia, vers l'Oued Zid. Il est constitué par des marnes à cristaux de gypse renfermant Bulimus Jobæ et Helix semperiana Crosse. La stratification est tout aussi indistincte et l'aspect terreux est le même à la surface. C'est un lambeau étroit, à peine un demi-kilomètre de large, un peu en croissant autour ou contre la Gada Naouri et qui s'étend sur cinq kilomètres de longueur avec des reliefs tout à fait indépendants de l'hydrographie actuelle. Il s'appuie en partie sur le terrain néocomien et s'adosse aux couches supérieures de l'helvétien m^{3y}, avec lequel il discorde manifestement. Il résulte de ces relations stratigraphiques que le terrain ne peut pas être rapporté à la formation helvétienne et cela confirme l'opportunité de sa distinction d'avec la formation lacustre à lignite du Smendou.

M. Thomas considère comme un faciès saharien de son mio-pliocène les marnes et grès gypseux des Chepkas du Hodna et du Sahara, marqués ꞵ par Tissot sur la carte provisoire et que cet ingénieur considérait comme antérieurs aux couches lacustres de Constantine, ou du moins de ce qu'il considérait comme leur équivalent ; car je ne pense pas que ces formations aient été observées en relations stratigraphiques directes. On y cite une hélice (H Tissoti Bay.) à péristome denté et à test épais ; mais c'est une espèce différente de celles de Constantine et elle ne permet aucune conclusion décisive. Je pense qu'il est plus convenable de les classer dans le groupe suivant jusqu'à ce que de nouveaux matériaux élucident la question.

CHAPITRE VII

TERRAIN PLIOCÈNE.

Ce terrain comprenant un seul groupe, est représenté sur la carte provisoire par la couleur olive avec la lettre **p** pour les formations d'origine marine et **pl** ou **pg** pour les formations lacustres ou d'atterrissement.

p,) Les terrains marins occupent un espace de plus en plus resserré sur la côte à mesure qu'ils sont plus récents. Ceux-ci se présentent sous trois faciès assez différents suivant la région et l'âge.

Près d'Oran, on peut très bien étudier cette formation dans les falaises d'El-Oudja, où on la voit reposer en discordance sur le sahélien m^{4h}. Elle commence par un grès très grossier à ciment calcaire, souvent mêlé de petits galets et plus rarement passant au poudingue ; il n'y a qu'une grosse assise atteignant rarement dix mètres et que l'on exploite pour les constructions ; elle est criblée d'empreintes de coquilles ; le test des huîtres et des peignes s'est seul conservé ; on y trouve plus rarement un assez grand échinolampe scutiforme (E. algirus Pom.). Des dents de squales, des débris de grands cétacés et quelques-uns du genre Hipparion se rencontrent quelquefois dans les exploitations.

Au-dessus les grès deviennent plus tendres et présentent l'apparence de stratification oblique, comme si leurs éléments avaient été ainsi poussés par les vagues. Les fossiles marins semblent être remplacés par des fossiles terrestres, hélices à l'état de moules. Plus haut enfin, ce ne sont que des sables qui finissent par devenir terreux et sont alors difficiles à distinguer des surfaces modifiées par la désagrégation météorique. L'épaisseur ne dépasse guère une quarantaine de mètres. On y observe quelques modifications latérales dans l'épaisseur relative et la structure des diverses parties.

Vers le cap Figalo les assises, qui reposent sur le sahélien, sont formées par des grès mêlés de marne, ou à ciment calcaréo-marneux, qui renferment des bryozoaires, des oursins (Schizaster maurus Pom., Trachypatagus Gouini Pom., Brissus Gouini Pom., Clypeaster pliocenicus Pom., voisin du P. marginatus). A un niveau probablement un peu plus élevé est un banc de polypiers où domine un Solenastrea, et cette réunion de fossiles tendrait à faire considérer comme miocènes les couches qui les renferment ; mais le doute n'est pas possible. La superposition au sahélien complet est tout à fait directe. Vers le Sud, à Saint-Denis-du-Sig, où ils formaient l'assiette de l'ancien barrage, les bancs durs inférieurs ne présentent aucun fossile ; mais ils sont recouverts par des marnes gréseuses, où n'est pas rare le Schizaster speciosus Pom. (que j'ai reconnu provenant de Millas dans la collection de feu mon collègue Massot).

Le terrain se continue par des couches gréso-calcaires, contenant des huîtres et peignes avec intercalation de gypse souvent exploitable. Dans le Dahra, sur le sommet et le revers maritime, il est représenté par un ou deux bancs durs à moules de coquilles supportant des sables peu épais, auxquelles ils passent même quelquefois, et alors ils s'atténuent jusqu'à disparaître. Sur le versant au Chélif, les bancs sont aussi très sablonneux, plus puissants, et les assises du bas plus calcaires, ont souvent une apparence de molasse sableuse ; on y trouve Schizaster maurus Pom., Spatangus subinermis Pom., etc. A partir d'Orléansville jusqu'au Barrage, ils changent

tout à fait d'aspect, mais ils ressemblent tellement alors à ceux de
Maison-Carrée que je crois devoir les rapporter à l'horizon supérieur..
Plus loin, chez les Braz, près de Kerba, le terrain paraît être représenté par une masse de grès sableux, rougeâtre, singulièrement
isolée et qui pourrait peut-être être l'analogue des bancs qui couronnent le sahélien chez les Beni-Rached ; mais c'est très difficile à
reconnaître, vu l'exiguité de ce témoin.

Le pliocène inférieur me paraît d'après cela ne pas dépasser vers
l'Est le télégraphe des Sbea. De là jusqu'au Chélif, il ne forme qu'une
très étroite bande avec une forte inclinaison vers la plaine ; il paraît
passer sur la rive gauche pour former la colline gibbeuse qui s'élève
à l'Est du Merdja Sidi-Habed, et c'est le seul exemple dans la vallée.
Sur le sommet du Dahra et sur son revers maritime, il s'étend le
long de la côte, où il paraît recouvrir le cartennien ; il se développe
au Nord de Cassaigne, contourne le Djebel Chouachi du même côté
et s'étend sous Bosquet dans la plaine haute de Ouillis, où il se trouve
à 150 mètres plus haut que le plateau de Aïn-Teldès, qui lui correspond au delà du Chélif.

Ici il recouvre tout le plateau de Mostaganem, où il donne lieu,
par la désagrégation de ses grès tendres, à de véritables dunes, qu'on
est obligé de fixer par des plantations de Tamarix gallica ; il s'étend
au delà de la plaine de l'Hillil pour constituer les collines qui séparent cette plaine de la dépression de Kalaà, redescend vers la station
de Oued Malah, forme les collines d'El-Ghomri et se poursuit après
quelques interruptions jusqu'au delà du Sig. Entre Perrégaux et Aïn-
Noisy il disparaît sous les atterrissements et en ressort au droit de
Fornaka pour s'élever à la hauteur du plateau du Télégraphe et le
terminer vers la dépression de la Macta. A l'Ouest, il reprend avec
le plateau des Hamian et s'étend par Saint-Leu jusqu'au delà d'Oran,
où il butte contre le sahélien de la tour Combe, qui semble lui avoir
barré le passage vers l'Ouest dans la plaine de la Sebkha.

La forêt de Mouley-Ismaël semble vers le Sud en retracer les limites ; mais en réalité on trouve les grès dans quelques dénudations plus éloignées et dans les puits du Tlélat, et enfin ils ressortent à peine au pied de la chaîne de Tafaroui. A Oran les falaises, qui nous ont fourni la composition typique, se prolongent vers l'Est en une étroite et mince corniche élevée fort haut sur le revers Nord du Djebel Kahar et du Djebel Aurousse. Au delà cette ceinture est presque reliée à la plate-forme de Sainte-Léonie, indiquant que ce petit district monta- gneux devait alors constituer un archipel à deux îles très rapprochées. C'est encore par une corniche semblable que la formation se relie à l'Ouest d'Oran avec les dépôts qui, du col de Lalla-Khadidja, s'éten- dent presque sans discontinuité jusqu'au voisinage du Djebel Aouaria après s'être élevés au moins à 400 mètres. Ils évitent toujours de paraître dans le bassin de la Sebkha, même du côté d'Er-Rahel, où ils s'en approchent le plus et en sont encore séparés par le Djebel Kettef, formé de calcaire helvétien à mélobésies. Leur altitude au dessus du cap Figalo est 280 mètres, et de là ils se rétrécissent et s'abaissent presque au niveau de la mer vers Camerata. Plus à l'Ouest encore, à l'embouchure de la Tafna, on trouve des dépôts marins mêlés de débris volcaniques et marqués sur la carte comme quaternaires, qui pourraient peut-être en réalité appartenir à l'épo- que pliocène ; il paraît aussi y en avoir un témoin, rappelant le cap Figalo, au cap Milonia.

p₁₄) Dans le Sahel d'Alger le terrain pliocène inférieur montre un faciès bien différent de celui d'Oran et plus complexe. Il commence souvent par des argiles plus ou moins sableuses, souvent bleues, qui, en beaucoup de points, renferment beaucoup de fossiles conser- vés avec leur test et prennent le caractère de falun. Le fossile le plus important est Terebratula ampulla Brocchi, qui y est fréquent et caractérise le pliocène inférieur ou plaisantien. Les Flabellum et Ceratotrochus y abondent, les spatangues et de gros Echinus s'y rencontrent aussi, ainsi qu'un grand crabe. Cet horizon est surtout

développé dans le massif d'Alger : Fontaine-Bleue, Dély-Brahim,
Douéra, Khodja-Béri et gorges du Mazafran. On le retrouve encore,
sous forme de falun coquillier, dans les gorges du Nador et au confluent de l'Oued Rouman et de l'Oued Fedjana en amont de Zurich,
pour ne citer que les points principaux ; leur épaisseur est variable
et n'est seulement que de quelques mètres en beaucoup de lieux.

p_{th}) Au-dessus de ces marnes se montrent, sur une épaisseur d'une
centaine de mètres, des molasses calcaires plus ou moins concré-
tionnées, formées en majeure partie d'éléments coquilliers triturés,
de bryozoaires et de foraminifères avec grandes huîtres et grands
peignes. Ostrea foliacea, Pecten flabelliformis (Desh.), Janira maxi-
ma s'y rencontrent. Les oursins n'y sont pas rares et ont été décrits
dans la *Paléontologie algérienne*. Ce sont des spantagues (S. subinermis), Schizaster et autres, retrouvés soit au Sig, soit au Dahra, et
qui ne laissent aucun doute sur l'identification des gisements. Il y a
une très petite nummulite qui, à Mustapha-Supérieur, est très abondante dans une des assises supérieures de sable calcaire. Dans les
parties plus dures on a ouvert de nombreuses carrières, d'où on tire
des pierres d'appareil ou du moellon. Ces molasses couronnent toutes
les hauteurs de Mustapha et forment l'escarpement ébouleux de l'ancien consulat de Suède. Elles s'étendent jusque vers Chéragas, mais
ont été démantelées sur les argiles sahéliennes, où elles n'ont laissé
que des témoins entre ce village et Douéra, et du côté Est elles sont
recouvertes par l'étage supérieur, qui ne laisse passer que d'étroits
affleurements suivant les contours de ses limites. Elles ne paraissent
pas s'être développées sur le versant maritime et le long de la plaine
de la Mitidja ; elles ressortent sous le relèvement de l'étage supérieur
en remontant sur le sahélien pour former une série de lambeaux de
plus en plus réduits en surface à partir de Crescia jusqu'au Mazafran. Entre le Mazafran et le Nador, il y a encore à l'Ouest de Koléa
après un petit îlot, une bande à flanc du Sahel s'étendant jusqu'à la

hauteur d'Attatba ; là elle disparaît sous l'étage supérieur et va ressortir à hauteur de Montebello pour s'étaler et occuper toute la largeur du Sahel entre Tipaza et la plaine, refoulant l'étage supérieur du côté de la mer, où il s'atténue en pointe. De l'autre côté du Nador le terrain ne tarde pas à disparaître sous les atterrissements. Dans cette partie occidentale du Sahel la roche est plus compacte, moins molassique et son épaisseur est beaucoup réduite. A Alger, un lambeau pénètre dans la vallée du Frais-Vallon jusqu'au dessous de Bir-Traria.

p^1) Si l'étage inférieur pliocène a dû se déposer pendant une période de calme relatif, il n'en a pas été de même pour l'étage supérieur, qui est caractérisé surtout par des dépôts graveleux conglomérés, composant des poudingues à éléments variés, en général peu volumineux et passant à des grès grossiers, souvent exploités pour pierres de taille, à Kouba par exemple ; ils ont au moins 80 mètres d'épaisseur. Ils renferment de grandes Ostrea lamellosa. Certains bancs ont quelquefois des quantités énormes de mélobésies globuleuses mêlées à leurs galets. Les bancs plus gréseux et quelquefois en dalles, qui les surmontent ou y sont intercalés, contiennent en quantité un mytilus assez mal conservé dans sa charnière. Sur le flanc Sud du Sahel il n'est pas facile de reconnaître les relations stratigraphiques de cette partie conglomérée avec une assez grande épaisseur de marnes ou d'argiles jaunes souvent exploitées pour briquetteries et dans lesquelles on trouve quelques fossiles lorsqu'elles sont plus sableuses et probablement plus voisines des couches inférieures, ce qu'il n'est pas facile de reconnaître sur des surfaces arrondies, délitées ou couvertes de végétation. Du côté de la plaine il n'est pas aisé non plus de les séparer des limons quaternatres sous lesquels elles passent et qui ont un faciès presque identique. Vers Maison-Carrée, où se poursuivent les poudingues, il est aussi très difficile de distinguer ce terrain des alluvions quaternaires.

Le terrain pliocène supérieur est en discordance manifeste avec l'inférieur, soit directe et alors assez accusée, soit transgressive et alors considérable. Il s'est surtout développé vers l'Est d'Alger, et ses assises s'atténuent en épaisseur en allant vers le Nord-Ouest et recouvrent les molasses inférieures d'un manteau presque continu de Kouba à El-Achour, Draria et Ben-Chaoua. Plus loin, vers le Nord-Ouest, il n'y a plus que des témoins plus ou moins étendus sur les molasses ; mais à partir d'une ligne qui irait de Chéragas à Douéra, ces témoins, et ils sont nombreux, vont reposer directement sur les marnes plaisanciennes et sur les argiles sahéliennes et démontrent que le pliocène supérieur a débordé largement sur l'inférieur par suite de modification des rivages de leur bassin de dépôt.

Du côté de Draria et d'El-Achour, les grès sont surtout développés et sont exploités pour les constructions. Entre Mahelma et Saint-Ferdinand, le terrain couvre une grande surface, sur laquelle il s'est affranchi complètement de l'étage inférieur. C'est lui qui forme ceinture au pied Sud du Sahel, sur les flancs duquel il se redresse, formant des poudingues et des grès grossiers où abondent Ostrea lamellosa et divers grands peignes ; il repose souvent sur les couches faluniennes de la base de l'étage inférieur et se poursuit ainsi en bande étroite jusqu'à Attatba. En même temps, de Koléah se détache un grand îlot qui s'étend vers le Nord-Ouest en s'élargissant jusqu'à Tefschoun, puis se rétrécit vers l'Ouest pour confluer avec la bande du Sud et s'étendre au delà presque sur toute la surface du Sahel jusqu'à Montebello, puis aller finir en pointe vers Tipaza en passant au Nord de la partie occupée par l'étage inférieur. Il est difficile de dire à quelle zone appartiennent des témoins épars à l'Ouest de Cherchell jusqu'à Gouraya, où je les avais d'abord considérés comme des restes de très anciennes plages quaternaires soulevées.

A l'Est d'Alger, le pliocène supérieur se continue dans le petit massif de Maison-Carrée jusqu'au Retour-de-la-Chasse ; puis il est masqué par des grès et dunes quaternaires qui le recouvrent plus ou moins sur tout le bourrelet qui sépare la plaine du rivage ; il s'en dégage vers la Réghaïa, sur la zone occupée par les chênes-liège, est interrompu par le Boudouaou, puis par l'Oued Corso et va se terminer au voisinage de Belle-Fontaine par quelques témoins de petits poudingues sur le sommet des mamelons. Dans toute cette région, depuis la Réghaïa, ce terrain repose directement sur le sahélien, sans interposition de l'étage des molasses.

En dehors de la région typique, il n'y a qu'un petit nombre de gisements qui puissent être classés sur le même horizon et par analogie de structure et de composition. L'un d'eux occupe l'Est de la plaine de Djidjelli, où il s'adosse au pied des montagnes liguriennes et cristallophylliennes qui le bordent de chaque côté de l'Oued Djendjen. Il est constitué par des couches de marnes gréseuses, de sables graveleux ou de lits de petits cailloux, qui, par places au moins, renferment des quantités de coquilles qui rappellent un peu les faluns pliocènes du Nador. Je les ai observées en descendant du Djebel Goubia, à une certaine distance du village de Duquesne, où leur épaisseur m'a paru être d'une vingtaine de mètres au point où je les ai vues. Je n'ai pu malheureusement m'y arrêter pour récolter les fossiles. La formation est très régulière, très bien stratifiée, et on comprend difficilement les hésitations de Tissot sur leur existence même, les considérant comme un lambeau d'un cordon littoral ancien sans importance. La surface occupée est de 15 kilomètres de long sur cinq à huit de large, en trois lambeaux découpés par l'Oued Djendjen et l'Oued Nil. Il paraît y avoir des traces de bitume chez les Beni-Ziar. C'est par simple analogie pétrologique que je rapporte cette formation au pliocène supérieur et sous réserve d'une étude ultérieure.

C'est la même raison qui me fait classer ici des formations détritiques d'origine clysmienne, qui dans la vallée du Chélif, à partir du barrage, sous le confluent de l'Oued Fodda, prennent un développement considérable, se relèvent très haut sur les collines sahéliennes des Beni-Rached et sur le chemin qui conduit à la maison du

Caïd et remontent également sur la rive gauche pour constituer les collines qui s'étendent de la station du Barrage jusqu'à la plaine de Ponteba. Les bancs très incohérents de cailloux et de gros graviers ont de fréquentes et irrégulières intercalations argileuses, qui les rendent ébouleux et ont passablement contrarié l'établissement des canaux de dérivation et les tranchées de la voie ferrée. Sur la rive droite du Chélif, elle constitue une colline étroite, le Dra-el-Aderaf, qui se signale par ses colorations vives où le rouge domine. Les éléments des conglomérats sont en géneral plus petits ; ce ne sont parfois que de gros graviers ; ils alternent avec des argiles limoneuses rouges qui paraissent dominer vers la base. J'y ai observé quelques débris d'huîtres et de patelles, et leur origine est certainement marine ; il y en a un témoin sur la rive gauche au bord du Tighaout.

Le troisième gisement est au voisinage d'Oran et ne présente pas d'affleurement ; il consiste en marnes ou argiles bleuâtres, renfermant quelques lits de lignite qu'on a reconnus par un puits de recherche, et d'où on a sorti un assez grand nombre de coquilles très bien conservées et à caractère de faune d'estuaire. Ces argiles sont déposées dans un ravinement de grès pliocène de l'étage inférieur, sur une largeur inconnue et sur une profondeur presque totale ; car au fond du puits il n'y avait plus que quelques blocs de grès séparant ces argiles des marnes calcaires du sahélien, dans lesquelles on a poursuivi les recherches. On y a trouvé une grande antilope indéterminée, un Hipparion représenté par des dents molaires, Cardium edule, Cerithium vulgatum, Potamides Basteroti, Melania tuberculata, Amnicola similis et autres espèces décrites par Paladilhes. On y a cité des espèces terrestres encore vivantes ; mais elles provenaient du quaternaire qui recouvre le pliocène sur quatre à cinq mètres d'épaisseur. Cette faune est intéressante en ce qu'elle se trouve représentée à Hussein-Dey et à Maison-Carrée dans des marnes extraites de forages de puits, qui ont été opérés à travers le pliocène supérieur au moins pour cette dernière localité.

pl) Cet indice sur la carte provisoire est appliqué à des formations d'origine lacustre ou détritique alluvionnaire, qui se rapportent à plusieurs types à distinguer sur les feuilles détaillées.

p') Coquand avait considéré comme pliocène ou subapennin l'ensemble des formations des environs de Constantine. Les marnes à lignites du Smendou, pour moi, sont au moins helvétiennes; les marnes à hélices dentées du Polygone d'artillerie m'ont paru devoir être assimilées au sahélien. Nous avons vu que M. Thomas en faisait un groupe assez mal défini de mio-pliocène. Pour lui, le vrai pliocène commencerait avec les calcaires du plateau d'Aïn-el-Bey et du télégraphe d'Aïn-el-Hadj-Baba. Cela me paraît probable. C'est un ensemble de couches de 100 mètres d'épaisseur, formé à la base d'alternances de marnes roses ou rutilantes et de calcaires, et en haut de bancs épais de travertin, gris ou blanc, très dur, un peu cristallin, très serré ou vacuolaire. Ces assises sont horizontales et paraissent reposer sur des terrains anciens (sans interposition des marnes à hélices ?). La présence de planorbes, de limnées, de paludines et de bythinies ne permet pas de douter de leur origine lacustre. Le Bulimus Bavouxi Coq. et des Helix Constantinæ Forbes et pyramidata L. indiquent une grande affinité avec la faune actuelle. Mais il s'y trouve une Helix subsemperiana, justement distinguée de H. semperiana, avec laquelle elle n'a que des affinités, et une helix non nommée, remarquable par un pli ou renfoncement en arrière du bord péristomal dorsal (Helix fossulata *Nobis*) qui, au contraire, lui donne un cachet beaucoup plus ancien.

M. Thomas y a recueilli quelques vertébrés : un Sus phacochœroides, des fragments d'une volumineuse molaire d'hippopotame, un Hipparion qui ne paraît pas absolument identique à H. gracile Kaup et que la découverte de nouveaux matériaux permettra sans doute d'ériger en espèce spéciale. Les calcaires sont horizontaux de chaque côté du Rummel ; mais il n'en est pas partout de même. On les observe au Kroubs reposant sur des argiles bigarrées, se relevant assez fortement vers l'Est, du côté du Djebel Oum-Settas et se bosselant de chaque côté de la ligne ferrée jusqu'auprès de Bou-Nouara, en y présentant par places des inclinaisons très marquées. Il me paraît moins certain qu'il faille rapporter à ce système les calcaires qui se voient à l'Ouest d'Aïn-Melila, assez ondulés, reposant sur des marnes jaunâtres d'apparence limoneuse et qui semblent se relier avec elles comme s'ils étaient le résultat d'une concentration travertineuse dans leur masse. Je n'y ai vu que des traces d'hélices. Là les bancs calcaires sont puissants et exploités pour matériaux de constructions. Mais il pourrait bien se faire qu'en d'autres points cette concentration n'ait produit qu'une sorte de carapace, comme on en voit dans bien des tranchées de la voie ferrée de Sétif, et de nouvelles recherches sont nécessaires pour savoir s'il y a identité de formation ou simplement analogie de faciès.

Il y a une très grande ressemblance de structure entre ces calcaires travertineux d'Aïn-el-Hadj-Baba et ceux qui constituent la plateforme sur laquelle est bâtie la ville de Mascara. Ces calcaires sont associés par alternances avec des marnes jaunes ou bariolées, d'autres fois blanches, faisant de longues traînées de cette couleur sur les surfaces effritées par les influences météoriques. Ces couches sont fortement inclinées vers le Sud et plongent sous le quaternaire de la plaine d'Eghis. Leur puissance est considérable, et peut être estimée à plus de 100 mètres. Elles reposent sur les grès helvétiens à Ostrea crassissima et peut-être par l'intermédiaire d'une assise d'apparence pulvérulente comme si elle était formée de diatomées et autres êtres microscopiques dont la recherche est à faire, sans que je puisse encore affirmer si elle se rattache plutôt au terrain helvétien qu'au terrain pliocène. On comprend du reste que l'attribution ici faite doit être accompagnée de réserves sérieuses, car, à l'exception de quelques ossements restés indéterminés on n'y a encore trouvé aucun fossile qui puisse la confirmer.

p²) Il n'est peut-être pas bien certain qu'il faille rapporter plutôt ici qu'au sahélien **m⁴** les formations sahariennes que Tissot, sur ses cartes indiquait par la lettre Σ par allusion sans doute aux Zibans, où elles sont très développées, et qu'il considérait comme pliocènes, ce que nous pensons devoir être accepté. Il est même encore assez douteux que les deux groupes de couches qui les constituent malgré leur apparence de concordance stratigraphique, doivent rester réunies en une même formation. Il y a lieu toutefois de réserver pour elles sur les cartes de détail un indice spécial qui les distingue du p¹ typique. Les assises inférieures, qui discordent avec l'helvétien, sur lequel elles reposent au Nord de Biskra, sont des alternances très bigarrées d'argiles et de marnes sableuses, gypsifères, rouges, grises et vertes. Coquand les avait crues liées au suessonien sur toute la bordure saharienne. Elles sont recouvertes par des poudingues et des conglomérats puissants à éléments de volume variable suivant les points, pouvant alterner avec des bancs de grès ou de sables et même de marnes gypseuses. Leur puissance est de 60 mètres d'après Coquand; mais d'après un sondage récent exécuté à Biskra, la sonde paraît les avoir traversés, sans rencontrer de nape artésienne, sur une épaisseur d'environ 230 mètres ; probablement suivant une inclinaison non observée qu'on peut supposer semblable à celle citée ci-dessous, indiquant une puissance supérieure à 80 mètres. Ces couches supérieures se montrent, sur la plus grande étendue de la lisière saharienne, sous le massif de l'Aurès, fortement inclinées vers le Sud, souvent de 60° à 70°. Ailleurs elles forment couverture résistante, qui contribue, avec la facilité de dissolution des marnes gypseuses et salines du substratum, à produire cette structure orographique particulière que les Indigènes désignent sous le nom de Chepka, ou réseau, si développé sur ce terrain.

Tissot et beaucoup d'autres auteurs qualifient ce terrain de lacustre ; certainement il n'est pas d'origine marine et, comme il est divisé en strates, il a dû se déposer sous une nappe d'abord tranquille, puis fortement agitée ; mais il n'y a pas été trouvé de fossiles d'eau douce, et simplement de rares hélices qui constituent une espèce particulière, Helix Tissoti Bayan, dont les gisements sont Barika à l'Est du Hodna, Nord d'El-Outaïa, Khanga-Sidi-Nadjii et Neguerin. D'après Tissot, ce terrain forme une grande bande qui, sur la frontière de Tunis, s'étend d'une manière plus ou moins discontinue de Neguerin à Bahiret-el-Erneb, au Sud de Tébessa. Au Sud du massif il longe le bord du Sahara, en poussant des promontoires dans les vallées et les érosions de l'Aurès ; puis il gagne la frontière de la province d'Alger après avoir suivi le bord septentrional du Hodna dans toute sa longueur. Son promontoire le plus septentrional est au Nord de Ngaous et on en trouve aussi un lambeau tout à fait isolé surmontant les marnes à Ostrea crassissima dans le Djebel Tagratin, à peu près à égale distance entre Batna et Chemora. Il paraît jouer aussi un certain rôle dans la constitution des plateaux qui séparent le Hodna et les Zahrez du Sahara ; mais ici on pourrait bien n'être qu'en présence de dépôts quaternaires. Il faudra probablement rattacher à ce terrain les couches fortement plissées des environs de Dzioua citées par Tissot.

p") Cet indice est destiné à marquer sur les cartes détaillées des dépôts d'origine détritique ou alluviale, qui occupent des positions incompatibles avec leur classement dans la série quaternaire et qui paraissent plutôt appartenir à la fin des temps tertiaires, sans qu'on puisse serrer de plus près la détermination de l'horizon auquel ils correspondent. Le plus anciennement reconnu dans le massif de Milianah constitue un lambeau au sommet de la colline du Télégraphe aérien de Vesoul-Bénian. Il est formé de sables et lits de graviers qui ne sont plus en rapport avec l'hydrographie actuelle.

Il y a lieu de classer sous le même indice un ilot anciennement déterminé comme pliocène par M. Pouyanne au voisinage de Sebdou. Il est composé d'une grande épaisseur de poudingues reposant sur une assise de calcaire blanchâtre assez compact, à faciès d'eau douce.

Cette attribution a été motivée par des relations avec des mouvements orogéniques qui fixent leur place ici comme la plus récente qu'ils puissent occuper. La découverte de fossiles dans les calcaires permettra sans doute de faire disparaître ce qu'il y a d'incertitude dans cette détermination.

On pourrait encore rattacher à cet horizon géologique des limons et graviers qui occupent une certaine surface et atteignent une assez grande puissance auprès de Zénina et sur la route de Tiaret à Aflou, au Sud de l'Oued Sebgague et au pied septentrional du Djebel Amour. Leur orographie, à première vue, ne permettrait de les considérer comme quaternaires qu'avec beaucoup de réserve. Rien cependant ne pourrait non plus justifier leur exclusion en principe et on pourrait aussi bien les rapprocher des formations dont il va être question ci-après. Il y aura lieu d'y rechercher des éléments paléontologiques de classification qui font encore actuellement défaut.

Un autre type de pliocène supérieur détritique a été pris aux environs de Constantine par M. Thomas. Il s'y trouve en effet en relation stratigraphique de superposition avec une formation lacustre pliocène dont il vient d'être question et d'infrastatum avec des atterrissements caillouteux quaternaires qui limitent dans le haut le cadre dans lequel il doit être classé. Toutefois, comme la période quaternaire comporte plusieurs phases, j'avais déjà fait des réserves sur la fixation précise de la phase à laquelle se rapportent ces dépôts interposés. Dans cette partie de la série géologique l'hétérogénéité et l'indépendance des formations, qui à de faibles distances ont été soumises aux variations de conditions de dépôts torrentueux, lacustres, marécageux, ou limono-fluviatiles et sur des surfaces alternativement envahies, sont un obstacle sérieux à l'établissement des synchronismes. Or, c'est à peu près le caractère des terrains dont il est ici question ; l'élément paléontologique est alors celui qui acquiert la plus grande importance et dans la circonstance actuelle, il nous indique que ces formations doivent être exclues de la série tertiaire et classées parmi les quaternaires.

pg) Cet indice est affecté sur la carte provisoire à une formation conglomérée dont l'origine paraît être en relation avec des phénomènes geysériens et sur laquelle j'ai appelé l'attention des géologues dans une double communication à l'Académie des sciences et au Congrès de l'Association française à Oran. Ce n'est cependant qu'avec réserve que je suis conduit à la classer ici et uniquement parce qu'il m'a paru qu'elle se rattachait aux phénomènes de dynamique interne qui ont clos la période tertiaire.

p⁸) Cette formation se compose d'un magma de blocs de calcaires dolomitisés, dans des boues argileuses bigarrées qui les emballent, et renferment des cristaux de fer sulfuré, passés à l'état de limonite, et des cristaux bipyramidés de quartz dépassant rarement 1 centimètre de long, mais pouvant devenir microscopiques et, par places, tellement abondants qu'ils donnent l'apparence d'un grès.

Ces cristaux se sont certainement formés sur place, et la dolomitisation s'est opérée à tous les degrés sur des calcaires disloqués et fragmentés également sur place. La transformation en beaucoup de points de ces mêmes calcaires en gypse, en outre l'incohérence et l'irrégularité du conglomérat dénotent un phénomène d'émission interne qui s'est produit dans toute la région orientale de la province de Constantine, dont Souk-Ahras est le centre. La puissance de ce dépôt est parfois considérable, plusieurs centaines de mètres, et il a été raviné par le quaternaire ancien, ce qui oblige à le reporter au moins à l'époque pliocène.

Les roches modifiées ou englobées sont de plusieurs âges, helvétiennes, liguriennes, sénoniennes et urgoniennes. C'est surtout à travers des calcaires puissants de ces dernières fortement disloqués, dolomitisés et même transformés en pierre à plâtre dans leurs bancs continus, que le phénomène s'est produit. Il a intéressé de grandes surfaces, depuis le bassin de l'Oued Cherf, chez les Ouled-Daoud, au Djebel Zouabi, par le Djebel Ralia, le Djebel Tifech, jusque dans la grande banlieue de Souk-Ahras, et on en trouve encore des témoins près de Nebeur, sur la route de Souk-el-Arba au Kef, en Tunisie.

Les masses rocheuses de la rive droite de la Seybouse formant les gorges du Nador, et qui sont certainement urgoniennes (Ostrea aquila), contiennent des amas considérables de gypse ; elles se relient par des lambeaux semblables de l'Oued Cham et de l'Oued Icherich avec ceux de Souk-Ahras. Entre les deux premiers sont développés les conglomérats, qui, d'après Tissot, sont le gisement de calamine et de nadorite, avec des imprégnations de cuivre du Nador.

Le même terrain, dans le haut de la vallée de la Medjerdah, contient des concrétions formées de galène et de plomb carbonaté. J'ai constaté en beaucoup d'autres points de l'Algérie que des gisements de gypse sont accompagnés d'argiles bigarrées dans lesquelles les petits cristaux de quartz sont assez fréquents. Mais ces émissions sont en général très restreintes et ne peuvent figurer sur les cartes. C'est probablement dans le terrain de conglomérat voisin de Kamiça que se trouve le minerai de plomb cité plus haut, au voisinage aussi des spilites signalées par Coquand et qui constituent le seul gisement de roche éruptive de ce district. Il paraît y avoir des indications suffisantes pour rattacher ces phénomènes geysériens à l'émission des ophites si répandues dans le Tell et dont l'histoire sera faite par MM. Curie et Flamand.

CHAPITRE VIII

TERRAIN QUATERNAIRE.

Ce terrain, comprenant un seul grand groupe, est représenté par la couleur affectée à la lettre q, nuancée et accompagnée d'indices variés suivant les horizons ou les faciès. « Il compose un ensemble assez complexe et dont la classification très difficile est encore loin d'être satisfaisante. Nous n'avions pas cru devoir ou même, pour parler plus juste, pouvoir le subdiviser sur la première édition de la carte provisoire ; cela en raison des nombreuses incertitudes de chronologie entre les dépôts alluvionnaires ou d'atterrissements continentaux qui les constituent et dans l'impossibilité fréquente d'en saisir les relations stratigraphiques avec les terrains portant en eux-mêmes l'indication de leur âge relatif. »

Ce que nous disions en 1882, M. Pouyanne et moi, dans le texte explicatif de la carte provisoire d'Alger et d'Oran, nous pourrions encore presque le répéter pour l'ensemble de l'Algérie. Toutefois ces difficultés sont principalement relatives au tracé des limites des formations sur des cartes trop imparfaites ou d'après des relevés trop sommaires ; elles doivent disparaître dans un temps plus ou moins prochain. D'un autre côté, l'étude de ces formations a été poursuivie avec fruit depuis lors et a donné des résultats, sinon toujours traduisibles par des figurés, du moins utiles à exposer, comme indiquant l'état actuel de nos connaissances et devant servir de cadre pour les études ultérieures et de canevas pour la carte géologique détaillée. Nous avons donc introduit dans la présente édition unifiée un essai de répartition de ces formations en trois grands sous-groupes.

§ 1. — *SOUS-GROUPE ANCIEN.*

qa) C'est l'indice adopté pour ce groupe sur la carte provisoire ; il sera subdivisé dans les cartes détaillées ainsi qu'il suit :

q$_{\text{na}}$) « En général, les plaines du Tell sont comblées par des atterrissements de transport violent formant dans leurs parties inférieures des bancs épais de cailloux roulés de tout volume, le plus souvent incohérents, plus rarement agglutinés en poudingues. Ils sont recouverts par un limon gris jaunâtre, parfois rouge assez souvent homogène, contenant par places des grumeaux calcaires concrétionnés et formant assez souvent au pourtour des bassins, soit seuls, soit avec leur substratum caillouteux, des corniches basses en plateforme au-dessus des plaines actuelles. Il y a souvent des exceptions à cette composition, et en bien des points on rencontre des dépôts plus irrégulièrement conglomérés et où les cailloux, le sable et le limon sont plus ou moins mélangés en lits alternatifs ou sans ordre. Quand ils se rapportent à des bassins plus ou moins indépendants, ces dépôts sont encore d'un classement plus douteux dans l'échelle chronologique. »

Ce terrain quaternaire se relève souvent considérablement sur les flancs des bassins et sous des angles et à des distances qui impliquent forcément une dénivellation postérieure à son dépôt. L'assise limoneuse a suivi le mouvement, mais elle a souvent disparu des lieux élevés par suite de dénudation ; elle est toujours liée stratigraphiquement à l'atterrissement caillouteux. Le fond de la Mitidja auprès de Marengo, la plaine du Chélif au Sud-Est du Djendel, les environs du Sig, ceux du Tlélat en sont des exemples remarquables. Dans la Mitidja, leur superposition au terrain pliocène supérieur ne permet pas de les rattacher à la période tertiaire ; mais ils offrent un cachet d'ancienneté spécial qui engage à les classer tout à l'origine des temps quaternaires. « Ces grands dépôts clysmiens se montrent non seulement dans les basses vallées de la région tellienne, mais encore et avec des caractères identiques sur celles qui en occupent les gradins. Ils existent aussi et avec des épaisseurs bien plus considérables sur les hauts plateaux de l'Ouest. »

On les retrouve très développés sur les plateaux de la province de l'Est, où ils ont été le plus souvent considérés comme pliocènes, ainsi qu'il a été dit plus haut. Près de Constantine, à la ferme d'Aïn-el-Bey, où elle s'appuie contre les calcaires travertineux pliocènes, la formation débute par une ou plusieurs couches horizontales d'argile brune, plus ou moins compacte, souvent mouchetée de lentilles de gypse blanc, farineux, contenant des moules indéterminables d'hélices. A la surface, plus ou moins ondulée, elle passe à un limon brunâtre contenant des concrétions limoneuses, très dures, à couches concentriques, renfermant souvent au centre une coquille fossile des étages antérieurs : Unio Dubocqii Coq. et Melanopsis Thomasii Tourn. de l'hevétien lacustre du Smendou (le plus souvent brisées), Helix subsenilis Crosse, Bulimus Jobæ Crosse, des marnes à hélices du Polygone, sans doute arrachées à des couches de ces horizons aujourd'hui démantelées au voisinage.

La partie supérieure est constituée par un conglomérat gréseux, jaune ou grisâtre, très dur, formé de sable siliceux, de nodules limoneux et de petits cailloux roulés. Il devient vers le haut graduellement moins dur, moins graveleux, prend une consistance de molasse, et passe insensiblement à des sables irrégulièrement stratifiés, entre lesquels s'intercalent souvent de minces couches calcaires.

Le conglomérat renferme des unios, des paludines, des néritines, le Bulimus Bavouxi, l'Helix pyramidata (var. de l'étage antérieur), et une hélice intermédiaire à H. subsemperiana et à H. candidissima. Ce même conglomérat renferme Cynocephalus atlanticus Thomas et Antilope Tournoueri Thomas. Dans les sables qui les recouvrent, on a recueilli, soit à Mansourah, soit à Aïn-Jourdel, Antilope (Oreas) Gaudryi Thomas, Antilope Dorcas (var. ?) Pallas, Bos (bubalus) antiquus (??) Duvernoy, Hippopotamus (sp.), Rhinoceros (sp.), Hipparion (sp.), Equus Stenonis Cocchi.

Cette dernière espèce a été retrouvée au Nord de Saint-Arnaud, sur la route des Béni-Fouda, avec un éléphant, qui a les plus grandes affinités avec Elephas meridionalis Nesti, sans cependant qu'on puisse affirmer cette détermination d'après les pièces trop mutilées qu'on en connaît. Parmi les ossements recueillis par M. Bernard, conducteur des P. et Ch., et que M. l'ingénieur Reuss a eu l'obligeance de faire parvenir au Service géologique, j'ai reconnu, en outre des précédents, des débris d'hippopotame, d'antilopes, de grand félin. Dans les carrières ouvertes près de Saint-Arnaud dans un travertin intercallé en grande lentille dans la formation limoneuse, j'ai recueilli des concrétions moulant des Unio indéterminables, divers débris d'un Hipparion qui me paraît appartenir à un type spécial et des antilopes dont une plus petite que la gazelle. Un crâne d'hyène, malheureusement dépourvu des maxillaires, a été trouvé dans un puits creusé dans le même tuf travertineux.

Autour de Saint-Arnaud ce terrain est très étendu et affecte des bossellements qui indiquent des mouvements postérieurs à sa formation ; mais il est peu raviné. Dans les érosions qui entament profondément le plateau vers le Nord, on peut constater qu'il a une grande puissance et qu'il se compose de couches assez irrégulières de limons plus ou moins mêlés de sables et de lits de petits graviers. Dans certains lits marneux des limnées et planorbes indiquent une origine lacustre ; mais le caractère torrentueux est indiqué par des conglomérats sablo-cailouteux avec galets bien roulés, grossièrement stratifiés, ayant par places plusieurs mètres d'épaisseur, ordinairement cohérents, et formant des corniches sur le flanc des ravins. Le banc principal est intercallé au milieu de la formation limoneuse et c'est lui qui est le gisement des ossements fossiles. La lentille travertineuse exploitée à l'Est de Saint-Arnaud paraît constituer un accident de source minérale dans une zone peut-être un peu plus élevée de la formation. Elle rappelle assez ce qui a été constaté au Sud de Constantine par ses concrétions renfermant des coquilles lacustres.

Les tranchées du chemin de fer montrent des représentants de cette formation en bien des points des plateaux sitifiens et il est assez souvent difficile de les distinguer des dépôts cailloux et des limons récents, si ce n'est que ces derniers sont bien plus qu'eux en harmonie avec l'orographie actuelle. Aussi nous ne dissimulerons pas combien nos tracés sont imparfaits en ce qui concerne ces formations, insuffisamment étudiées jusqu'à ce jour en raison des difficultés peu ordinaires de ce travail. On a attribué au même terrain les sables de Bizot et autres dépôts analogues de la région du Nord de Constantine et les formations limoneuses de la rive droite de la Seybouse dans la région de Guelma. Je n'ai pas assez de documents pour me faire une opinion ferme à cet égard, n'ayant jamais traversé la région que d'une façon trop rapide.

Il me paraît bien difficile, avec de pareils éléments paléontologiques et stratigraphiques, d'admettre que cette formation fait bien partie du pliocène supérieur, à moins que ce ne soit un pliocène spécial, encore plus supérieur, comme celui de Saint-Prest dans la Beauce, qu'on a en effet actuellement des tendances à incorporer dans les formations tertiaires. Elle m'a paru pouvoir être tout aussi bien classée, et même mieux, comme quaternaire ancien pour des raisons stratigraphiques et paléontologiques que j'ai fait valoir ailleurs. Mais ce n'est plus alors qu'une question d'accolade. Il me semble en effet que les dépôts détritiques des plateaux numidiques ont une grande analogie de structure avec ceux qui se développent dans la grande plaine de la Mitidja, où ils ont subi des relèvements notables que j'ai fait connaître dans mon ouvrage sur le massif de Milianah. Ils y sont manifestement superposés au pliocène supérieur marin et en discordance de stratification avec lui. Malheureusement leur faune est complètement inconnue et l'identité peut être contestée. Pour moi je ne doute plus qu'il ne faille comprendre tous ces dépôts numidiques sous l'indice q$_{lim}$. Si l'on voulait à toute force les séparer des formations quaternaires, il vaudrait encore mieux leur appliquer la dénomination de pléistocène proposée par Lyell et qui ne préjuge rien.

On retrouve ces formations détritiques sur les gradins du versant de l'Atlas au Sahara, à Sidi-Tifour, par exemple ; et ce sont les mêmes qui forment cette grande et puissante nappe de dépôts d'atterrissements qui, des plaines inférieures de l'Atlas, s'étend sur les immenses plaines du Sahara oranais en y formant ces gours géants de l'horizon de Berézina, témoins des dénudations immenses que cette nappe détritique a subies au voisinage de son bord septentrional. Ici encore ce sont, à la base, de puissants dépôts de galets, qui n'affleurent que sur le flanc des derniers et des plus hauts coteaux, et, au-dessus d'eux des limons gris terreux, avec grumeaux calcaires ; mais leur puissance est bien plus considérable. A distance, il apparaît, sur les tranches des gours, comme des zones simulant une stratification, traçant des niveaux espacés de faciès sensiblement différents. »

« Cet effet est dû souvent à la présence de petits cristaux de gypse donnant au limon un peu plus de cohésion, ou à une plus forte proportion d'élément calcaire, ou encore à des zones un peu plus sablonneuses, d'où résultent dans les profils des lignes de pente accidentées de quelques ressauts. On constate en outre l'existence de couches de gypse pulvérulent, ou en petits cristaux, quelquefois en veines fibreuses, formant de grandes lentilles, surtout dans les zones inférieures de l'étage limoneux. La surface des plates-formes, qui prend le nom de Hamada, est endurcie, rocheuse, formée comme par une caparace dont le calcaire est le ciment et qui constitue de vastes étendues pierreuses, à végétation raréfiée et que l'on ne s'attendrait pas à trouver sur des dépôts d'origine limoneuse. »

« Cette carapace existe aussi dans le Tell ; mais elle n'y apparaît point seulement sur les limons quaternaires ; elle s'y montre aussi sur beaucoup d'autres terrains, dont les parties tendres ou friables sont ainsi cimentées en une roche dure et résistante, pouvant même servir à l'entretien des routes. » Cette croûte dure continue peut-être à se produire dans le Tell ; elle résulte d'une sorte d'incrustation stalagmitique superficielle par suite de l'évaporation des eaux plus ou moins salées et séléniteuses qui remontent par capillarité.

J'ai, dans d'autres publications, donné le nom de subatlantique à cet atterrissement dont l'origine paraît avoir été clysmienne, mais qui paraît s'être continué ensuite par des transports limoneux ou de ruissellement, qui ont dû avoir une longue durée si l'on en juge par l'épaisseur des dépôts.

Le bassin de l'Oued Mia et de l'Ighaghar, séparé du Sahara oranais par les plateaux crétacés du M'zab et des Chambaa, montre absolument les mêmes caractères et la même composition : Dépôts caillouteux remontant assez haut contre le massif crétacé des Chepka du M'zab et des Chambaa ; limons plus ou moins gypseux et mêmes bancs de gypse intercalés recouvrant ceux-ci sur une plus ou moins grande épaisseur et ravinés de manière à former plate-forme au-dessus des basses dépressions, qui pourraient servir de lits aux cours d'eau si leur existence ne se bornait à quelques rares et éphémères écoulements torrentueux. Seulement, dans le bassin occidental, les dépôts quaternaires prennent leur origine dans l'Atlas ; tandis que dans le bassin oriental, dont la pente est inverse, ils proviennent surtout du massif montagneux des Touaregs et pour une minime partie du massif atlantique.

Dans les parties du Sahara algérien que j'ai visitées, je n'y ai point trouvé de fossiles déterminables ; mais j'ai pu aussi l'étudier dans le Sud de la Tunisie, sur le rivage septentrional des Chotts, et ne lui trouver d'autre différence que dans la moindre importance des dépôts de galets et un plus faible volume en général de ces derniers, et dans le développement des bancs gypseux qui se montrent sur de longues étendues au pied des dernières collines atlantiques, où leurs affleurements tracent de longues lignes d'un blanc qui tranche sur le gris saharien. Ce terrain remonte sur le littoral méditerranéen de Tunisie avec les mêmes caractères et j'ai pu y recueillir, dans les bancs gypseux mêmes, Helix (Leucochroa) candidissima typique. Ce terrain vient de même butter contre les poudingues fortement redressés qui recouvrent les marnes et argiles bigarrées de l'étage p^2, sans suivre le mouvement qui leur a donné leur relief, et sur toute cette étendue il montre la même composition que nous lui avons reconnue ailleurs.

On a signalé la présence du Cardium edule dans ce terrain sur plusieurs points; mais sans attacher à cette constatation une grande importance, il me semble qu'il y aurait lieu de vérifier si les gisements observés font bien partie de la formation dont il est ici question; parce qu'en effet la présence de cette coquille, d'habitat de lagunes saumâtres, ne se concilie guère avec l'intensité des précipitations aqueuses auxquelles personne ne peut hésiter à attribuer la formation des immenses atterrissements sahariens. Les coquilles observées, et leur présence n'est pas contestable, l'ont sans doute été dans un terrain plus récent, et c'est pour cela que je ne puis appliquer à l'atterrissement ancien du Sahara, tel que je le comprends, le nom de terrain à Cardium edule qui revient à un autre plus récent.

L'ingénieur Ville avait proposé le nom de terrain saharien, accepté par C. Mayer, pour l'ensemble des formations post-tertiaires du Sahara; il était l'équivalent du terme de quaternaire et l'auteur l'a en effet appliqué avec la même acception aux formations du Tell. C'est pour cette raison que je n'ai pas cru devoir appliquer cette désignation à une partie seulement de ces formations quaternaires, à celle surtout qui n'est pas plus particulière au Sahara qu'à l'ensemble de la région atlantique; malgré que je regrette d'être en cela en désaccord avec M. Rolland.

q_m) « Nous croyons pouvoir attribuer à l'époque quaternaire ancienne la formation de travertins très puissants, dont les sources sont aujourd'hui taries et qui, déposés en traînées assez longues sur des surfaces tout au moins planes et plus probablement dans des vallées ou dans des dépressions, se trouvent former maintenant le sommet de collines par suite de l'ablation des surfaces qui les avaient limités et de leur ravinement plus ou moins profond. C'est quelque chose de comparable à ce qu'on nomme en Europe les dépôts des hauts niveaux. Ces travertins, à Milianah par exemple, renferment les débris d'une flore peu différente de la flore actuelle de la région, mais dans laquelle il est intéressant de signaler la présence de la vigne, du figuier et du lierre. Quelques ossements ont permis aussi de constater l'existence d'une gazelle, celle d'un bœuf et celle d'un cheval indéterminables spécifiquement ; point de trace de la présence de l'homme. Ces ossements, il est vrai, paraissent provenir d'une fente remplie de nouveau par le dépôt travertineux, et ils ne seraient peut-être pas de l'époque de formation de la masse principale. Les végétaux, au contraire, sont certainement contemporains et leur nombre indique au voisinage une abondante végétation forestière. » Ici l'origine des sources paraît se rattacher à des phénomènes éruptifs dont elles ont été la dernière phase.

Il est assez probable que des sources minérales encore existantes datent de la même époque, et il en existe beaucoup en Algérie ; mais il est plus difficile de faire dans leurs immenses dépôts le départ entre ce qui appartient aux différentes phases de l'époque quaternaire. On doit admettre également que les phosphorites travertineuses des Trara datent de la même époque ; car M. Flamand y a recueilli des hélices empâtées, qu'un premier examen n'a pas permis de différencier des formes actuelles de la région.

q,) « Il n'est pas facile de déterminer la relation stratigraphique qui existe entre les grands dépôts clysmiens des grandes plaines et un cordon de dépôts littoraux marins, dont on peut constater l'existence sur toute l'étendue de la côte à des altitudes variables, mais ne dépassant que rarement une trentaine de mètres. Ils renferment des

coquilles d'espèces vivant encore pour la plupart dans la mer voisine
et parmi lesquelles les pectoncles abondent et y forment parfois de
véritables bancs de plusieurs mètres d'épaisseur, ce qui a valu souvent à la formation le nom de grès à pectoncles. Une des espèces les
plus remarquables de ces dépôts est un gros strombe aujourd'hui
disparu de la Méditerranée », désigné sous le nom de Strombus mediterraneus et fréquent dans les plages soulevées du Nord de la Berbérie. Il aurait, dit-on, son équivalent dans le Strombus bubonius des
Canaries, qui en est au moins très voisin. On y trouve aussi une
grande espèce de cone rappelant les espèces miocènes du type du C.
ponderosus, un Tugonia peut-être distinct de celui de la côte du Séné-
gal, le Nassa gibbosula, qui ne se trouve plus maintenant que dans
la Méditerranée orientale.

C'est un ensemble de documents respectables pour faire considérer
la formation qui les a fournis comme bien ancienne. « On y trouve
également des débris d'un éléphant dont les molaires très étroites
ont des lames minces et assez rapprochées » que j'avais d'abord cru,
d'après des pièces encastrées dans la gangue, pouvoir attribuer à E.
antiquus, mais qui en sont bien distinctes et indiquent une espèce
étrangère au quaternaire de l'Europe. La Salamandre près de Mostaganem, les rochers de Laghat près de Villebourg, l'Oued Rha à Gouraya, Cherchell, la falaise sous le Kober-Roumia, le Jardin d'Essai
du Hamma, l'Oued Merdès sont les points où l'espèce a été observée,
toujours dans le terrain marin. Un fragment recueilli dans les tranchées du chemin de fer entre les stations de Gué-de-Constantine et
de Baba-Ali paraît lui appartenir, et si le terrain de ce gisement est,
comme il semblerait, l'analogue des atterrissements caillouteux des
grandes plaines, on pourrait en déduire leur contemporanéité. Mais
la détermination spécifique est douteuse en raison du mauvais état
de l'exemplaire ; douteuse aussi est l'attribution au terrain subatlantique du gisement en question, qui par sa composition paraît se
rattacher à un phénomène plus local. Aussi n'y a-t-il pas lieu de

modifier l'avis que j'ai antérieurement émis sur l'âge plus récent des plages émergées.

La raison principale sur laquelle cette opinion a été fondée est que le terrain subatlantique en général, et même directement au voisinage de quelques-unes de ces anciennes plages, a subi des mouvements énergiques de dénivellation, auxquels ces plages n'ont pu échapper que parce qu'elles leur sont postérieures. Cependant ces relations stratigraphiques ne peuvent pas être considérées comme tellement nettes qu'elles ne soient pas discutables, et la contemporanéité de ces deux formations, quoique restant peu probable, n'en serait pas absolument infirmée. Depuis que ceci a été rédigé pour l'explication de la carte provisoire de 1882, on a pu confirmer par l'observation de superposition directe, dont la côte de Tunisie montre plusieurs exemples indiscutables, la postériorité des plages soulevées à Strombus mediterraneus au terrain quaternaire ancien ou subatlantique, ainsi que je l'ai désigné dans des publications antérieures. Les divers tronçons de cette ligne de plages anciennes sont presque partout réduits à des corniches étroites et la plupart ne pourraient être figurés sur la carte qu'en leur donnant des proportions fort exagérées.

Les couches marines de cet étage sont surmontées en bien des localités par des accumulations de sables, stratifiés plus ou moins nettement, souvent agglutinés en grès calcareux et renfermant de nombreuses coquilles terrestres, hélices, bulimes et autres pour la plupart vivant encore dans la contrée. Parfois la transition est brusque entre ces deux systèmes, d'autres fois elle est très ménagée et les espèces terrestres sont mélangées avec les marines, de telle sorte que ces dunes solidifiées sont liées au dépôt marin comme les plages actuelles aux dunes en formation. Il ne me paraît pas qu'il y ait à les séparer autrement que comme assises supérieures de la même formation. On a désigné ces dépôts sous le nom de grès à hélices, qui continuent les grès et calcaires à pectoncles.

Il n'est pas à supposer que pendant la période de dépôt des plages soulevées il ne se soit constitué aucun dépôt détritique sur les surfaces continentales et celui cité plus haut près du Gué-de-Constantine en est peut-être un exemple ; mais en dehors de quelques terrasses étagées dans des vallées de peu d'importance, on n'en connaît point encore d'autre représentant probable. Je croirais volontiers que ce sous-groupe quaternaire correspond à la vraie époque paléolithique des temps préhistoriques ; mais aucun fait d'observation n'en a encore fourni la démonstration. Il n'est pas hors de propos de rappeler que la présence de ce cordon de plages sur les deux rives du détroit de Gibraltar, en Espagne et au Maroc, témoigne de l'existence du détroit à cette époque et infirme toutes les conceptions théoriques, qui rattachent l'Atlas comme presqu'île à l'Espagne.

§ 2. — SOUS-GROUPE RÉCENT.

qr) C'est l'indice consacré sur la carte provisoire à ce sous-groupe assez complexe et divisible en plusieurs étages et faciès.

q¹) On rencontre en Algérie quelques sources sans relations directes avec l'orographie du voisinage, qui ont le plus souvent une température assez supérieure à la température moyenne du lieu et qui, étant très certainement artésiennes, ont accumulé autour de leur orifice d'écoulement des monticules de sables. Ces sources, comme la plupart des autres, ont dû de tout temps servir de stations occupées par les hommes ; mais l'enfouissement si facile dans un sol meuble et la conservation de beaucoup de débris accumulés ont été favorisés par leur dépôt sablonneux et on peut espérer que des fouilles intelligentes viendront ajouter beaucoup à nos connaissances sur ces stations humaines préhistoriques. Ces dépôts sont le plus souvent si restreints qu'il serait impossible de les figurer sur les cartes autrement que par un signe conventionnel.

La plus remarquable de ces stations est celle de Ternifine (Palikao), dans la plaine d'Éghis, à l'Est de Mascara. L'exploitation du sable a amené la découverte de nombreux ossements d'animaux divers accumulés par l'homme, qui n'y a laissé lui-même aucun ossement, mais des restes d'une industrie très primitive, des haches en quartzite ou en grès, rarement en calcaire, du type chelléen, et de petits éclats de silex souvent retouchés avec les nucleus dont ils étaient détachés. Les traces de ces outils se montrent souvent sur les ossements ; elles sont toujours grossières. Des pierres de foyer, faites avec la carapace concrétionnée du terrain subatlantique, au travers duquel émerge la source, et des débris d'une poterie très grossière attestent une industrie moins primitive que ne le ferait admettre la grossièreté de l'outil principal, qu'on le nomme hache ou coup de poing.

Il résulte de ces constations que l'âge de ces stations n'est pas, à proprement parler, paléolithique, mais se rapporte à une phase plus récente de l'évolution des races préhistoriques, que l'on pourrait désigner sous le nom de mésolithique.

La faune se compose de l'Elephas atlanticus Pom. très abondant ; autre petite espèce voisine de E. melitensis, si ce n'est elle-même ; Hippopotamus major ?, probablement une espèce ou une forte race distincte ; Sus scrofa ? petite race ; Camelus Thomasii Pom. ; Bœufs indéterminés ; antilopes indéterminées ; Rhinoceros mauritanicus Pom. du sous-genre Atelodus ; Equus mauritanicus Pom. ; Hyæna spelæa et autres espèces indéterminées. On trouvera d'autres renseignements dans le compte rendu d'une excursion de l'Association française à ce gisement lors du Congrès d'Oran. On a reconnu une station analogue près du village d'Aboukir, dans des sables qui renferment une accumulation extraordinaire de coquilles d'Helix melanostoma et H. lactea. Des fragments de dents de l'Elephas atlanticus et une grande quantité de petits éclats de silex ne laissent pas de doute sur leur synchronisme.

Des recherches ultérieures permettront sans doute de rattacher à ces stations des gisements plus étendus parmi les dépôts d'origine détritique confondus jusqu'à ce jour sous la dénomination d'atterrissements quaternaires récents. On a retrouvé l'Elephas atlanticus près de la Sénia en une station à vérifier ; il était antérieurement connu de Millésimo, d'après une molaire rapportée par le docteur Guyon et décrite par Gervais comme E. africanus. Il sera intéressant de savoir quelles sont les relations de ce gisement avec les atterrissements qui ont dû en bloc être rapportés à l'étage p⁴ dans la plaine de Guelma, à défaut d'observations directes et de détails. Il y a là pour ces questions un vaste champ de recherches à exploiter.

q²⁴, Il est très probable que les limons plus ou moins stratifiés qui forment le sol des vallées, souvent en contre-bas des terrasses quaternaires anciennes et dans lesquels les cours d'eau actuels ont creusé leurs berges. sont postérieurs aux stations préhistoriques précédentes, puisqu'on y trouve les ossements de l'Elephas africanus, espèce propre encore à l'Afrique, qui aurait même vécu à l'état de liberté pendant les temps historiques en Berbérie. Mais cela n'est pas encore démontré ; ce que les historiens en ont dit ne suffisant pas pour indiquer si ce n'étaient pas des éléphants élevés pour les armées. Quoi qu'il en soit, cette espèce a dû vivre dans le pays dans les derniers temps quaternaires ; car ses ossements ont été trouvés dans la Mitidja dans des limons régulièrement stratifiés à plusieurs mètres au-dessous de fondations de constructions romaines, par conséquent à une époque bien antérieure à leur occupation.

C'est à peu près dans les mêmes conditions que l'on a découvert plusieurs crânes d'un grand buffle, décrits par Duvernoy sous le nom de Bos (Bubalus) antiquus. espèce probablement éteinte, qui indique aussi une date assez ancienne pour les sédiments qui les renferment ; ces découvertes ont été faites dans la Mitidja, auprès de Djelfa, auprès de Sétif et dans l'Oued Seguin, par conséquent sur les plateaux comme dans le Tell. Ce dernier gisement, en outre du buffle, a donné aux recherches de M. Thomas : Bos primigenius mauritanicus, Antilope bubalis Pall., Camelus dromedarius ?, Equus africanus (le cheval barbe), Asinus atlanticus Thom., sanglier. autruche, etc. J'y ajouterai un bœuf de la taille d'un petit B. taurus. Il doit en être de même pour les limons des autres grandes plaines (plaine du Chélif et autres) dont les conditions de formation correspondent à des phénomènes météorologiques bien différents de ceux de l'époque actuelle, qui seraient tout à fait impuissants à les reproduire. Dans ces dépôts, la forme limoneuse prédomine, mais il y a aussi à la base des formations alluvionnaires, galets, sables et graviers, et même, plus rarement il est vrai, des intercalations des mêmes graviers à plusieurs niveaux, mais sans constance ni régularité. On conçoit même qu'il peut y avoir de petits bassins où l'hétérogénéité de la formation a pu être produite et augmentée par des circonstances toutes locales.

A cette époque, il faut rattacher les éboulis des coteaux à terre rouge, qui ont fourni des dents de la même espèce d'éléphant au cap Caxine et sous Kouba. La rubéfaction est probablement due aux actions atmosphériques et elle ne s'est pas par conséquent produite partout et n'est pas un caractère de la formation.

C'est probablement à la même époque qu'il faut rapporter le remplissage de fentes et de grottes, où ont été trouvés des fragments de dents d'Elephas africanus avec des débris de poteries grossières, des haches polies et un certain nombre d'ossements de mammifères pour la plupart d'espèces actuelles ou domestiques. mais dont quelques-unes appartiennent à des espèces éteintes ou disparues. Tels sont une petite antilope à dents molaires d'addax et un phacochère ; dans une de ces grottes, M. Schopin a trouvé une mâchoire de Hyæna spelæa associée à la Hyæna vulgaris ; mais il faut remarquer que l'introduction d'ossements a été et est encore faite dans ces gisements par des porcs-épics, qui en ont rongé la plupart et que ceux de plusieurs époques peuvent y avoir été mêlés.

Ces gisements sont la grotte du Grand-Rocher près Guyotville, celle disparue de la Pointe-Pescade, fouillée par Bourjot, d'autres aussi disparues par exploitation autour de Birmandreïs, les fentes exploitées par M. Maupas dans le ravin de la Femme-Sauvage et dont les ossements sont à l'Ecole des Sciences, une caverne à l'Ouest de Guyotville. Un abri sous rocher à Fort-de-l'Eau est d'autant plus intéressant que le rocher y est formé par la plage marine soulevée, qui par suite lui est bien antérieure. Avec des fragments de dents incontestables de l'Elephas africanus, on y trouve des restes d'un chameau qui présente avec le dromadaire actuel des différences dans les proportions de la symphyse mandibulaire, peut-être à la vérité dues à l'âge non adulte de notre sujet. Il est bien à regretter que les pièces recueillies à l'Oued Seguin, au Fort-de-l'Eau et à Palikao ne soient pas comparables entre elles et ne permettent point de s'assurer de leurs caractères spécifiques. Ces stations sont certainement d'âge néolithique.

Je pense que c'est à cette époque, ou au plus à celle de l'Elephas atlanticus, que l'on doit rapporter la formation des limons qui avoisinent les sebkhas du Tell oranais. Ces limons, en effet, se rattachent directement à ceux des grandes plaines du Chélif et de l'Habra. Il doit en être de même des couches de gypse grenu ou pulvérulent qui constituent les sols salés impropres à la culture, situés en dehors des dépressions actuelles, comme entre Valmy, La Senia et Mangin et dans les plaines de Saint-Louis et de Télamine; ici on y a trouvé l'Helix candidissima. Dans le pays des Ahl-el-Hassian, sous Aïn-Noïsy, une assez grande zone salée est entrecoupée de mamelons arrondis culminant de 15 à 35 mètres au-dessus de la plaine, reliés entre eux plus ou moins et sans ordre et avec deux petites sebkha exploitées comme salines. Le bord méridional de la grande sebkha de Miserghin est longé par le bourrelet de collines bosselées du Hamoul formées de limons semblables, avec petites lagunes salées exploitées pour leur sel. La grande saline de Sidi-Zian, entre Mina et Chélif, est

entourée par une ceinture continue de semblables limons formant
comme un cratère dont le point le plus élevé culmine à 120 mètres
au-dessus d'une plaine qui en atteint à peine 60.

La masse limoneuse qui constitue ces reliefs ne diffère aucunement
de celle des plaines ; si ce n'est qu'elle est le plus souvent criblée de
petits cristaux lenticulaires de gypse, paraissant s'être constitués sur
place par imprégnations sulfureuses et ayant nécessairement produit
un foisonnement auquel sont sans doute dus les bossellements, dont
la grandeur a dû être proportionnée à l'intensité du phénomène
d'imprégnation. Ces tuméfactions sont en rapport constant avec les
sebkhas actuelles. Elles semblent en avoir même en quelque sorte
tracé certaines limites par leur formation, d'où on pourrait conclure
que celles-ci sont postérieures au phénomène d'atterrissement limoneux des grandes plaines. Mais il est plus probable que ce n'est là
qu'une phase de la constitution des sols de sebkhas ; car il en existait
déjà à la fin de l'époque de ces atterrissements qui se sont plus ou
moins bosselés sous les mêmes influences et nous montrent maintenant de vrais sebkhas desséchées, qui par leur résistance à toute
mise en culture présagent quel sera le sort des entreprises de dessèchement et de dessalement des fonds actuels de sebkhas.

Il est certain que ce phénomène de bossellement date d'une époque
encore bien éloignée dans les temps quaternaires, qu'elle a peut-être
clos ; en sorte que les derniers dépôts dont elle paraît avoir préparé
le lit, et qui sont encore restés nivelés dans les bas-fonds, doivent
être classés dans une époque plus récente. Il ne me paraît pas qu'il
en soit autrement pour les chotts des plateaux, qui présentent au
pied des terrasses de quaternaire ancien, les dominant quelquefois
de beaucoup comme au Chott El-Gharbi, des zones d'atterrissements
limoneux avec ou sans cristaux de gypse, correspondant à q^{2a} et
limitant plus ou moins leur bas-fond salé. Les Zahrez, le Hodna, les
Chotts El-Berda, Mezouri et Djendeli, les Guerahs El-Guellif et El-
Tharf se ressemblent à cet égard.

q²ʳ) Je crois devoir persister à ranger sur le même horizon les couches à Cardium edule des chotts sahariens et autres fonds de Heïcha et de Sebkha du Sahara, qui sont dans les mêmes rapports avec les terrains quaternaires anciens des Hamada que nos limons des basses plaines du Tell avec les terrasses quaternaires également anciennes, qui les surmontent mais ne les recouvrent pas. Tous ces dépôts au Sahara sont remarquables par la quantité de gypse sédimentaire qu'ils ont emprunté à celui des assises du q⁴ᵃ. Lacustres au début, ils se sont ensuite de plus en plus salés ; puisqu'on y observe dans les parties profondes des limnées et planorbes et dans les zones moins élevées le cardium edule, d'abord mêlé avec les espèces lacustres, puis y restant seul et finissant par disparaître à son tour, pour indiquer les diverses phases de l'instauration du régime saharien, qui ne doit pas dater de plus loin ; en effet, cette instauration exclut absolument les phénomènes diluviens, métaphoriquement parlant, auxquels sont dues les accumulations détritiques immenses qui ont constitué le quaternaire ancien.

« Le terrain à Cardium edule du Sahara est de composition très variable, dit l'ingénieur Tissot ; on y trouve des poudingues, des sables et des grès plus ou moins friables, des argiles, le tout plus ou moins chargé de gypse et présentant fréquemment des couches de gypse proprement dit. Il n'est pas douteux qu'il ne soit formé de strates se maintenant assez régulièrement sur de grandes étendues. Mais dans le Sahara, l'étude des relations ou du mode d'association de ses diverses parties présente d'assez grandes difficultés à cause des grandes étendues à parcourir ; à cause de l'obligation de passer en général très rapidement ; à cause des dépôts de dunes et des encroûtements gypseux de l'époque actuelle, qui masquent souvent sa surface sur de grandes étendues » analogues à la carapace calcaire du Tell et des Hamada. « Sauf dans la région de Dzioua les stratifications observables sont en général faiblement inclinées et presque parallèles au sol, de sorte que l'étude de la série complète des couches de ce terrain et de leur mode d'association exigerait le parcours d'énormes distances. Les sondages artésiens de l'Oued Righ' traversent ce terrain... » Tissot a dit positivement que le terrain lacustre du Nord de Biskra était recouvert en stratification discordante par les couches à Cardium edule ; le premier étant pliocène, le second ne peut l'être.

Cependant M. Rolland est d'une opinion contraire, et après avoir insisté sur ce qu'il ne trouve aucune raison, ni stratigraphique ni paléontologique pour que ce terrain à Cardium edule ne soit pas identifié au pliocène de Biskra, malgré la constatation de discordance relatée ci-dessus, il l'appuie sur la présence dans l'un des sondages de Meraïer d'espèces d'hélices se rattachant au type de H. semperiana, qui serait pliocène à Constantine. On a vu toutefois plus haut que je classe les marnes gypseuses à hélices dentées du polygone d'artillerie dans l'étage sahélien antérieur au pliocène. Mais les hélices de Meraïer en diffèrent ; elles diffèrent même de H. Tissoti du lacustre pliocène de Biskra, dont elles sont simplement voisines ; en outre, ce type d'hélices à test épais et à péristome grimaçant n'est pas uniquement caractéristique de la période tertiaire, puisqu'il est encore vivant dans l'Ouest des Hauts-Plateaux où il est représenté par H. Burini et H. Dastuguei Bourg., qui s'y montrent même dans les quaternaires supérieurs. Même quand cela serait, rien ne prouverait que le gisement de ces coquilles à 58 mètres de profondeur et bien au-dessous de la zone à Cardium edule ne pourrait pas appartenir au vrai terrain à Helix Tissoti, qu'il n'y a en effet aucune raison pour exclure du substratum possible de ces couches, tandis que ces couches elles-mêmes seraient en réalité quaternaires.

Un sondage récent poussé près de Biskra jusqu'à 350 mètres de profondeur à travers la partie conglomérée du p¹ et arrêté probablement aux couches marnogypseuses de la base, a traversé une série d'assises bien différentes de celles des sondages du Righ' et qui s'oppose à leur identification.

Je dois en outre faire remarquer, pour expliquer pourquoi je ne puis me ranger à l'opinion de M. Rolland, que l'étude du quaternaire d'Algérie a démontré que cette période embrassait plusieurs phases très distinctes, dont l'histoire est écrite un peu plus haut, et que les cadres n'y manquent pas pour recevoir toutes les divisions que pourrait comporter l'ensemble des terrains quaternaires du Sahara, sans avoir besoin d'en faire remonter une partie dans le pliocène même, pour en former alors un pléistocène qui ne serait qu'un changement d'étiquette. La dernière raison enfin est qu'un représentant indéniable de ce prétendu pliocène dans le Tell repose en discordance sur le véritable pliocène marin supérieur, comme je l'ai dit ci-dessus, et ne permet pas son classement dans le terrain tertiaire supérieur. Il est en outre une raison qui n'est pas sans valeur au point de vue auquel je suis obligé de me placer, c'est l'impossibilité de tracer entre ce prétendu pliocène et le quaternaire des démarcations sur la carte même provisoire au 1/800.000°, où une teinte spéciale a dû être adoptée pour le pliocène et une autre pour le quaternaire.

§ 3. — *DUNES.*

qd) C'est l'indice réservé sur la carte provisoire à la dernière partie des formations quaternaires et qui comprend les grandes dunes de la région saharienne.

q^3) Ces dunes me paraissent encore devoir être rangées dans cette époque et y constituer la formation géologique la plus récente de la série ; et leur rôle est considérable. Elles couvrent, en effet, des surfaces immenses toujours superposées aux formations précédentes et n'étant recouvertes par aucune. Leur ancienneté est prouvée par la constitution de leur régime bien antérieurement aux temps historiques ; elles correspondent à un régime météorologique analogue au régime actuel de la région ; mais l'instauration de ce régime remonte très loin dans les temps préhistoriques et c'est à leur surface qu'on trouve souvent les outils en silex qui caractérisent les stations humaines de cette dernière époque. A l'époque actuelle, on peut dire que ces dunes sont à peu près fixées ; non pas qu'on ne puisse y constater encore une certaine mobilité, surtout dans les parties de la surface modifiées par le travail de l'homme, qui a alors à lutter et souvent sans succès contre l'envahissement lent mais constant du sable. La grande dune n'a pas de ces mouvements, qu'on a comparés aux vagues d'une mer déchaînée et modifiant complètement ses formes. Il y a en quelque sorte permanence attestée par les noms donnés aux accidents topographiques des routes des caravanes, mamelons, cols, dépressions, couloirs, etc., et, pour que ces noms se conservent, il faut que les accidents qu'ils désignent persistent au moins pendant plus d'une génération.

L'état actuel existait déjà ainsi constitué à l'époque des plus anciens historiens qui nous aient laissé quelques indications sur ces contrées longtemps mystérieuses : et on peut en dire autant de toute la Libye orientale. Je ne pense pas qu'il soit important de s'appesantir sur l'origine de ces immenses accumulations de sables. Les dénudations gigantesques des régions élevées du quaternaire ancien, au pied de l'Atlas d'un côté et au pied de l'Aoggar de l'autre, et l'entraînement des détritus limoneux près des dépressions, le départ dans les eaux de transport à mesure de la diminution des pentes du sable et des troubles limoneux, ces derniers continuant leur route vers les bas-fonds, la préparation mécanique du sable par les vents réguliers après l'effritement des surfaces encore un peu limoneuses.

Tels sont, je crois, les facteurs de ce colossal travail, qui peut se continuer de nos jours, mais avec une puissance tellement réduite que ses effets doivent être insensibles à côté des anciennes productions. Ce qu'on nous a raconté des sables et des dunes des rivages, lavés et rejetés par la mer, a fait naître l'idée que les grandes dunes devaient être attribuées à une ancienne mer, la mer saharienne, dont les glaciéristes outranciers se sont emparés pour leur théorie. J'ai été un des premiers à protester contre ce roman de la mer saharienne, qui a failli nous coûter bien des déceptions et bien de l'argent, et je puis croire que l'opinion est enfin revenue en grande majorité sur cette utopie de la réfection d'une mer qui n'a jamais existé.

Mais il reste encore des obstinés qui tirent argument des coquilles marines recueillies çà et là à la surface de ces dunes, ou même sur quelques points des buttes limoneuses qui les avoisinent. Or, l'inventaire en a été dressé par M. Thomas, qui a le plus contribué par ses patientes recherches à en augmenter le nombre, et il démontre que ce n'est pas la mer qui les y a transportées. Ces espèces appartiennent à des mers tellement différentes qu'elles ne peuvent avoir été ici réunies que par une autre cause, qui n'est autre que l'action de l'homme lui-même. Il suffit, pour le démontrer sans réplique, de citer le Cauri, Cypræa moneta, cette coquille monnaie de l'Afrique centrale, qui ne peut avoir été apportée que par les Nègres, ainsi que la plupart de celles qui lui sont associées.

Quant à celles qui, au lieu d'être trouvées à la surface des sables, l'auraient été dans des lits réguliers de limons, la plus importante est la Nassa gibbosula. Or, l'échantillon recueilli est certainement perforé et a fait partie d'un chapelet de coquilles, ainsi que j'ai pu le constater sur l'objet lui-même, lors de la présentation du Mémoire de Tournouër au Congrès de l'Association française de 1878, à Paris. Cette coquille provient de Bou-Chana, où Escher de la Linth et Desor l'ont trouvée dans une station préhistorique, comme elle se trouve dans les alluvions fluviatiles de l'Oued Akarit avec de beaux silex taillés.

Dans le Sud de l'Algérie, l'Erg, ou la grande région des dunes, forme deux groupes distincts séparés par la grande bande crétacée qui, à travers le M'zab, s'étend par Goléa vers le Tidikelt. Ces deux grands amas occupent, dans chacun des bassins, une situation analogue, quoique inverse, en amont des Sebkhas, du côté où sont arrivés les transports détritiques, le Sud pour le bassin oriental, et le Nord pour le bassin occidental.

Dans le bassin oriental, elles paraissent dépasser la région quaternaire pour empiéter sur les immenses surfaces sénoniennes du Sud de la Tripolitaine jusque près de Ghadamès, et la craie a été observée par Vatonne au campement de Bir-Essof, dans des dénudations du manteau de dunes. Dans le bassin occidental, elles s'étendent probablement uniquement sur les atterrissements et s'interrompent à l'Oued-Msaoura pour laisser libre le passage du futur transsaharien dans son tracé le plus simple, le plus économique, le plus assuré de trafic dans sa section intermédiaire, pour recommencer au-delà sous le nom de dunes d'Iguidi et se poursuivre jusqu'au rivage atlantique s'orientant sur la direction de l'Alisé.

On peut observer au Sud des chotts des Hauts-Plateaux d'Oran et d'Alger un cordon de dunes qui, pour n'être en quelque sorte que rudimentaires, n'en sont pas moins très gênantes pour la circulation des voitures. La désagrégation des grès pliocènes du plateau de Mostaganem donne aussi lieu à la production de dunes qui, sur une échelle très minime, reproduisent les phénomènes d'envahissement des cultures dont on se plaint dans les oasis. Elles menacent les routes et voies ferrées, et heureusement les plantations de Tamarix gallica ont pu y apporter un remède assez efficace.

CHAPITRE IX

FORMATIONS RÉCENTES.

Ces formations sont tellement peu développées en Algérie qu'il est impossible de les représenter à leur échelle sur la carte au 1/800.000ᵉ dans la plus part des cas. Elles y figurent avec la lettre **a**.

a) Les alluvions de l'époque actuelle sont confinées dans les lits majeurs des grands cours d'eau, qui ne les franchissent que très exceptionnellement et se bornent à y remanier à chaque crue leurs charriages alluvionnaires. Dans certaines plaines basses, marécageuses, plus ou moins inondées dans les années fortement pluvieuses, comme celles de la Mafrag, à l'Est de Bône, des Senadja, à l'Est du Filfila, du lac Haloula, de la plaine de l'Habra-Macta, etc., chaque saison hivernale apporte son tribut de sédiments limoneux qui viennent se superposer aux précédents et aux détritus de la végétation marécageuse, pour en augmenter plus ou moins sensiblement l'épaisseur ; sans qu'il soit possible d'en estimer l'importance. Les travaux de dessèchement y mettent obstacle partout où ils ont été exécutés ; mais cet ensemble de formation ne semble influer en aucune manière sur les reliefs actuels. On peut en citer un exemple au Sahara, dans la région au Nord des Chotts, où l'Oued Djeddi et les torrents de l'Aurès viennent répandre leurs transports alluvionnaires et y constituer la région désignée sous le nom de Farfaria.

Il ne s'opère que de très faibles dépôts, soit dans les grands lacs du Tell, comme les Guerahs de La Calle, le Fetzara de Bône, les Sebkhas des environs d'Oran, les bassins fermés des Hauts-Plateaux à fonds plus ou moins salés et gypseux et ceux des Sebkhas sahariennes.

a¹) La formation des travertins se produit encore de nos jours en nombre de points, non seulement du fait des sources minérales qui ont donné lieu à un certain nombre de corniches toutes spéciales, dont certaines reposent sur du quaternaire ancien, mais du fait aussi des cascades qui encroûtent encore et souvent rapidement les parois rocheuses du haut desquelles elles se précipitent. Mais ce sont là toujours des dépôts de trop faible étendue pour figurer sur la carte.

a^d) Les dunes récentes ne jouent qu'un rôle très effacé sur les rivages algériens. Dans la province d'Oran, les plus considérables sont celles de la Macta, qui barrent la plaine de l'Habra et derrière lesquelles des lagunes salées peu étendues nourrissent une faune marine : Ostrea edulis, Cerithium vulgatum, Cardium edule (type marin), que viennent quelquefois détruire les inondations fluviales et qui se reconstitue de nouveau par les envahissements de la mer après rupture de la barre par les grosses tempêtes. Près de l'embouchure du Chélif il y en a quelques rudiments remarquables par la grande altitude qu'atteignent leurs traînées sur le flanc des montagnes. Dans la province d'Algér, il n'y a guère à citer que celles presque fixées qui séparent le fond oriental de la Mitidja du bord de la mer, et encore y a-t-il quelques réserves à faire au sujet de celles de l'embouchure de l'Harrach où M. Mac Carthy a trouvé des dents, molaire et défense, d'Elephas africanus, ce qui les ferait rapporter au quaternaire. Dans la province de l'Est se montrent les bourrelets qui séparent du rivage maritime les plaines des Senadja et de la Mafrag. Dans cette dernière localité elles sont en relations telles avec des dunes quaternaires q^3 et même q_4, qu'il doit être bien difficile de les distinguer les unes des autres.

OBSERVATIONS

L'étude sur les roches éruptives constitue la deuxième partie de cet ouvrage. On se bornera à signaler ici que les indices employés sur la carte provisoires sont les suivants :

γ) Pour les granites anciens ;
π^a) Pour les roches éruptives acides récentes ;
π'') Pour les roches neutres ;
π^b) Pour les roches basiques.

On aurait pu introduire dans cette édition quelques rectifications résultant des dernières recherches; mais comme dans cet ordre d'idées on ne sait trop où s'arrêter et que notre carte et son explication sont provisoires, nous avons pensé devoir nous restreindre au tableau dressé pour figurer à l'Exposition Universelle de 1889.

FIN DE LA PREMIÈRE PARTIE.

TABLE ANALYTIQUE

Pages

Introduction.. V

PREMIÈRE PARTIE. — DESCRIPTION STRATIGRAPHIQUE

CHAPITRE PREMIER

TERRAIN ARCHÉEN OU AZOÏQUE.

§ 1. — *Groupe cristallophyllien* 1

   α) Gneiss 1

   β) Micaschistes 2

   α+β) Cipolins... 2

   Massifs cristallophylliens de l'Est 2

   Massifs cristallophylliens du centre 4

§ 2. — *Groupe détritique*... 6

   x) Schistes, grès et conglomérats des Krachna 7

   Les mêmes, à Fedj-Kantour.. 8

CHAPITRE II

TERRAINS INDÉTERMINÉS, PALÆOZOÏQUES OU INFRAJURASSIQUES.

§ 1. — **s**) *Schistes et quartzites des Traras* 9

§ 2. — **d**) *Grès dévoniens*.. 11

§ 3. — **t**) *Schistes d'Oran* 11

§ 4. — **tl**) *Poudingues du Djebel Kahar* 13

CHAPITRE III

TERRAIN JURASSIQUE.

§ 1. — *Groupe du Lias*.. 15

   1²) Lias inférieur ou sinémurien 15

   1³) Lias moyen ou liasien 16

	Pages
1°) Lias supérieur ou Thoarcien	17
Distribution géographique du groupe	17
§ 2. — *Groupe oolithique*	22
J₁₋ᵢᵥ) Grande oolithe dans l'Ouest	22
La même, dans l'Est	25
§ 3. — *Groupe oxfordien*	26
J¹⁻²) Callovo-oxfordien dans l'Ouest	26
Le même, dans le Centre	27
Le même, dans l'Est	29
§ 4. — *Groupe corallien*	31
J³ᵃ) Calcaires et dolomies de Saïda et Frenda	31
Les mêmes, dans le Centre	33
Les mêmes, dans l'Est	33
J³ᵇ) Grès de Bou-Médine ; coraux	34
J³ᵃ⁻ᵇ) Grès et poudingues de l'Azerou Tidger	38
§ 5. — *Faciès tithonique*	40
J³ᵗ) Calcaire à Terebratula janitor	40
§ 6. — *Groupe astarto-ptérocérien*	44
J⁴) Calcaires et dolomies de Tlemcen	44

CHAPITRE IV

TERRAIN CRÉTACÉ.

§ 1. — *Groupe néocomien*	47
cᵢᵥ) Faune de Berrias à Lamoricière	47
cᵥ) Néocomien à bélemnites plates	47
Sa distribution géographique	48
cᵢᵥ b) Grès, marnes et calcaires à toxaster	50
cₙ a) Grès à Natices de Daya	50
Sa distribution géographique	51
cₙᵢ) Marnes à Scaphites Ivani	56
cₙ b) Calcaires à caprotines (urgonien)	57
cₙ a) Couches à Orbitolina (rhodanien)	58
Leur distribution géographique	59
cᵢ) Marnes aptiennes	62
Généralités sur le groupe néocomien	63
§ 2. — *Groupe de la craie moyenne*	65

Pages

c^{1-3}) Gault ou terrain albien 65
Sa distribution géographique 66
c^{4-5}) Terrain cénomanien 70
c^{6}) Terrain turonien 84
Leur distribution géographique 85
§ 3. — *Groupe sénonien* 90
c^{7}) Étage santonien 91
c^{8}) Étage campanien 92
c^{9}) Étage danien 94
Leur distribution géographique 95
Résumé et classification des faunes 106

CHAPITRE V

TERRAIN ÉOCÈNE.

§ 1. — *Groupe suessonien* 108
e_{vc}) Argiles gypso-salées et marnes à silex 109
e_{vb}) Marnes et grès à phosphorites 109
e_{va}) Calcaires à nummulites Rollandi 110
e_{iv}) Marnes et grès à Ostrea multicostata 110
Distribution géographique de cette série 111
e_{iiib}) Marnes et calcaires marneux de Znaker 121
Argiles et marnes du Tessala 122
e_{iiia}) Grès à Echinolampas clypeolus 124
Calcaires à Echinolampas clypeolus 125
Faune nummulitique suessonienne 127
§ 2. — *Groupe parisien* 127
e_{ii}) Marnes et conglomérats du Takerrat 127
e_{i}) Calcaires à alvéolines et nummulites 128
Extension géographique dans l'Est 129
e^{1}) Grès et poudingues du Tamgout-Haïzer 130
§ 3. — *Groupe ligurien* 131
e^{2}) Marnes et grès à fucoïdes de Tirourda 131
Leur extension sur les plateaux sitifiens 133
e^{3a}) Argiles avec lits calcaires ou gréseux d'El-Harouch 133
e^{3b}) Grès de Numidie 134

Pages

Tableau synoptique des formations éocènes et observations d'ensemble 135

CHAPITRE VI

TERRAIN MIOCÈNE.

§ 1. — *Groupe tongrien ?* 138
    m_a) Poudingues et grès de Dellys 138
    m_b) Poudingues et marnes d'El-Kantara 139
§ 2. — *Groupe cartennien* 141
    m^{1a}) Grès à amphiopé de Ras-el-Abiod 141
    m^{1b}) Poudingues et grès à clypéastres de Ténès 141
    m^{1c}) Marnes dures d'Adelia-Miliana 142
    Distribution géographique et généralités 143
    m_2) Conglomérats caillouteux de Bouïra 147
§ 3. — *Groupe helvétien* 149
    m^{3a}) Marnes, argiles et grès d'Hammam-R'hira 149
    m^{3b}) Calcaires à mélobésies et à clypéastres du Riou ... 151
    Leur distribution géographique 152
    m^{3c}) Marnes des Bou-Alouane 155
    m^{3d}) Grès du Gontas : Ostrea crassissima 157
    Généralités sur le terrain marin m^3 159
    m^{31}) Marnes et lignites du Smendou 161
§ 4. — *Groupe sahélien* 163
    m^{4a}) Grès micacés des Ghamra 163
    m^{4b}) Fausse craie d'Oran et calcaires à mélobésies 164
    Extension géographique de m^4 164
    m^{41}) Marnes à hélices dentées du polygone de Constantine 169

CHAPITRE VII

TERRAIN PLIOCÈNE.

    p_a) Grès des falaises d'El-Oudja à Oran 171
    p_{1a}) Marnes sableuses du Sahel d'Alger 174
    p_{1b}) Molasses calcaires du Sahel d'Alger 175
    p^4) Marnes et conglomérats de Kouba 176
    Les mêmes à Djidjeli et à Orléansville 178

	Pages
Marnes à Hipparion d'Oran	179
p¹) Calcaires d'Aïn-el-Hadj-Baba	180
pᶻ) Marnes et poudingues des Zibans	182
pᵈ) Alluvions de Bénian ; poudingues de Sebdou, graviers de Zenina et de Sebgague	183
pg) Conglomérats geysériens de Souk-Ahras	185

CHAPITRE VII

TERRAIN QUATERNAIRE.

Classement	187
§ 1. — *Sous-groupe ancien* (**qa**)	188
q$_{\text{ua}}$) Atterrissements caillouteux et limoneux subatlantiques	188
Les mêmes sur les plateaux	189
Les mêmes au Sahara	192
q$_{\text{ut}}$) Travertins anciens de Milianah	194
q$_{\text{t}}$) Plages marines émergées	195
§ 2. — *Sous-groupe récent* (**qr**)	198
q^{t}) Stations mésolithiques à Elephas atlanticus	198
q$^{2\,\text{a}}$) Limons à Elephas africanus	200
Grottes à Stations néolithiques	201
Limons des bords des Sebkhas du Tell	202
q$^{2\,\text{s}}$) Limons à Cardium edule	204
§ 3. — *Dunes* (**qd**)	206
q^{3}) Grandes dunes sahariennes	206
Leur distribution géographique	208

CHAPITRE IX

FORMATIONS RÉCENTES.

a) Alluvions actuelles	209
a^{t}) Travertins récents	210
a^{d}) Dunes récentes	210
Observations et indices des roches éruptives	212

ROCHES ÉRUPTIVES

DEUXIÈME PARTIE

ROCHES ÉRUPTIVES

ÉTUDE SUCCINCTE

PAR

MM. J. CURIE & G. FLAMAND

OBSERVATIONS PRÉLIMINAIRES

Cette étude est loin d'être définitive. Destinée surtout à servir de
guide pour des recherches ultérieures plus précises et plus appro-
fondies, elle permet déjà, cependant, de jeter un coup d'œil d'ensemble sur la nature et la disposition des massifs éruptifs de l'Algérie.
On ne possédait guère, jusqu'à présent, sur ce sujet, que des connaissances déjà anciennes, et qui ne sont plus au niveau de ce que les
méthodes scientifiques actuelles permettent d'obtenir.

Il convient cependant de citer deux études plus récentes. L'une, de
M. Vélain, qui visita les îles du littoral algérien et plusieurs points
de la côte avec l'expédition du *Narval* en 1873. Le mémoire que ce
savant doit publier n'a malheureusement pas encore paru. M. Vélain
a seulement donné dans les comptes rendus de l'Académie des scien-

ces, en 1874, un aperçu préliminaire sur les îles qu'il a explorées et une note dans le Bulletin de la Société de géologie, en 1884, sur une roche du cap Noé.

M. Delage a récemment, dans sa thèse sur le Sahel d'Alger, étudié plusieurs gisements de roches éruptives qui sont en rapport avec les terrains qu'il a décrits.

Toutes les roches dont nous parlons ont été recueillies par nous, et leurs relations stratigraphiques étudiées sur place, à peu d'exceptions près ; mais il est nécessaire de dire quelle part importante revient dans ce travail à MM. Pomel et Pouyanne, directeurs du Service de la Carte géologique. Quantité de renseignements, d'observations, de déterminations d'âges et de terrains nous ont été fournis par eux. Il nous faudrait les citer à chaque page ; car, si nous avons pu réunir et discuter en aussi peu de temps un aussi grand nombre d'observations, c'est certainement à ces messieurs que nous le devons.

Nous devons également à M. Ficheur, préparateur à l'École des Sciences, des renseignements très précieux concernant toute la région Ménerville-Djinet, dont il a levé la carte géologique détaillée. C'est à lui qu'on est redevable de la connaissance de la plupart des faits remarquables que cette région contient. Ses indications nous ont été de première utilité pour la classification chronologique des roches tertiaires.

GÉNÉRALITÉS

Ce travail a été divisé en deux parties : Dans la première se trouvent réunies quelques considérations générales sur la nature des principales catégories de roches, sur leur classification et sur leur répartition dans le pays ; la seconde partie contient, pour chacun des massifs éruptifs, l'étude succincte des diverses espèces de roches qu'on y rencontre, avec les indications d'âge qui y sont directement déterminables.

Roches anciennes. — Les roches anciennes, c'est-à-dire antétertiaires, sont rares en Algérie ; et même, sauf un cas, celles que l'on admet comme telles ne le sont pas, en vertu de raisons précises fixant leur âge d'une façon certaine au-dessous d'une limite déterminée, mais seulement en raison de leurs analogies avec des types classiques, et surtout en raison des conditions de leurs gisements.

Ces roches consistent en filons de pegmatite ou de granulite souvent tourmalinifères. On les rencontre exclusivement dans les terrains primitifs qu'elles ont percés. Elles y forment en général des filons peu puissants, parfois très réduits et se mêlant si intimement à la roche encaissante qu'il est souvent difficile de savoir s'il faut rapporter telle partie à la roche éruptive ou à la roche gneissique. Certains gneiss sont peut-être même le résultat d'une pénétration semblable et complètement intime.

Les principaux gisements se trouvent : près de Bône, dans le massif de l'*Edough* ; dans le massif du *Djurjura* et notamment à *Haussonvillers*, à *Souk-el-Haâd*, à *Bordj-Ménaïel*, enfin dans le

massif d'*Alger* et également au petit pointement schisteux du *Cap
Matifou*.

Le granite ancien fondamental est inconnu en Algérie ; il n'y a
encore été signalé nulle part. Le granite éruptif lui-même est très
rare. On ne peut en citer qu'un seul gisement, encore est-il peu étendu,
situé à *Nédroma*, au Sud de Nemours. Ce granite est prostcambrien
et certainement antéjurassique (Pouyanne). Il a lui-même été traversé par un filon de granulite tourmalinifère.

Un autre pointement d'une roche granitique se trouve près de
Ménerville, à la limite entre un massif schisto-cristallin et le terrain
sédimentaire encaissant. Toute notion d'âge utile manque, mais on
peut démontrer par sa structure et ses analogies que cette roche doit
être classée parmi les granites tertiaires.

Roches secondaires. — On ne connaît en Algérie aucune roche
dont la date d'éruption puisse être établie comme appartenant à
l'époque secondaire.

Il y a un cas douteux (celui de la roche trouvée au cap Noé par
M. Vélain) ; nous ne l'avons pas vue nous-même, mais d'après ses
analogies elle paraît être tertiaire et même pliocène.

Roches tertiaires. — Les roches tertiaires, elles, sont assez répandues. On n'en rencontre à l'état de développement important que trois
grandes classes : des liparites, des roches basaltiques et des roches
ophitiques.

1° Les *roches acides* ont été classées et définies de la façon suivante : *granites tertiaires, granulites, microgranulites*.

Liparites quartzifères comprenant des variétés microgranulitiques,
des variétés à silice globulaire et des variétés pétrosiliceuses. Il a
paru préférable, au lieu de réunir, comme on le fait parfois, toutes
les roches acides tertiaires dans la famille des liparites, d'en distin-

guer par leur nom direct les trois premières espèces de roches qui
sont complètement cristallines. Les liparites représentent et comprennent alors toute la série acide à pâte et à cristallinité décroissante.
Elles correspondent exactement, terme pour terme, aux diverses
espèces de porphyres de la série ancienne, tels qu'ils ont été classés
par M. Michel-Lévy. Les liparites pétrosiliceuses sont en somme des
rhyolites.

Les *liparites feldspathiques* sont des termes, toujours très acides
et silicifiés, mais dans lesquels commencent à se montrer quelques
rares microlites d'oligoclase, le quartz ancien diminue ou disparaît,
le plagioclase devient abondant en grands cristaux. Elles constituent
donc des termes de passage aux andésites, termes plus acides que
les dacites.

Il est difficile de dire si dans les liparites la silice de la pâte est
toujours primordiale ou si elle est secondaire. Elle est certainement
primordiale dans les premiers termes de la série ; cela devient plus
douteux dans les derniers termes, mais on ne sait pas où faire la
séparation. D'autant plus qu'il existe toute une série de produits
tufacés, tels que les produirait la solidification de boues éruptives,
et qui passent aux roches liparitiques franches par des gradations
insensibles.

π") *Les roches neutres* ont été décrites sous les noms d'*andésites* et
de *trachyandésites* qui ne nécessitent pas d'explication.

π") *Les roches basiques* comprennent plusieurs catégories ; on a
distingué la classe des *basaltes francs*, la classe des *basaltes amphigéniques*, et enfin la classe des *augitandésites*. Cette classe est ici
très utile, parce que la classification française qui est très précise, ne
s'adapte qu'avec difficulté aux nombreux termes existant entre les
espèces définies qu'elle admet ; et c'est, ici au moins, le cas général.
La classe des *augitandésites* est considérée ici comme elle l'est par

Zirkel, Rosenbuch et l'école anglaise, c'est-à-dire comme réunissant les roches intermédiaires entre les trachyandésites et les basaltes proprement dits. Elle comprend donc comme espèces françaises principales les *labradorites* et les *andésites augitiques à pyroxène* et surtout les termes intermédiaires de passage. Du reste, quand la chose a été possible, la spécification précise a été indiquée.

Enfin, nous avons désigné sous le nom de *roches basaltoïdes* des roches mixtes qui occupent une position centrale entre les basaltes vrais, les labradorites, les dolérites et les augitandésites.

Les *roches ophitiques* ont été décrites non pas simplement comme structure mais en tant que groupe défini, ce qu'elles forment certainement ici, se séparant nettement par leur nature et leur manière d'être de toutes les autres catégories de roches. Les dolérites, dites à structure ophitique, n'y ont pas été comprises mais rattachées aux roches basaltiques, dont elles font réellement partie en tant que fonction naturelle.

Classification chronologique. — La classification des roches tertiaires par rapport au temps, à travers les âges géologiques, se fait ici d'une façon remarquable. Elle peut cependant être considérée comme obtenue, avec d'autant moins de parti pris que ce travail avait été commencé avec des idées préconçues plutôt opposées que favorables à la réalité de relations semblables.

Si on laisse provisoirement de côté les serpentines de Collo, dont l'âge est incertain, mais qu'il faudrait peut-être placer dans l'éocène en tête des éruptions tertiaires, on constate que les roches éruptives tertiaires de l'Algérie ont débuté par l'émission de vrais granites, parfois un peu particuliers, ce qui permet de les spécifier plus sûrement ; ce sont indubitablement des granites on ne peut mieux caractérisés. On les rencontre à Ménerville, à Bougie, à Collo, à El-Milia, en place ou en blocs roulés dans les poudingues de nombreuses localités. Ces granites sont *éocènes* ; ils ont percé les marnes sénoniennes à Bougie ; on les trouve en cailloux roulés et en blocs dans les poudingues dellysiens (tongriens) à la base même du miocène. Leur place exacte dans l'éocène est encore indéterminée ; cependant, la direction de la chaîne du granite de Ménerville, qui a une longueur de huit kilomètres, est exactement celle du plissement pyrénéen, il faudrait donc rapporter cette éruption à la *période ligurienne*[1].

Après les granites vrais sont venus des termes plus finement cristallins, granulites et microgranulites. Puis des roches à cristallinité décroissante constituées par les différents termes de la série des liparites. Les microgranulites très franches, Collo, paraissent à cheval sur la fin du ligurien. Les liparites microgranulitiques sont déjà partout postliguriennes. Les liparites feldspathiques et les dacites ont fait éruption à l'*époque cartennienne* en s'échelonnant à diverses hauteurs dans ce terrain (intercalations de Rouafa). Elles cessent avec cette période.

Dans l'*helvétien* paraissent des roches qui appartiennent à la classe des augitandésites et des basaltes. On peut en voir des coulées intercalées dans ce terrain à Drah-Rahmane (massif de Djinet) ; une émission abondante plus particulièrement de labradorites y a eu lieu vers la fin de cette période. Dans l'Ouest on y trouve un certain nombre de types basaltiques plus ou moins francs dont plusieurs datent du début de l'helvétien, peut-être même ont-ils commencé à paraître vers la fin du cartennien.

Au *début du Sahélien* se place un fait de la plus haute importance : il y a eu réapparition brusque et momentanée de types acides ; quelques rhyolites, puis des roches trachytoporphyriques et des trachyandésites (Mzaïta). L'émission de ces roches ne paraît pas avoir duré longtemps et dans le *pliocène* reparaissent des types basaltiques mieux caractérisés que ceux de la période helvétienne (Tafna).

C'est à *la fin du pliocène* que semblent être sorties les syénites

---

(1) Voir à l'appendice la preuve directe de l'âge ligurien des granites.

éléolithiques de Cherchell (Djebel Aroudjaoud). C'est aussi à cette époque que paraissent devoir être rapportées certaines (si ce n'est la totalité des) éruptions ophitiques (Aïn-Nouissy).

Enfin, dans le *quaternaire* se trouvent des basaltes et en particulier les basaltes à amphigène d'Aïn-Témouchent (Aïn-Tolba).

Il y aurait plusieurs faits intéressants à faire ressortir de cette classification, mais cela ne rentrerait pas dans le cadre de cette publication. Il est cependant nécessaire d'attirer l'attention sur le plus important d'entre eux, c'est-à-dire sur la relation qui existe entre la récurrence des types acides et granitiques et les mouvements de dislocation terrestre.

Une première ère acide et granitoïde s'est produite à l'époque du mouvement des *Pyrénées*. Après diverses variations et baisse finale de cristallinité et d'acidité, des types basiques sont sortis pendant l'helvétien. Puis au début du sahélien (c'est-à-dire exactement à l'époque du mouvement des *Iles Baléares*, lequel s'est fait énergiquement sentir sur toute la partie Ouest de l'Algérie) il y a eu brusque récurrence de roches acides, peu cristallines. Le pliocène a vu le retour des roches basiques, mais à la fin de cette période, c'est-à-dire à l'époque du mouvement des *Alpes principales*, une troisième réapparition de roches acides, et granitoïdes cette fois, paraît avoir eu lieu.

Le tableau suivant résume les divers faits contenus dans l'énumération précédente :

Tableau de la chronologie des roches tertiaires.

NATURE DE LA ROCHE	ÉPOQUE D'ÉRUPTION	LOCALITÉS PRINCIPALES
Granites.	Eocène { Ligurien. / *Pyrénées.*	Rég. Bougie. / rég. El-Milia.
Granulites.	Id.	Id.
Microgranulites.	Fin du ligurien.	Rég. Collo, / rég. El-Milia.
Liparites quartzifères.	Postligurien.	Id.
Liparites feldspathiques, / Dacites.	Cartennien.	Rég. Ménerville.
Augitandésites, / Labradorites. Balsaltes.	Helvétien.	Rég. Djinet, / rég. Nemours.
Rhyolithes. / R. trachytoporphyriques.	Début du Sahélien. / (*Baléares*).	Rég. M'zaïta.
Trachyandésites.	Sahélien.	Id.
Augitandésites, / Basaltes.	Pliocène.	Rég. de la Tafna.
Ophites, / Syénites éléolithiques.	Fin du pliocène. / (*Alpes principales.*)	Rég. Cherchell, / Aïn-Nouïssy.
Basaltes.	Quaternaire.	Rég. Aïn-Témouchent,

Il convient de faire quelques observations sur l'exactitude de cette classification. On ne connaît actuellement aucun fait établi qui lui soit contradictoire ; mais il y a certainement beaucoup de cas où les déterminations sont loin d'être précises ; on ne possède souvent, par exemple, qu'une seule limite d'âge, minimum ou maximum, c'est dans la nature même des déterminations possibles ; puis cela tient aussi à la plus ou moins grande certitude avec laquelle les terrains sédimentaires et leurs rapports avec les roches sont connus. On ne pourra espérer arriver à une précision réelle que quand les cartes géologiques détaillées auront été levées.

Il n'est pas certain que plus tard, lorsque les connaissances seront plus étendues et mieux précisées qu'actuellement, il ne faille pas distinguer deux régions, relativement indépendantes, celle de l'Est et celle de l'Ouest. En effet, on ne peut répondre de l'exactitude du tableau précédent que dans les limites suivantes : pour l'Est, depuis l'éocène jusqu'au sahélien, car les phénomènes éruptifs y cessent à cette époque ; pour l'Ouest, depuis la fin du cartennien, car les manifestations éruptives antérieures n'y sont pas connues. Ces limites sont en rapport avec les dislocations subies par ces régions, car le mouvement des Pyrénées et celui du Tatra, qui eurent lieu pendant la première moitié du tertiaire, ne se sont guère fait sentir que dans l'Est. La région Ouest, au contraire, a surtout été troublée pendant la deuxième moitié du tertiaire, par les mouvements des îles Baléares et des Alpes principales.

RÉPARTITION GÉOGRAPHIQUE

Les *granites, granulites* et *microgranulites* sont relativement peu développés : on les rencontre en place à Ménerville, à Bougie, à Collo. On les rencontre dans d'assez nombreuses localités à l'état de cailloux roulés ou de blocs isolés dans les poudingues dellysiens et cartenniens ; notamment à Drah-Rahmane, à Rébeval, etc.

Les diverses espèces de *liparites*, au contraire, ont un grand développement dans toute la partie Est de l'Algérie. On les trouve non loin de Bône, dans les massifs éruptifs du pied de l'Edough ; dans le massif compris entre Herbillon et le cap de Fer, massif dont elles forment la grande majorité des roches ; dans le massif de Collo, où elles occupent également des surfaces étendues. A Bougie, elles se montrent, mais en des pointements très restreints. Elles reparaissent plus développées dans la région de Ménerville. Au delà d'Alger, plus à l'Ouest, elles ne se montrent plus qu'à l'état exceptionnel, encore n'est-on pas sûr d'avoir affaire à ces roches ; peu développées, bien moins franches comme nature, les roches siliceuses qu'on y rencontre provoquent bien des hésitations relativement à la façon de les considérer et de les classer. Tel est le cas des roches de Milianah et du Sidi-Mohamed ou Ali (région de Zurich). Dans l'Ouest, aux îles Habibas et à Mzaïta, reparaissent des roches acides, mais qui ne sont plus assimilables aux liparites.

Bien que située un peu en dehors des limites de ce pays, il est bon de mentionner ici une roche microgranulitique que M. Vélain a trouvée dans l'île de la Galitte, sur les côtes tunisiennes. Cette roche est évidemment très analogue à celles qui présentent un si grand développement dans tout l'Est de l'Algérie. Si l'on voulait chercher sa place exacte dans la classification dont nous nous servons ici, il est probable qu'on la trouverait entre les microgranulites franches et les liparites microgranulitiques ; plutôt du côté de celles-ci, si l'on tient compte de l'altération assez prononcée des éléments colorés.

Les roches microlithiques neutres (classe des *trachyandésites*) sont rares sur toute la surface de l'Algérie. On ne peut en citer que deux pointements, encore sont-ils assez restreints. L'un dans le massif de Bougie, l'autre à Duperré. Il faut atteindre à l'extrémité Ouest la frontière du Maroc pour en rencontrer des émissions un peu notables dans les massifs d'Attia-Kiss et des Beni-Mengouch.

Les roches basiques sont bien plus développées. Elles présentent des états de cristallinité très divers, depuis des dolérites jusqu'à des types où la pâte amorphe domine abondamment. Ces roches ont leur plus grand développement à l'extrême Ouest du pays, entre Oran et la frontière du Maroc. Elles y forment plusieurs massifs importants et étendus : massifs d'Aïn-Témouchent, de la Tafna, de Msirda des Beni-Mishel.

C'est presque exclusivement là qu'on trouve les basaltes francs. Dans chacun de ces massifs du reste les éruptions ont été multiples, répétées, et contiennent des roches de plusieurs espèces.

Les roches basiques se montrent encore, mais avec un développement bien moindre, le long de la province centrale, à Perrégaux, enfin dans la région comprise entre le cap Djinet et Dellys. C'est là le point extrême qu'elles atteignent dans cette direction, et toute la partie Est de l'Algérie en est exempte.

Roches ophitiques. — Cette catégorie de roches présente un intérêt tout particulier tant par le grand nombre de ses pointements et par leur dissémination sur toute la surface du pays que par sa nature même. Elle est constituée en effet par une série de roches intimement liées entre elles, et qu'il est impossible de rattacher à autre chose qu'aux ophites. Elle présente du reste des types nombreux et divers, passant par gradations insensibles les uns aux autres, depuis des roches à structure et composition classiques jusqu'à des termes plus divergents et surtout tufacés. Ces roches ophitiques ne forment pas en général des massifs éruptifs étendus, mais plutôt des pointements isolés, disséminés dans tout le pays. Elles se montrent incontestablement en place, sous forme de filons ou de dykes Elles sont presque constamment accompagnées dans leurs gisements par de grandes masses de gypses éruptifs, par des cargneules, des marnes vertes, rouges, de couleurs diverses, métamorphisées. On voit que l'analogie de cette formation avec celle des ophites pyrénéennes est complète. Ces roches ont même aussi développé, par métamorphisme dans les calcaires adjacents, de l'albite et de grandes baguettes de wernérite analogues à celles des calcaires classiques à dipyre et à couseranite. Les seules différences qu'on pourrait signaler entre ces ophites et celles des Pyrénées seraient que le diallage y est rare ; il est remplacé, si ce n'est épigénisé, par de l'amphibole ; trop souvent même celle-ci est remplacée par des produits chloriteux. Enfin leur couleur est le plus souvent d'un vert assez clair, tandis que dans les Pyrénées, bien que les types vert clair y existent aussi (dans l'Ariège par exemple), les ophites tirent davantage sur des couleurs plus sombres. Cela tient à ce qu'en Algérie ces roches appartiennent aux *ophites andésitiques à amphibole*, tandis que dans les Pyrénées ce sont surtout les ophites labradoriques à diallage qui sont développées.

On rencontre des pointements de ces roches dans tout le Tell algérien. Dans les Hauts-Plateaux et sur la lisière du Sahara on a signalé, sous les noms de dolérites et diorites, des roches vertes reliées à des épanchements de gypse et dont la plupart doivent leur être rapportées.

Au point de vue de l'âge, nous pouvons certifier que toutes les ophites que nous avons étudiées sont tertiaires. Il est plus difficile de se prononcer sur la question de savoir s'il faut les rapporter à une seule ou bien à plusieurs périodes d'éruptions. La seule chose qu'on

puisse donner avec certitude dans chaque cas où une notion d'âge
peut être acquise, c'est la limite minimum. En un mot, ces roches
ont percé tous les terrains avec lesquels elles sont en contact ; elles
sont donc souvent très récentes.

Ainsi, pour citer un exemple caractéristique, à Aïn-Nouïssy, dans
les environs de Mostaganem, la roche ophitique et les gypses qui
l'accompagnent ont percé et modifié les *grès pliocènes* (Pomel). On
voit donc que pour ce gisement au moins on ne peut pas faire remonter l'époque de son apparition au delà de la fin du pliocène. Il est
probable qu'elle a coïncidé avec le mouvement qui a produit le ridement des Alpes principales. Il n'est pas prouvé que ce soit toujours
là la date des éruptions ophitiques, ni même qu'il n'y en ait qu'une,
mais ce qu'on peut certifier c'est que plusieurs d'entre elles ont
dépassé l'helvétien.

Vu l'importance que leur donne leur union si fréquente avec les
roches ophitiques, nous croyons nécessaire d'ajouter ici quelques
mots relatifs aux caractères des *gypses éruptifs*. D'abord, l'expression de gypse éruptif n'est pas parfaitement exacte : c'est gypse
métamorphique qu'il faudrait dire. En effet, cette substance n'est
évidemment pas venue telle quelle à l'état de gypse ni même
d'anhydride, mais à l'état d'eaux ou de boues gypsifiantes, c'est-à-
dire d'eaux soit acides, soit salines, qui réagissant sur des calcaires
les ont transformés en sulfate de chaux. L'expression de *gypse éruptif*
doit donc être comprise comme exprimant simplement l'intime
liaison qu'il y a entre l'existence de ces gypses et l'émission éruptive
des substances actives qui leur ont donné naissance.

Ils sont du reste, dans la plupart des cas, faciles à différencier des
gypses sédimentaires. Ils affectent généralement la forme de dykes,
d'amas, dans lesquels le gypse forme une masse blanche, compacte,
assez homogène, formée non pas généralement de gypse pur, mais
d'un mélange intime avec du calcaire, et chargé par endroits de
substances étrangères diverses, notamment de substances cristalli-

nes, quartz, pyrite, tourmaline, anhydrite, barytine, et aussi de marnes bariolées, vertes, rouges, métamorphisées, de cargneules, de fragments gneissiques et amphibolitiques. Enfin, ce gypse est souvent traversé par des filons ou des dykes de roche verte ophitique.

Il y a des cas où la preuve éruptive de ces formations gypseuses prend un caractère frappant. Ainsi, à Dublineau, on voit une masse centrale, blanche, compacte, de gypse avec croûtes cristallisées, d'anhydride, et de véritables salbandes où les éléments étrangers, marnes, cargneules, etc., sont disposés verticalement et sinueusement sur les parois du filon gypseux.

Pour montrer la dissémination des ophites en Algérie, nous avons réuni dans le tableau suivant quelques-uns des gisements de gypses signalés avec roches vertes ; ceux seulement dont la description était assez précise pour qu'on puisse presque certifier que les dites roches vertes (décrites sous les noms de diorites ou de dolérites pour la plupart) sont en réalité des ophites analogues à celles que nous avons étudiées et que nous décrivons dans ce travail.

LISTE de quelques gisements de gypses éruptifs accompagnés de *marnes bariolées, de divers minéraux* et de roches vertes *(ophites)*.

LOCALITÉS	RÉGIONS	TERRAINS TRAVERSÉS	AUTEURS
Arbal	Oran	Tertiaire	MM. Ville.
Montagne-des-Lions.	Id.	Id.	Id.
Aïn-Nouïssy	Mostaganem	Pliocène	Pomel.
Dublineau	Perrégaux	Cartennien	Id.
Id.	Id.	Néocomien	Id.
Route de Mascara	Mascara	Id.	Id.
Dj. Tessala	Sidi-bel-Abbès	Tertiaire moyen	Ville.
Oued Mekera	Id.	Id.	Id.
Oued Rh'assoul	Id.	Id.	Id.
Oued Sarno	Id.	Id.	Id.
Oued Malah	Id.	Id.	Id.
Dj. Zendal	Nemours	Oxfordien	Flamand.
Ferme Chabert	Beni-Saf	Helvétien	Id.
Plâtrière Rachgoun	Id.	Cartennien	Pouyanne
Oued Tallout	Tlemcen	Crétacé	Ville.
Oued Mellaha	Tafna	Secondaire	Id.
Sidi-Amar-el-Aïab	Témouchent	Tertiaire moyen	Id.
Ouled-Aïet	Téniet el-Haàd	Éocène	Flamand.
Téniet-el-Haàd	. Id.	Cénomanien	Pierredon.
Guelib-et-Tir	Djelfa	Gault	Id.
Aumale	Aumale	Crétacé	Ville.
Tizi-Khala	Sétif	Sénonien	Brossard.
Tirka	Beni-Djellil	Cénomanien	Id.
Tizi-el-Khramis	Beni-bou-Aïssi	Sénonien	Id.
Kefreda	Kabylie	Id.	Id.
O. Kebir	Milah	Id.	Curie.

Il convient de mentionner à part deux groupes de roches, assez différents des types ordinaires, et qui méritent une mention spéciale.

L'un de ces groupes est constitué par une famille de roches à texture parfois grenue, parfois granitoïde, et qui se rattachent aux *syénites éléolithiques*. Ces roches sont très récentes, et quoique fort différentes de nature et de structure, elles paraissent se relier au genre d'éruption qui a produit les formations ophitiques. Elles ne se rencontrent que dans quatre localités situées dans la région de Cherchell.

Les roches de l'autre groupe sont très disséminées : on les rencontre, mais en petite quantité, tout le long du Tell algérien. Elles accompagnent fréquemment les gisements ophitiques, où elles ne paraissent se présenter qu'à l'état de fragments apportés du sous-sol.

Dans un des gisements, à l'Aïn-Dartula, près de Bône, la roche se trouve en place dans les gneiss ; c'est, là, une véritable *amphibolite* qui contient un élément blanc feldspathique à faciès particulier très reconnaissable et qu'on retrouve dans toutes les roches analogues. Si cette roche doit réellement, et cela paraît certain, être considérée comme une amphibolite faisant partie du terrain primitif, il faudrait admettre alors que dans tous les autres cas où on la trouve elle a été amenée au jour (avec elle se trouvent souvent du reste des fragments gneissiques et micaschisteux qui, eux, ont certainement été amenés avec la roche éruptive ou, plus probablement, avec des eaux gypsifiantes). Il en résulterait, comme conséquence particulière, qu'aux temps primitifs une immense formation de cette amphibolite se serait étendue sur toute la région qui est actuellement le Tell algérien. Si telle n'est pas la façon de voir qui doit être adoptée, il faudrait encore considérer cette roche comme devant être rattachée aux formations ophitiques, cependant sa structure l'en sépare absolument.

ÉTUDE DÉTAILLÉE DES DIVERS MASSIFS

Nous n'avons pas suivi dans cette étude d'ordre géographique régulier. Nous avons choisi l'ordre d'exposition le plus commode pour éviter les redites ; il coïncide souvent avec l'ordre chronologique moyen des massifs. On trouvera d'abord décrite toute la partie Est de l'Algérie ; puis les points éruptifs du centre ; enfin tous les massifs de l'extrême Ouest.

RÉGION DE MÉNERVILLE.

Cette région est particulièrement favorable pour les déterminations stratigraphiques ; on y trouve, en effet, en tant que terrains sédimentaires, tous les étages miocènes, du pliocène et du quaternaire ; ou n'y rencontre pas de massif éruptif étendu, mais un grand nombre de petits pointements dont la superficie, généralement assez limitée, peut s'élever parfois à quelques kilomètres.

La roche la plus intéressante est un *granite* qui doit être considéré comme tertiaire, nous le démontrerons ci-dessous. Il forme une bande longue de 7 à 8 kilomètres, large de un à deux, dirigée exactement Est 17° Sud, direction identique à celle des Pyrénées (Est 17° Sud).

Il émerge à la limite d'un massif de terrains anciens, gneiss et schistes, qu'il a percés et dont il contient des inclusions métamorphisées. Au Sud, il est en contact tantôt avec des marnes cartenniennes, tantôt avec des marnes sahéliennes, ou bien avec le terrain pliocène, qui viennent tous simplement s'appuyer contre, et lui sont postérieurs. On ne possède donc aucune donnée stratigraphique permettant de déterminer si ce granit est ancien ou s'il date du tertiaire inférieur.

On est obligé alors d'avoir recours à des arguments moins probants, mais qui néanmoins ici sont tellement nets qu'ils ne laissent aucun doute dans l'esprit, relativement à la nécessité de considérer cette roche comme tertiaire. En effet, on connaît dans le massif de Bougie des roches granitiques qui, elles, sont certainement tertiaires ; elles ont traversé et métamorphisé les marnes sénoniennes. Ces roches présentent à l'œil un cachet très analogue à celui de la roche de Ménerville, quoique un peu moins granitique ; leur aspect est plutôt leptynoïde ; mais on trouve à Ménerville même, avec le granite type, des échantillons identiques comme faciès à ceux de Bougie. Au microscope, les deux roches ont une texture granitoïde et sont extrèmement voisines l'une de l'autre ; elles présentent certaines particularités qui les unissent de la façon la plus intime, en même temps qu'elles montrent leur divergence des roches anciennes. Vu l'importance du cas, nous allons en présenter l'étude avec un certain détail : à l'œil nu, la roche a l'aspect d'un granit à grains fins micacé et amphibolifère. Dans la plus grande partie du gisement elle est terreuse et désagrégée ; elle tombe en arènes de décomposition tout à fait analogues aux produits de désagrégation que présentent si fréquemment les microgranulites tertiaires de Collo et du massif de l'Edough. La roche solide perce seulement çà et là à l'état de rochers compacts. L'analyse y indique 61,8 °/₀ de silice. Au microscope, on constate :

Une texture largement granulitique plutôt que granitoïde ; du feldspath avec trois modes de structure différents : 1° de grands cristaux de *labrador* à angles d'extinction un peu faibles ;

2° De petits cristaux allongés qui paraissent formés principalement d'*oligoclase* ;

3° Des plages granitoïdes d'*orthose*, qui sont la partie la plus récente de toute la roche et qui moulent tous les autres éléments.

On distingue, en outre, du *mica noir* et de l'*amphibole Hornblende*
qui, tous deux moulent les cristaux feldspathiques et, en particulier,
englobent très nettement les petits cristaux allongés de feldspath.

Enfin, la roche contient du *quartz* qui forme des plages granulitiques, mais qui est généralement parvenu à se pyramider à une
extrémité pendant que l'autre était enchâssée dans les cristaux pré-
existants. Il est moulé par l'orthose et s'y est souvent isolé à l'état
de petits granules bipyramidés. On trouve encore, quoique rarement,
de l'*épidote*, dont la présence et la structure sont intéressantes : elle
se montre, en effet, sous forme de baguettes divergentes qui paraissent être de formation primordiale.

Tous ces éléments et ces particularités de structure se retrouvent
dans la roche de Bougie. Il y a là une composition et une manière
d'être suffisamment spéciales pour qu'on puisse affirmer l'identité des
deux roches et par conséquent que le granite de Ménerville doit être
classé parmi les *granites tertiaires*.

On trouve non plus en place, mais à l'état de blocs isolés ou bien en
cailloux dans des poudingues miocènes, des types nettement granulitiques. Le quartz s'y isole alors à l'état d'éléments de moins en moins
grands et de plus en plus bipyramidés. Le mica noir n'y apparaît
plus guère à l'état de grands cristaux, mais seulement à l'état de
paillettes disséminées. On constate de plus la formation de houppes
rayonnées constituées par de la *tourmaline*. Ce minéral paraît venir
remplacer là le mica blanc si fréquent dans les granulites anciennes.

On trouve toutes ces roches granitiques en cailloux roulés dans les
poudingues dellysiens qui forment la base du miocène. On a vu tout
à l'heure qu'à Bougie elles ont percé le sénonien. On peut donc sûrement les rapporter à l'*éocène*. Leur place dans cette époque est indéterminée, mais si l'on tient compte de la direction très nette de la
bande granitique, direction qui est exactement celle des Pyrénées,
on voit qu'il conviendrait de supposer que l'éruption de ces granites
a eu lieu pendant la *période ligurienne*.

Comme autres roches éruptives. on trouve à Ménerville la suite de la série acide tertiaire, c'est-à-dire les divers termes liparitiques. Les liparites microgranulitiques sont rares et ne paraissent pas se rencontrer en place ; mais les termes moins cristallins sont abondants. Ils se rattachent à deux catégories principales.

1° *Liparites quartzifères*. - Ce sont des roches compactes à aspect de silex corné, à pâte verte ou violette, dans laquelle on aperçoit quelques cristaux de quartz et des lamelles de mica. Le taux de silice est égal à 72,8 (Bou-Koufor). Au microscope on distingue :

Pâte partiellement amorphe
{ *Plages siliceuses* subcristallines.
Silice globulaire à extinction totale ou à croix noire.

Anciens cristaux
Quartz bipyramidés (dominant).
Mica noir.
Orthose.
Plagioclase.   Plus ou moins rares.

2° *Liparites feldspathiques*. — Ce sont des roches blanchâtres à aspect caverneux et rude de trachyte. (Zamori. Silice : 65,1).

Pâte partiellement amorphe
Plages siliceuses subcristallines très dominantes.
Micr. d'oligoclase toujours rares.

Anciens cristaux
Plagioclase (dominant).
Mica noir.
Parfois *amphibole*.
Quartz plus ou moins rare.

Entre les deux types principaux existent tous les termes de passage possibles. En passant du premier au second, le quartz ancien disparaît graduellement, les microlithes d'oligoclase apparaissent, l'amphibole vient s'adjoindre au mica noir comme élément coloré. Dans certains types vitreux elle finit même par dominer complètement, elle est alors accompagnée par des cristaux d'hypersthène ; mais la roche constitue alors un véritable *verre andésitique à amphibole,* que rien ne rattache plus à la famille des roches liparitiques.

Les liparites quartzifères ont été émises entre le ligurien et le cartennien. Les liparites feldspatiques s'échelonnent à l'état d'éruptions successives le long de la période cartennienne. C'est ce dont on peut bien se rendre compte à Rouafa, à quelques kilomètres au sud de Bordj-Ménaïel. Il y a plusieurs pointements distincts formant bande le long du terrain cartennien et occupant chacun une certaine élévation dans ce terrain ; des poudingues formés de leurs éléments permettent de suivre ces diverses formations.

Ce genre d'éruption a pris fin avec la période cartennienne, et dans l'helvétien on ne trouve plus ces roches qu'à l'état de cailloux roulés.

Les principaux pointements de liparites dans la région de Ménerville sont les suivants :

Bou-Koufor. — La roche a émergé au milieu du granit.

Sidi-Fredj. — De même.

Zamori. — Ilot éruptif un peu plus au Nord.

Cap Blanc. — Série de petits îlots, au Nord, dans le voisinage de la mer.

Sidi-Mira. — Quelques kilomètres au Nord de Belle-Fontaine.

Dra-Zeg-Etter. — Montagne isolée au Sud-Est d'Isserville.

Rouafa. — Longue bande formée d'une série de pointements isolés, à quelques kilomètres au Sud de Bordj-Ménaïel.

Raïcha. — Quelques kilomètres au Nord de Bordj-Ménaïel.

Djerobat. — Un peu plus éloigné, près de l'Oued-Sebaou.

L'étude détaillée de ces gisements n'est pas assez avancée pour qu'on puisse indiquer d'une façon précise pour chacun d'eux les variétés qui le constituent. (Voir à l'appendice la description détaillée de quelques-uns de ces gisements).

MASSIF DU CAP DJINET.

Les roches éruptives occupent sans discontinuité une surface de plusieurs kilomètres carrés, comprise entre le cap Djinet, Drah-Rahmane et l'Oued Sebaou. On y rencontre peu de roches solides, mais presque partout des parties terreuses et décomposées.

La nature de ces roches est assez constante et ne paraît varier que dans des limites restreintes ; ce sont des roches noirâtres, tirant sur le gris ou sur le vert foncé, et se rattachant surtout aux labradorites. Il est difficile de distinguer d'une façon certaine les diverses espèces voisines qui existent dans ce massif, car l'état d'altération y est si constant et si prononcé que ces roches se différencient bien plus par leurs divers modes d'altération que par toute autre chose. Cependant on trouve des types où l'oligoclase domine comme microlites feldspathiques et qui doivent être rattachés aux *andésites augitiques à pyroxène*, tandis que dans d'autres, qui paraissent plus développés, les microlithes de labrador prédominent ; la roche doit alors être rapportée aux *labradorites* ; toutes ces variétés sont en somme intimement liées ensemble.

Voici quelle est la composition moyenne des *labradorites*. Ce sont elles qui forment la partie Ouest du massif de Djinet et qui paraissent y occuper la plus grande étendue superficielle. (Silice : 46,6.)

Pâte cristalline	*Micr. de labrador.* *Micr. de pyroxène.* *Micr. de fer oxydulé.*
Anciens cristaux	*Plagioclase (labrador).*
Matières d'altération	*Matières chloriteuses.* *Zéolithes* très répandues. *Calcite.*

Les matières d'altération sont toujours très développées et même dominantes ; l'une d'elles l'emporte généralement sur les autres ; on a ainsi des types zéolitisés, des types calcifiés, etc. Les zéolithes épigénisent fréquemment et complètement les feldspaths, grands cristaux et microlites, jusque dans le cœur de la roche et cela sans altérer leurs formes ; on voit ceux-ci transformés sur place. Il est impossible souvent de trouver dans les préparations un cristal de feldspath qui ne soit pas totalement zéolithisé.

Il existe dans ce massif deux pointements de roches *liparitiques* analogues à celles de la région Ménerville. L'un au Coudiat El-Ben, l'autre au Coudiat Mazer. Elles paraissent antérieures aux labradorites ; elles forment deux pitons blancs que la roche noire a entouré mais non recouvert lors de son éruption.

On trouve dans ce massif des données d'âge très intéressantes — au cap Djinet, la roche noire a englobé des fragments de marne cartennienne - à Drah-Rhamane, une coupe due à une petite faille fait voir à nu la tranche du terrain helvétien. — On y observe deux coulées intercalées (inter stratifiées ?) à diverses hauteurs dans ce terrain, puis la masse de la roche ayant coulé dessus abondamment. Le terrain sahélien vient simplement s'appuyer contre ces collines. C'est donc pendant l'helvétien même que l'émission de ces labradorites a eu lieu

ENVIRONS DE DELLYS.

On rencontre dans les environs de Dellys deux genres totalement différents de produits éruptifs. D'une part des roches basaltiques, dont il se présente au moins deux espèces distinctes ; et d'autre part des roches claires d'un vert bleuàtre, bien moins basiques, car leur degré d'acidité les rattache aux types neutres.

Quand on suit le bord de la mer à partir de Dellys, en se dirigeant vers le phare et cap Bengut, on rencontre d'abord, au premier petit cap voisin de la ville, un point où la roche verte perce à travers le terrain dellysien. Elle est fortement tufacée en cet endroit et les préparations ne permettent pas d'y distinguer grand chose ; il est préférable de l'étudier dans les autres gisements, dont il sera parlé plus loin. Elle montre cependant, et justement dans les échantillons tufacés, un fait intéressant : c'est la présence de débris de pyroxène provenant des basaltes de la région ; cela démontre que ces basaltes, pour lesquels on n'a pas de limite d'âge supérieure directement déterminable, sont antérieurs à la roche verte.

On rencontre ensuite sur le bord de la mer plusieurs bandes successives de roches basaltiques qui ont également pour terrain encaissant le dellysien qu'elles ont traversé ; elles sont du reste certainement bien plus récentes. On peut y distinguer deux espèces principales. L'une, très zéolithique, rappelle tout à fait la roche du massif Djinet ; elle lui est en effet très analogue ; on peut la considérer comme une *labradoride*, mais elle est généralement très altérée. On n'y distingue plus, comme dans beaucoup d'échantillons de Djinet, que des éléments d'altération et surtout des zéolithes qui l'ont intimement pénétrée. L'assimilation des deux roches a son importance, car on sait que celle de Djinet a fait éruption dans l'helvétien.

La deuxième espèce de roche basaltique est plus fraîche ; elle ne contient plus de zéolites, mais de grands cristaux abondants à l'œil nu de pyroxène d'un vert bouteille. La roche a souvent l'aspect d'une boue grisâtre solidifiée, empâtant des cristaux pyroxéniques. D'autres fois, elle est compacte et noire. Elle est plus récente que la labradorite zéolithique, car elle en a fréquemment englobé des fragments. On trouve des gisements entiers qui sont formés par de gros morceaux de la première roche empâtés dans une boue pyroxénique de la seconde.

Cette dernière roche est plus basique que la précédente ; son feldspath en grands cristaux paraît exclusivement composé d'anorthite ; une partie au moins de ses microlithes l'est également. Elle ne paraît pas renfermer de péridot, mais seulement de grands cristaux de pyroxène. Elle est en somme assez voisine des basaltes et peut être considérée, soit comme une *labradorite à anorthite*, soit comme un basalte anorthique sans péridot.

Lorsqu'on remonte l'Oued Sebaou pendant quelques kilomètres, jusqu'à un village arabe du nom de Tagdempt, on rencontre là plusieurs pointements de la roche vert bleuâtre dont on a déjà dit quelques mots ci-dessus. Il y a un petit pointement sur la rive gauche du Sebaou et plusieurs sur la rive droite. La roche perce au milieu du terrain helvétien, dont elle a indubitablement métamorphisé les marnes ; elle est donc post helvétienne. Ce ne serait là, du reste, qu'une limite inférieure, mais il est probable que la roche est sortie peu après cette époque, c'est-à-dire vers le début du sahélien.

En effet, lorsqu'on joint par une droite les divers pointements, dont plusieurs sont sensiblement alignés, cette ligne paraît passer également par le point éruptif du petit cap voisin de Dellys (autant qu'on peut en juger sur la carte au 1/200.000ᵉ) et sa direction est celle du plissement des Baléares. Ce fait est assez important, car la roche constitue une recrudescence acide par rapport aux roches basiques que nous venons d'étudier, et dont l'une au moins lui est antérieure. Cela montre que la réapparition d'acidité qui s'est montrée dans l'Ouest (Djebel Mzaïta) à l'époque du soulèvement des Baléares, s'est révélée d'une façon semblable, quoique moins intense peut-être, dans l'Est de l'Algérie.

Cette roche paraît fraîche et homogène, mais en réalité elle est fréquemment tufacée et peu franche de texture (c'est le cas, en particulier, du pointement qui se trouve au petit cap voisin de Dellys).

Voici la composition de la roche de Tagdempt.

Pâte	*Micr. d'oligoclase* assez grands, tourneraient parfois à des micr. ophitiques.
Gr. crist.	*Oligoclase.*

Matières diverses $\left\{\begin{array}{l}\end{array}\right.$ *Quartz* en grains développés dans la pâte.
Calcite.
Chlorite.

C'est à proprement parler une roche neutre, mais elle n'a rien de caractéristique ; ce n'est certainement pas une andésite ; ce n'est pas plus une ophite ; à l'œil nu elle ressemble assez à certains types de *grunstein* de Hongrie.

RÉGION DE BOUGIE.

Cette région comprend plusieurs pointements éruptifs d'étendues très diverses ; tantôt ils n'occupent que quelques mètres de surface, tantôt une centaine de mètres carrés ; l'un d'eux est même assez développé pour former un petit massif. Ces pointements sont assez voisins les uns des autres, ils font partie d'un même ensemble éruptif, mais dont les phénomènes n'ont été ni assez intenses ni assez réitérés pour faire disparaître les vestiges intermédiaires des terrains sédimentaires.

Cette région sera très importante à étudier lorsqu'on en possédera la carte topographique et géologique détaillée, car elle renferme un grand nombre de variétés de roches granitiques tertiaires et, de plus, justement, les terrains sédimentaires utiles à leur classification.

On y trouve en effet des marnes sénoniennes qui, traversées et modifiées, permettent de certifier l'âge tertiaire des roches granitiques ; puis deux étages de ligurien, un étage inférieur assez rare en Algérie, et un étage supérieur, qui seront d'une utilité très grande, car c'est approximativement vers cette époque que l'émersion de ces roches a dû avoir lieu. Les terrains miocènes, cartennien et helvétien sont également représentés. Pour l'instant, cette région, bien qu'ayant fourni des faits intéressants, n'est encore qu'imparfaitement connue.

Les principaux points où l'on peut étudier les produits éruptifs sont les suivants : Djebel Melouza, la Réunion, massif des Beni-

Amrioud, Oued-Akkedou, région des Beni-Mimoun, Adrar-Tazekat, Adrar-Amjout, Djebel Azarif.

La plus importante des roches est un *granite à petits grains*, qui présente souvent l'aspect leptynoïde et passe à la *granulite*. On la trouve en d'assez nombreux endroits : à Melouza, chez les Beni-Amrioud, à l'Oued-Akhedou, chez les Beni-Mimoun, enfin à l'Adrar-Amjout. Ce dernier pointement est particulièrement intéressant ; la roche y forme une montagne isolée qui perce à travers les *marnes sénoniennes* en les modifiant. Les grès liguriens supérieurs ne sont pas absolument en contact, ils se trouvent à quelques mètres et n'ont pas été altérés ; mais le fait n'est pas probant, puisqu'il n'y a pas contact direct. Il est inutile de donner la description de cette roche, il n'y a qu'à se rapporter à celle du *granite de Ménerville*, qui lui est tout à fait analogue. Elle n'en diffère, et seulement très peu, comme aussi de celles des autres gisements mentionnés ci-dessus, que par une plus ou moins grande dimension des éléments ou par le rapport quantitatif des divers minéraux composants.

On trouve encore dans la région d'autres espèces des roches granitoïdes. A l'Adrar-Tazekat, la roche ne contient plus de mica, mais une amphibole vert d'herbe en grands cristaux. Elle constitue un terme qui se rattache aux diorites, mais qui, vu sa structure et le développement du quartz et de l'orthose, paraît plutôt devoir être classé comme *granulite amphibolique*. Elle est intéressante à comparer avec les types de diorites tertiaires mieux caractérisées de Collo.

Au Djebel Azarif se trouve une roche verte, chinée, qui possède une constitution assez particulière ; elle est très altérée, ne peut être rapportée à aucune espèce définie, mais on y trouve à l'état plus ou moins décomposés les éléments des roches granitiques de la région. La façon de voir qui paraît la plus exacte serait de la considérer comme provenant de l'une de ces roches qui aurait été reprise et modifiée soit par une éruption subséquente, soit par des eaux éruptives ; les anciens cristaux colorés y ont été totalement transformés en une matière verdâtre amorphe, qui a du reste envahi toute la masse.

Le long de la route de Bougie à Sétif, au 12ᵉ kilomètre, la montagne est également formée par une roche légèrement chinée, bleuâtre, dans la masse de laquelle de nombreuses mouches de pyrite de fer sont visibles, et qui paraît provenir aussi de la transformation d'une granulite rosée qui forme la masse de la montagne au 14ᵉ kilomètre.

Une roche d'une nature toute différente se trouve à l'autre extrémité du massif chez les Beni-Amrioud. Elle est grise, terne, homogène et se révèle au microscope comme une *trachyandésite*. La composition est la suivante :

Pâte microlithique
- *Mic. d'oligoclase* dominants.
- *Mic. de sanidine*.
- *Mic. de fer oxydulé*.
- *Quartz* peu développé dans la pâte.

Grands cristaux
- *Oligoclase*.
- *Sanidine*.
- Anciens cristaux colorés transformés en une matière verte amorphe.

A Melouza, sur la rive gauche de l'Oued Sahel, on trouve une roche liparitique analogue aux *liparites feldspathiques* de Ménerville. Elle est certainement antérieure aux marnes helvétiennes qui viennent recouvrir complétement certains points peu élevés, et paraît avoir traversé au moins une partie du cartennien (grès inférieurs).

MASSIF DE COLLO.

Ce massif, un des plus importants de l'Algérie, s'étend de Collo au cap Bougaroni, et de là jusqu'à l'embouchure de l'Oued Zour. Il occupe une surface d'environ 350 kilomètres carrés, où l'on ne ren-

contre que des terrains éruptifs avec quelques lambeaux épars çà et
là de terrain ligurien ; il forme une espèce de partie avancée dans la
mer. Ce massif est en contact tout le long de sa lisière Sud avec le
terrain ligurien supérieur représenté par des marnes développées au
fond des vallées et par des grès.

Les roches éruptives de cette région sont de natures assez diverses
et ont fait éruption à plusieurs époques ; on en voit la preuve en
maints endroits. L'un des genres les plus développés est celui des
liparites, qui présente des variétés assez nombreuses, constituant
plusieurs espèces définies, avec tous les termes de passage intermédiaires.

On les rencontre aux environs immédiats de Collo, où les espèces
visiblement cristallines ont été citées comme granites par MM. Four-
nel et Tissot.

Ce ne sont pas des granites tertiaires réels, c'est-à-dire à texture
granitoïde comme ceux de Ménerville et de Bougie ; on en rencontre
de semblables dans l'intérieur du pays, mais les roches de la côte ne
sont que des *microgranulites*. A l'œil nu, elles se présentent néanmoins sous un aspect assez granitique ; on y distingue une pâte
compacte bleuâtre ou jaunâtre, avec de nombreuses lamelles de mica
noir hexagonal très frais, du quartz ; les feldspaths ne sont pas discernables. Le taux de silice est de 64,9. Au microscope, ont voit :

Pâte microgranulitique complètement cristalline	*Microquartz* bipyramidé. *Micr. feldspathiques* allongés *(sanidine)*.
Anciens cristaux	*Quartz* bipyramidé. *Mica noir* avec inclusions de zircon et d'apatite. *Orthose.* *Plagioclase (labrador)*.

Il faut aussi signaler dans cette roche la présence de la pinite, que

le microscope indique mal, mais qui se montre extrêmement abondante dans les morceaux désagrégés de la roche.

Celle-ci se présente tantôt fraîche et compacte, telle qu'on l'observe
dans la presqu'île de Collo, contre la ville, et également de l'autre
côté de la baie dite Bahr-en-Nsa, aux carrières dites de Philippeville
et de Collo. Elle montre alors parfois une disposition colomnaire en
grands prismes verticaux de séparation spontanée. Souvent la roche
tombe en arènes de désagrégation ; c'est sous cet état qu'on la rencontre dans toute la partie Sud de son gisement. Sur la lisière méridionale du massif, formant bordure entre le terrain ligurien et la
plaine quaternaire de l'Oued Guebli, elle devient un peu moins franche et doit plutôt être classée comme *liparite microgranulitique*.
Sous ce faciès elle se prolonge assez avant (d'une quinzaine de kilomètres environ) dans l'intérieur du pays ; elle prend fin au Sud-Ouest
de Bessonbourg, dans les environs du Djebel Goufi.

Lorsqu'on suit le long du massif formé par le Djebel Afel-Koun et
le Djebel Sidi-Achour, au fond de la baie Bahr-en-Nsa, en s'enfonçant dans l'intérieur du pays, on voit la roche changer graduellement
de nature et passer insensiblement à des types moins francs comme
cristallinité pour aboutir à des roches presque complètement amorphes. C'est ainsi qu'au Djebel Sidi-Achour, à 3 kilomètres environ
de la côte, la roche est déjà très notablement modifiée. Elle n'a plus
du tout l'aspect extérieur d'un granit. On n'y distingue plus ni mica
ni quartz, mais seulement une pâte blanche homogène à aspect
trachytique ou plutôt kaolinisé. Au microscope, la pâte est encore
microgranulitique, mais elle ne l'est plus avec le type franc des
échantillons de la côte. Les microquartz semblent passer à des
espèces de petites plages globulaires ; les anciens cristaux s'entourent
d'une petite auréole ou plutôt d'une simple bavure. C'est une roche
de passage. Plus loin, en continuant, à environ 6 ou 7 kilomètres
de la côte, derrière le village de Cheraïa, on trouve des roches verdâtres, rosées, blanches, à pâte compacte et rude ; ici la roche est

devenue franchement vitreuse. C'est une *rhyolithe* bien caractérisée, pour laquelle on peut conserver le nom de *liparite pétrosiliceuse* pour ne pas la séparer des autres termes auxquels elle se relie insensiblement. (Silice 70,2 - eau 6,23 °/₀.

Elle présente du reste diverses variétés où dominent tantôt les sphérolithes à croix noire, tantôt les granulations pétrosiliceuses, tantôt les textures fluidales ou perlitiques. Comme cristaux, on y rencontre encore, mais rarement, des quartz bipyramidés, souvent brisés ; plus rarement encore des feldspaths.

On possède une limite inférieure directement déterminable pour toute cette série de roches. Si l'on met à part pour un instant le terme le plus cristallin de la série, c'est-à-dire la microgranulite franche de la côte, on constate que toutes ces roches sont *postliguriennes*. On trouve en effet les marnes relevées, métamorphisées, cuites, fichées dans les anfractuosités des rochers à 100ᵐ au-dessus du niveau de la plaine. Les grès également ont été transformés. Ces faits s'observent au fond de la baie dite Bahr-en-Nsa (baie des femmes) aussitôt après qu'on a traversé le premier ravin de la montagne, à 200 mètres environ de la côte. Il est très net ; d'un côté du petit ruisseau qui descend le ravin, les marnes et les grès sont relevés et transformés ; de l'autre côté on ne peut rien voir de semblable, la roche descend jusqu'en bas dans la plaine ; entre ce point et la côte on ne peut plus trouver aucun relèvement de terrain, les nappes de roches descendent nues jusque dans la plaine ou dans la mer. Or, c'est de ce dernier côté du ravin que se trouvent les microgranulites à cristallisation très franche ; de l'autre côté la roche, bien que très voisine de la première, n'est plus guère classable que comme liparite microgranulitique.

Si l'on interprétait strictement ces faits, on serait conduit à la conclusion que l'éruption de la microgranulite de la côte jusqu'au premier petit ravin serait contemporaine de la fin du ligurien. L'éruption de ces roches, enfin, aurait été à cheval sur la fin de cette période ; la majorité d'entre elles est en tous cas certainement post-ligurienne. Si l'on fait entrer en ligne de compte la similitude des liparites de Cheraïa avec certaines de celles de Ménerville, on peut supposer que leur émission s'est prolongée de là jusqu'à l'époque cartennienne. Les roches liparitiques se montrent encore très développées lorsqu'on remonte vers le Nord en suivant la côte le long de la baie des Beni-Çaïd du Raz-el-Okbida de la baie Tamanar, et jusqu'au phare de Bougaroni. Elles ne s'y présentent guère que dans un état pétrosiliceux très prononcé, dont la partie vitreuse à granulations est à peine individualisée par de très petites plages quartzeuses indistinctes, qu'on hésite à rapporter ou non à un développement de quartz secondaire.

Entre la baie Tamanar et le cap Bougaroni cependant, toute la masse du Djebel Lardem et des montagnes attenantes est mieux individualisée dans le genre des plages globulaires à extinction totale ; ce sont là toujours des roches très siliceuses, mais il n'est pas certain du tout qu'elles soient assimilables aux liparites et qu'elles s'y rattachent à titre de variété. Il est très possible que ce soit des roches d'un tout autre âge et d'un tout autre groupe. Il est certain qu'elles ont des affinités puissantes avec les roches trachytiques. Au cap Bougaroni même, la tranchée taillée dans la montagne pour la construction du phare forme une coupe remarquable ; elle permet de voir un filon blanc de trois mètres environ de puissance, qui traverse une roche amphibolique d'un vert foncé. La roche du filon blanc est une de ces roches siliceuses à *quartz globulaire* dont la pâte est complètement individualisée par de grands sphérolithes rayonnés à extinction totale, attenant fréquemment à d'anciens germes de quartz.

Entre Cheraïa et Collo, à l'endroit connu sous le nom de Bou-Serdoun, émergeant d'une plaine ligurienne, se dressent deux monticules formés par une roche noire que sa teinte différencie des liparites ultrasiliceuses environnantes. Cette roche l'est cependant encore fortement, et bien qu'elle présente parfois quelques variétés de texture qui paraissent provenir de l'englobement des roches dioritiques plus anciennes et non entièrement modifiées, la grande masse possède une structure microlithique et une composition qui l'assimilent aux *dacites*. Cela ressort en particulier nettement de son analogie avec les dacites du cap de Fer et du Coudia El-Gourou, près d'Herbillon, qui, elles, sont bien définies (voir la description de ces roches). Celle de Bou-Serdoun est d'un gris noirâtre ; on y a ouvert une carrière qui fournit de très bonne pierre pour le caillassage des routes ; la tranchée vive qui en résulte permet de voir de grosses poches remplies par des zéolithes, dont la principale est de l'apophyllite en cristaux de plusieurs centimètres.

Cette dacite est évidemment postérieure aux roches liparitiques qui l'environnent ; il en est de même du reste dans la région du cap de Fer.

Toutes les roches dont il a été question jusqu'à présent sont certainement tertiaires et postliguriennes, car on peut constater directement leur contact avec les terrains sédimentaires de cette époque. Mais il existe dans l'intérieur du massif de nombreuses roches, fort différentes d'aspect et de nature et sur l'âge desquelles on n'a aucune donnée directe. Elles ne pourront être sérieusement étudiées que lorsque la carte topographique aura paru.

L'une des plus développées est une *serpentine* qui s'étend sur une assez vaste surface depuis la baie des Beni-Çaïd jusqu'à l'embouchure de l'Oued Tamanar et jusqu'au Djebel Horsa, dans l'intérieur du pays. De l'autre côté de l'Oued Tamanar elle ne forme plus qu'une bande étroite déchiquetée que l'on retrouve tantôt au fond des vallées, tantôt au sommet des collines et s'étendant jusqu'aux mines de fer d'Azam ; elle a subi toutes les déformations auxquelles les mouvements du sol ou les éruptions avoisinantes ont donné lieu. Dans la baie des Beni-Çaïd elle paraît coupée par des filons d'une liparite pétrosiliceuse, mais ce fait n'est peut-être pas absolument incontestable. Au contact entre la serpentine, la liparite et le terrain ligurien se trouvent des amas de pyrite de fer qui ont reçu un commencement d'exploitation. On doit pouvoir déterminer l'âge de cette serpentine par rapport au ligurien, car on trouve le contact avec un lambeau de ce terrain long de plusieurs centaines de mètres ; mais l'examen en a été trop imparfait pour qu'il soit permis de rien affirmer.

On peut rappeler ici que dans l'île d'Elbe les roches granitiques tertiaires sont également accompagnées de serpentines qu'elles paraissent avoir percé.

Les serpentines de Collo proviennent de la transformation de *lherzolithes*, ainsi qu'il résulte de l'étude microscopique des échantillons qui, parfois incomplètement transformés, laissent reconnaître quelques minéraux constituants de la roche primordiale. Du reste, on retrouve des blocs presqu'intacts de la *lherzolithe* primitive au sommet du Tafercha-Coudia.

Voici la composition de cette roche :

Texture granitoïde
> *Péridot.*
> *Enstatite.*
> *Pyroxène* incolore.
> *Amphibole.*
> *Fer chromé.*

Les serpentines laissent voir encore l'enstatite intacte ainsi que le fer chromé, parfois le pyroxène et le péridot, parfois aussi quelques rares échantillons d'anorthite.

Au centre du pays se trouve un massif montagneux formé par une roche granitique (Djebel Droma, chez les Beni-Merouan). Cette roche, quoique se présentant sous un état qui paraît assez frais, est néanmoins bien plus altérée que les liparites de la côte. Au microscope elle se montre analogue aux *granites tertiaires* de Ménerville et de Bougie (l'aspect extérieur en est pourtant très différent). Elle présente la composition suivante :

Texture granitoïde
> *Oligoclase* en grands cristaux assez altérés et en petits cristaux allongés.
> *Mica brun* fréquemment altéré en chlorite.
> *Amphibole* rare.
> *Quartz* en plages granitoïdes.
> *Orthose*   Id.

L'oligoclase domine dans cette roche et tendrait à la rattacher aux kersantons quartzifères, mais la présence de l'orthose et l'aspect général la relient plus intimement aux granites tertiaires.

Dans les environs du phare de Bougaroni, le long du ruisseau de l'Oued Azougar, en montant vers les Taferchas, on trouve une roche à texture granitoïde qui est plus basique que la précédente et qui doit être rapportée aux *diorites quartzifères*. C'est un type analogue à celui de la granulite amphibolique de Bougie mais plus caractérisé dans le sens des diorites. Il paraît en exister plusieurs variétés, les unes à feldspath oligoclase, qui sont généralement très altérées ; les autres à feldspath labrador, qui sont plus fraîches et qui se relient intimement aux roches dioritiques tertiaires du *Coudia El-Kalaa*, dans le massif du Cap de Fer.

Texture granitoïde
> *Plagioclase* en grands cristaux souvent altérés, attenant à de grandes plages de *micropegmatite grossière*.
> *Amphibole verte* très altérée.
> *Quartz*.
> *Calcite*.

Ces plages de micropegmatite rappellent beaucoup celles des roches kersantoniques.

Cette roche paraît se relier à un type moins largement cristallisé et qui constitue une roche verte compacte ; c'est elle qu'on voit dans la tranchée du phare de Bougaroni et qui est coupée par le filon blanc

de roche siliceuse globulaire dont nous avons parlé plus haut. Elle
est composée comme il suit :

Pâte
(*Oligoclase* en petites baguettes.
(*Pyroxène* en petites plages.

Anciens cristaux
(*Plagioclase* rare.
(*Fer oxydulé*.

Mat. second.
(*Chlorite*.
(*Calcite*.

Les feldspath et le pyroxène paraissent de formation simultanée.
On peut désigner cette roche sous le nom de *dolérite andésitique*.

A côté des types assez bien définis que nous venons de passer en
revue se rencontrent en grande majorité des roches difficiles à classer
exactement, servant de termes de passage entre ces diverses séries.
L'une d'elles assez bizarre, et qu'il convient de citer en raison de
son gisement, se trouve à la mine de fer d'Aïn-Sedma, en plein massif volcanique. La pâte de cette roche est formée par des microlithes
d'oligoclase noyés dans un grand développement de plages sphéro-
lithiques quartzeuses à extinction totale. Cette roche se rattache donc
d'une part aux roches à silice globulaire, d'autre part aux roches
andésitiques. Elle présente à l'œil l'aspect blanc et rude d'un trachyte.

MASSIF DU DJEBEL FILFILA.

La région du Filfila est formée par une série de pics montagneux
entrecoupés de vallées assez profondes. Quelques-uns seulement
d'entre eux, formant deux groupes distincts, sont éruptifs. L'un est
situé au-dessus de l'embarcadère Lesueur. — L'autre un peu dans
l'intérieur ; le viaduc de la route nouvelle d'Aïn-Mokra vient s'appuyer contre. Leur surface ne s'étend guère qu'à quelques centaines
de mètres carrés. La roche qu'on y trouve est une *granulite à tourmaline* très belle, qui présente des variétés largement granulitiques,

dont les éléments sont discernables à l'œil nu, et d'autres plus compactes dont la texture passe à la micropegmatite.

La roche au microscope présente une composition et une structure qui ne ressemblent pas à celle des granulites tertiaires connues à Bougie, par exemple; mais il existe à l'île d'Elbe des roches qui s'en rapprochent autant que possible.

Sur place, on n'hésite pas pour l'attribuer aux éruptions tertiaires ; on voit la roche formant les flancs de la montagne en grandes nappes d'un blanc grisâtre. Cette manière d'être la différencie de celle des roches anciennes qui ne présentent jamais ici un aspect semblable, mais bien celui de filons peu épais, perçant les terrains schisto-cristallins. Elle la rapproche au contraire de la microgranulite de Collo où le faciès naturel des montagnes est exactement le même. Du reste les argiles liguriennes qui forment le terrain encaissant sont chargées de produits ferrugineux, et en particulier de fer oligiste cristallisé, qu'elles doivent évidemment aux émissions de vapeurs ou d'eaux actives qui ont accompagné la sortie des roches

MASSIF DU CAP DE FER.

Le massif éruptif du Cap de Fer occupe l'extrémité Est de la baie de Philippeville; il fait face à celui de Collo. Il lui est très analogue comme nature de roches, avec un peu moins de complexité dans leurs relations et de diversité dans leur nature, ce qui tient à la superficie moindre du massif (90 kilomètres carrés environ). Ce qui a été dit en tant que description des roches de Collo s'applique textuellement ici pour celles qu'on y trouve, aussi serons-nous bref à leur égard.

Les deux tiers au moins de ce massif sont formés par une même roche, identique aux roches similaires de Collo ; elle peut être considérée soit comme une *microgranulite*, soit comme une *liparite microgranulitique*. (Silice : 64,3). La seule différence qu'on pourrait

peut-être signaler, c'est qu'ici le type le plus cristallin, la microgranulite proprement dite, paraît manquer. On commence de suite dans
les échantillons étudiés à la modification immédiatement suivante
dans la série de cristallinité décroissante, celle où le microquartz qui
individualise la pâte n'est plus aussi parfaitement franc. On y trouve
du reste toujours les mêmes cristaux, se présentant de la même
façon. On observe en particulier cette roche bien fraîche au Sidi-
Yaya au Sud et tout près du village d'Herbillon ; l'ouverture d'une
carrière permet de s'y procurer des échantillons provenant du cœur
même de la montagne. On constate en ce point l'existence de gros
fragments de marnes liguriennes enclavées dans la roche éruptive
et servant de témoin à sa postériorité. C'est du reste le seul terrain
sédimentaire que possède le pays et la seule donnée stratigraphique
qu'on puisse par conséquent y acquérir. Cette roche est donc postli-
gurienne, mais elle ne doit pas dater d'une époque bien éloignée de
celle-là, car la direction de la presqu'île (qui est composée de roches
microgranulitiques semblables), et même celle de la côte jusqu'à
Bône est celle des Pyrénées.

On trouve, en s'enfonçant dans l'intérieur de la presqu'île, des types
de cristallinité décroissante, jusqu'à des liparites pétrosiliceuses (Kef
En-Nouar) d'une façon tout à fait analogue à ce qu'on observe dans
le massif de Collo.

Enfin, à partir du Marabout Sidi-Mekrelouf jusqu'au voisinage du
phare, les liparites microgranulitiques (peut-être même de véritables
microgranulites) ne discontinuent pas, tantôt compactes, tantôt
désagrégées et tombant en arènes granitiques. Elles ne présentent
pas de variétés pétrosiliceuses dans cette partie du massif.

Ces roches forment des montagnes arrondies en forme de dôme,
généralement peu escarpées, sur le flanc desquelles les roches grisâtres forment de grandes nappes unies.

Au voisinage immédiat du Cap de Fer se dresse un immense rocher
noir, à parois escarpées, surplombant les monticules environnants.

Il est constitué par une très belle *dacite à hornblende*. Cette roche présente à l'œil un aspect foncé et noirâtre, compact, grenu ; au microscope on distingue :

Pâte microlithique
- *Micr. d'oligoclase* dominants et nombreux.
- *Petites plages quartzeuses* irrégulières.
- *Micr. fer oxydulé* peu développés.

Plagioclase dominant.

Anciens cristaux
- *Orthose.*
- *Amphibole* brune.
- *Mica noir* peu développé.
- *Pyroxène.*
- *Fer oxydulé.*

Cette roche perce au milieu du terrain microgranulitique adjacent et lui est donc postérieure. Les roches voisines paraissent du reste avoir subi une certaine transformation, qui a rendu l'aspect de la pâte plus compact et qui y a fait naître du quartz secondaire calcédonieux.

Cette dacite doit être rattachée à la roche de Bou-Serdoun (massif de Collo) et à celle du Coudia El-Gourou, près d'Herbillon. Celle-ci, très analogue du reste, paraît seulement appartenir à un type légèrement plus basique ; c'est ainsi que les microlithes d'oligoclase de la pâte sont mêlés à des microlithes de labrador : on y trouve aussi des microlithes de mica disséminés et du pyroxène à la place d'amphibole. Cette roche présente des variétés vitreuses à texture perlitique prononcée.

Au C. El-Kaylaa, un peu au Sud de la grande ligne de crête, on rencontre une roche dioritique de teinte généralement assez claire, visiblement cristalline à l'œil nu ; elle présente au microscope une texture granitoïde. On y distingue :

Amphibole (?) fibreuse, très faiblement teintée.

Plagioclase (labrador).

Les feldspaths sont de deux temps de consolidation distincts, car il y a des cristaux allongés moulés par l'amphibole, et d'autres cristaux en grandes plages moulant le tout. La spécification des cristaux d'amphibole est peut-être douteuse; en réalité, cet élément est fibreux, très peu coloré, et s'éteint jusqu'à un maximum de 25° trop fort pour l'amphibole. On paraît avoir affaire à un terme de transformation épigénique intermédiaire entre l'amphibole et le pyroxène. Il en résulte qu'on peut hésiter s'il convient de classer cette roche parmi les diorites ou parmi les diabases. Elle est certainement tertiaire, mais son âge par rapport aux roches microgranulitiques, est indéterminé.

On retrouve une roche analogue, à grain plus fin seulement et à teinte plus foncée, tout auprès du village d'Herbillon, formant la montagne contre laquelle le petit phare est adossé. Le feldspath n'y forme plus de grandes plages ; l'amphibole très déchiquetée, ne polarise presque plus ; il y a de plus un développement assez notable de quartz, probablement secondaire, et de calcite.

RÉGION DE L'EDOUGH.

Plusieurs petits îlots éruptifs se rencontrent dans la région de Bône, au pied du grand massif gneissique qui forme l'Edough ; ces pointements éruptifs suivent la ligne de contact entre le terrain gneissique et le terrain sédimentaire qui est encore ici du ligurien. On y observe 8 ou 10 pointements distincts, mais voisins les uns des autres, dont la surface, assez restreinte, ne dépasse pas, pour chacun d'eux, quelques centaines de mètres carrés.

Leur constitution lithologique est très simple : ils sont uniquement composés par la même roche, *microgranulite* ou *liparite microgranulitique*, que celle du cap de Fer et de Collo. Elles ne diffèrent entre elles que par leur état plus ou moins grand d'agrégation ; souvent elles tombent en arènes granitiques.

Il faut citer à part cependant une partie du massif de la Voile-Noire, où la roche se présente sous un aspect assez particulier. Au lieu de constituer des dômes arrondis à surface désagrégée, comme elle le fait partout ailleurs, au Coudia El-Guelaa et à la Voile-Noire, elle forme d'énormes dykes de rochers escarpés surgissant au milieu des terrains éruptifs environnants.

Elle paraît assez différente à l'œil des roches microgranuliques, et l'on est tout étonné, en examinant les préparations au microscope, de trouver des différences insignifiantes. Les grands cristaux, surtout les micas, sont complètement altérés, et dans la pâte les microquartz paraissent beaucoup mieux cristallisés qu'ils ne le sont dans les roches d'alentour. Il semblerait qu'il y a eu reprise d'une liparite plus ancienne par une nouvelle éruption qui aurait altéré les micas et les feldspaths et recristallisé le quartz de la pâte.

Toutes ces roches sont *postliguriennes* et l'on peut constater directement l'existence de fragments de marnes transformées dans leurs anfractuosités. Les principaux points d'émersion sont les suivants :

Massif de la Voile-Noire.   C. El-Guelaa, le Melah.
Petits pointements du Sidi-Mabrouck.
Massif du Kef Bou-Assida, Sidi-Salah.
Pointement du Djebel Bou-Chouka.

C'est au pied du massif éruptif du Coudia El-Guelaa, à la partie supérieure du terrain gneissique que l'on trouve en place cette *amphibolite* intéressante dont nous avons dit un mot dans les généralités et qui paraît si semblable à celle que l'on rencontre dans toute l'Algérie en relation avec des émissions gypsoophitiques.

Ici, à l'Aïn-Dartula, elle forme de grandes couches rectilignes, dirigées environ Est-Ouest et plongeant au Nord 45°. On y trouve des grenats rougeâtres analogues à ceux des micaschistes. Elle présente une structure rubannée gneissique très nette. Il ne paraît pas douteux ici qu'elle fasse partie du terrain schistocristallin. Sa compo-

sition est la suivante ; l'ordre de formation des éléments n'y est pas
déterminé :

Texture
granulogranitoïde
{ *Amphibole hornblende* très fraîche.
{ *Plagioclase (labrador)* en plages granulitiques.
{ *Sphène* en petits fuseaux très abondants.
{ *Épidote* en baguettes brisées.

GITES D'ALGER.

On trouve, perçant le terrain gneissique et schisteux, à Alger, deux
natures de roches éruptives anciennes très voisines l'une de l'autre,
qui paraissent distinctes cependant.

L'une est une granulite à petits grains, qui forme un dyke étendu
d'une centaine de mètres carrés environ à la porte Bab-Azoun, dans
l'intérieur même de la ville. Cette roche est jaunâtre ; on y discerne
déjà nettement les éléments à l'œil nu.

Pâte granulitique
{ *Mica noir* assez développé.
{ *Mica blanc* plus rare.
{ *Oligoclase.*
{ *Microcline et orthose* passant au microcline.
{ *Quartz* à extinctions très franches.

Le microcline est très beau et très abondant. L'ordre de consolidation n'est pas indiqué.

La deuxième roche est une pegmatite à grands éléments qui a
percé les gneiss du boulevard Bon-Accueil en plusieurs endroits et
les a chargés de tourmaline au point de les rendre par places
complètement noirs (la granulite ne paraît pas avoir exercé d'action
analogue).

Cette pegmatite forme plusieurs filons assez épais ; la disposition
hébraïque se voit à l'œil nu et se montre très belle sur certains
échantillons, mais on ne trouve pas au microscope de plages micro-

pegmatoïdales ; au contraire, la structure s'y montre largement granitoïde. Le quartz n'a plus les extinctions franches telles qu'il les montre dans la granulite, mais des extinctions moirées et successives. La tourmaline est plus abondante que dans la première roche, où elle ne se montre qu'à l'état accessoire.

Il paraît probable que ces filons de pegmatite sont plus récents que le dyke de granulite de la porte Bab-Azoun, mais on manque encore de preuves directes certaines de cette supposition. Cependant, d'après Renou, il existait autrefois un contact, aujourd'hui caché, où l'on pouvait voir la pegmatite traverser la granulite. Du reste si l'on admet que les gneiss granulitiques, qui forment la masse du terrain environnant, sont formés par l'injection de la granulite dans les schistes, on aurait encore actuellement une preuve visible : car on voit en de nombreux endroits la pegmatite traverser les gneiss en les chargeant de tourmaline au point de les rendre parfois complètement noirs.

Dans le massif schisteux situé au Sud-Est d'Alger, de petits filons percent çà et là en plusieurs endroits, injectant les masses gneissiques et micaschisteuses.

CAP MATIFOU.

A l'extrémité Est de la baie d'Alger, c'est-à-dire au cap Matifou, on trouve émergeant des terrains pliocènes ou quaternaires avoisinants, et réunis sur un espace restreint, des éléments assez divers, ce sont :

1° Des schistes anciens analogues à ceux d'Alger, avec calcaire saccharoïde graphitifère ;

2° Des filons de pegmatite ancienne perçant les schistes ;

3° Des lambeaux de terrain cartennien ;

4° Une roche éruptive, verdâtre ou brune, moitié andésitique, moitié liparitique analogue à certaines roches de la région de Ménerville.

Cette roche perce à travers les couches inférieures du terrain cartennien, lesquelles sont représentées par des poudingues et par des grès ; elle ne paraît pas avoir pénétré dans les marnes qui leur sont superposées. en tous cas elle n'aurait traversé que la partie inférieure de ces marnes. Elle correspond donc comme âge à certains des pointements de Rouafa, intercalés également dans la partie inférieure du cartennien.

Une autre observation, également intéressante à noter, est celle de la relation réciproque des divers pointements où la roche éruptive du cap Matifou paraît à la surface du sol ; on l'observe, en effet, en quatre points. Deux d'entre eux sont situés au bord de la mer, sur la baie d'Alger, près de l'endroit affecté au service de la quarantaine ; un troisième se montre dans l'intérieur, au centre de la petite presqu'île qui forme le cap, sous le fort qui y est construit ; un quatrième enfin s'observe sur le bord de la mer et de l'autre côté de la presqu'île. Ces quatre pointements sont exactement en ligne droite, et celle-ci est dirigée Est 9° Nord. Il est remarquable que cette direction soit justement celle du plissement montagneux dit du Tatra (lequel a du reste marqué son empreinte sur de nombreux chaînons en Algérie) et que l'âge de ce plissement soit indiqué comme à peu près immédatement antérieur au cartennien.

Elle se présente la plupart du temps en dykes et à l'état d'une espèce de conglomérat volcanique. où l'on distingue des fragments éruptifs empâtés dans une masse boueuse de nature incertaine. Là où l'on trouve la roche compacte et franche, le pourtour de celle-ci, au contact avec le terrain cartennien, présente le même aspect de conglomérat volcanique.

Cette roche est entièrement micro-cristalline. Elle ne constitue pas à proprement parler une liparite feldspathique et le nom qui lui conviendrait le mieux serait celui de *dacite microgranulitique*.

<table>
<tr><td rowspan="3">Pâte
micro-cristalline</td><td>*Micr. d'oligoclase* assez abondants.</td></tr>
<tr><td>*Microquartz* abondant avec tendance à se pyra-
mider.</td></tr>
<tr><td>Matière chloriteuse verte disséminée.</td></tr>
<tr><td rowspan="4">Anciens cristaux</td><td>*Mica noir.*</td></tr>
<tr><td>Anciens cristaux altérés abondants (amphibole ?)</td></tr>
<tr><td>*Plagioclase* à zones concentriques.</td></tr>
<tr><td>*Quartz* ancien avec petites bavures.</td></tr>
</table>

La *pegmatite*, qui perce les schistes anciens, est analogue à celle d'Alger et ne nécessite pas de description spéciale.

GISEMENT DE L'ARBA.

M. Delage, qui a étudié la région dans sa thèse sur le Sahel d'Alger, y a décrit une roche éruptive, qu'il désigne sous le nom de *diorite à wernérite*, et qui est composée de wernérite granulitique, d'amphibole actinote fibreuse et parfois d'épidote.

Malgré une étude attentive du gisement, il nous est impossible d'interpréter les faits de cette façon, par la raison qu'il nous a été impossible de constater l'existence réelle d'aucune roche éruptive.

Ce qui existe, et justement contre l'endroit indiqué, c'est une formation de gypses, d'anhydrides et de calcaires, résultant de l'action d'eaux actives, éruptives, sur les terrains encaissants. La masse de gypse, actuellement recouverte par des éboulis, a dû être assez notable, car elle a donné lieu à une exploitation, aujourd'hui abandonnée. Toute la région est, du reste, très gypsifère.

Quant à la dite roche éruptive, nous ne pouvons la considérer que comme consistant en calcaires marneux cénomaniens, plus ou moins injectés et métamorphisés par l'éruption gypsifiante, et où de petites masses cristallines de wernérite sont nées en vertu de cette action métamorphique. Dans son état le plus défini (verdâtre ou blanche avec des mouches vertes), la roche ne présente du reste aucune masse ; il n'y a même pas, à proprement parler, de roche, mais de simples veinules disséminées dans les couches sédimentaires plus ou moins transformées, veinules dont les plus importantes, déjà rares, n'atteignent pas la largeur de la main.

Il y a peut-être dans la région et en relation avec ces émissions gypseuses une roche éruptive restée dans le sous-sol et qui n'a pas paru au jour, ou du moins on ne l'y connaît pas. Ce n'est certainement pas, en tous cas, la dite roche à wernérite, laquelle n'est essentiellement qu'un calcaire marneux injecté et métamorphisé, mais on peut presque certifier, d'après la grande analogie du gisement avec ceux connus ailleurs, que cette roche souterraine, si elle existe, est une ophite analogue à celles dont les pointements sont si nombreux en Algérie.

GISEMENT DE L'OUED TIAMIMIME.

Nous n'avons pas visité nous-même ce gisement ; M. Delage l'a décrit et c'est d'après lui que nous pouvons donner les renseignements qui suivent : au Sud de Rovigo, dans le lit de l'Oued Tiamimime, à environ 1,500 mètres de l'embouchure de cet affluent de l'Harrach se dresse, sous la forme d'un roc escarpé, l'extrémité d'un dyke éruptif. La roche se présente en prismes qui forment éventail à droite et à gauche de l'Oued, elle est compacte et noirâtre ; cette roche est une *dacite*, composée comme il suit :

Pâte
- *Micr. de labrador.*
- *Micr. de biotite.*
- *Micr. de fer oxydulé.*

Anciens cristaux
- *Quartz bipyramidé.*
- *Sanidine.*
- *Labrador.*
- *Mica noir.*

Mat. second.

- *Opale* gélatinoïde.
- *Chlorite.*
- *Calcite.*

La roche n'est en contact qu'avec le cénomanien, qu'elle a traversé et rendu friable.

RÉGION DE ZURICH-EL-AFFROUN.

Les roches éruptives de cette région ne forment pas de grands massifs, mais deux bandes allongées à pointements intermittents. Leur direction ne paraît coïncider avec celle d'aucun des plissements montagneux habituels ; les éruptions ne paraissent pas correspondre du reste à une époque déterminée, mais s'être prolongées pendant plusieurs périodes ; la bande méridionale est dirigée à peu près Est quelques degrés Sud, l'autre est formée par plusieurs tronçons de directions différentes. On y trouve des roches acides et des roches neutres appartenant à la classe des augitandésites.

Les variétés acides se voient principalement au Sidi-Mohamed-ou-Ali, dans la bande septentrionale ; on les a également signalées dans la bande méridionale à la Zaouïa-Berkani. On ne possède encore aucune donnée d'âge relative à ces roches siliceuses. Il est difficile actuellement de dire s'il faut classer ces roches avec les liparites de Ménerville ou bien avec les roches acides de Mzaïta et des îles Habibas. Au Sidi-Mohamed-ou-Ali, à Ingen, les roches sont très siliceuses, elles sont blanches, verdâtres ou violacées, rudes au toucher ; elles sont là très analogues aux liparites de Ménerville. Au Kef Mazer existent des roches mixtes toujours siliceuses, dont certains types ressemblent à s'y méprendre aux roches trachytoporphyriques des îles Habibas.

Les roches qui appartiennent à la classe des augitandésites sont bien plus développées ; elles sont de plus rendues assez intéressantes par la présence constante de cristaux d'hypersthène. Ce sont pour les désigner exactement des augitandésites à pyroxène et hypersthène, assez acides, car leur taux de silice atteint 59,2 %. Leur pâte est généralement vitreuse, opacifiée par des granulations et peu cristalline. M. Delage, qui les a décrites, les classe comme tachylites labradoriques ou labradorites vitreuses. Il a soin d'ajouter, du reste, que ces roches se rapprochent plus des andésites que des basaltes.

Les microlithes feldspathiques qu'on y voit sont rares ou tout au moins peu développés ; la moitié d'entre eux environ peut être rapportée au labrador, mais l'autre moitié s'éteint en lumière polarisée sous des angles trop faibles, souvent voisins de zéro ; ils doivent être rapportés soit à l'oligoclase, soit à l'albite. On peut rapprocher cette roche de l'andésite à hypersthène étudiée par M. Fouqué dans son ouvrage sur Santorin et surtout des andésites à pyroxène et enstatite, qui paraissent très semblables, et qui ont été signalées en Espagne au cap de Gata.

La description suivante se rapporte au type de la roche d'Ameur-el-Aïn ; celles des autres gisements sont extrêmement voisines de celles-ci. (Silice : 59,4.)

Pâte amorphe	*Pâte vitreuse* ou opacifiée par des granulations. *Micr. de plagioclases*, peu développés.	*Labrador.* *Oligoclase* (?). *Albite* (?).
Anciens cristaux	*Plagioclase (labrador).* *Amphibole* rare. *Pyroxène augite* dominant. *Hypersthène* en crist. limpides, à peine teintés, légèrement dichroïques.	

M. Delage indique dans cette roche la présence de la bastite en quantité notable et n'y signale pas celle de l'hypersthène. Les préparations que nous possédons ne nous ont au contraire montré que de l'hypersthène.

Cette roche se rencontre presque identique à elle-même aux localités suivantes : dans la bande méridionale à El-Affroun, au Camp-des-Guêtres (auberge Gaspard), à Ameur-el-Aïn, à la Zaouïa-Berkani, à la bande septentrionale à Zurich. Elle paraît un peu plus cristalline dans quelques gisements, il y a même des points où elle le devient notablement près de Zurich.

Enfin, dans les environs de Ténès, le long de la mer, au Djebel Sidi-Abd-el-Kader, sur la continuation de la bande méridionale, mais à une distance de 50 kilomètres du point le plus rapproché, cette même roche se retrouve avec des caractères identiques.

Dans le massif de Mzaïta, au Djebel Touïla, on trouve également une *augitandésite à pyroxène et enstatite*. Enfin, comme nous le disions plus haut, ces roches paraissent très analogues aux andésites à pyroxène et enstatite d'Espagne (cap de Gata), qui font face au Djebel Touïla, de l'autre côté de la Méditerranée.

Ces roches sont en relations aux environs de Zurich avec des assises formées de couches alternatives de marnes grises et de grès sableux jaunes qui appartiennent soit au sahélien supérieur, soit au pliocène tout à fait inférieur. Ces couches ont été percées et métamorphisées par la roche éruptive. Elles sont surmontées par des bancs cailloutaux qu'on peut rapporter soit au quaternaire ancien soit au pliocène supérieur, et où la roche se trouve à l'état de fragments roulés. Elle doit donc être rapportée à la période pliocène.

POINTEMENT ÉRUPTIF DU CHENOUA.

Sur le flanc méridional du Djebel Chenoua paraît une autre petite bande éruptive dirigée *Est 9° Nord*. On y trouve plusieurs espèces de roches, généralement très acides, et peut-être aussi une roche basique, mais ce dernier fait n'est pas certain.

Le terrain encaissant avait été précédemment indiqué, très probablement à tort, comme appartenant au pliocène inférieur. D'après

M. Ficheur, qui a eu l'occasion de revoir ce point récemment, la région avoisinante serait bien formée par du pliocène inférieur; mais le long de la bande éruptive existerait un lambeau de terrain cartennien (marnes conchoïdes) et c'est à travers ces marnes que les roches seraient sorties. On les trouve au contraire en cailloux roulés dans les premières couches du pliocène inférieur.

A Omar-Mers se montre une roche ultrasiliceuse, blanche, à variétés compactes et ponceuses, elle se classe parmi les *liparites quartzifères*. Elle ne paraît pas avoir traversé ces marnes cartenniennes, tout au moins on ne l'y connait qu'à l'état de fragments.

Au Coudia Tounaïns, au contraire, la roche est grisâtre assez foncée, toujours très siliceuse néanmoins. Elle a nettement traversé et métamorphisé les marnes. Elle possède une pâte assez microcristalline et se classerait comme une espèce de dacite à pâte très siliceuse.

Cette roche est très analogue à la dacite microgranulitique du cap Matifou. Il est remarquable que la direction de la bande éruptive du Chenoua soit exactement la même que celle de la droite qui joint les divers pointements éruptifs à Matifou. L'âge de ces roches doit être assez voisin; car si réellement celle d'Omar-Mers est antérieure aux marnes, la moyenne des éruptions au Chenoua a dû être à peu près cartennienne.

MILIANAH.

La roche éruptive forme une bande longue de deux kilomètres Est-Ouest dans la partie médiane du Zaccar-Gharbi; plus loin, de petits îlots percent encore çà et là, en particulier sous l'abattoir de la ville et à l'Ouest de ce point. Elle se présente sous l'aspect d'une substance blanche, très compacte et homogène, montrant à peine quelques rares lamelles disséminées de mica et quelques cristaux de quartz. Cette roche est très siliceuse. De même qu'au Sidi-Mohamed-ou-Ali (région de Zurich), il est encore incertain de savoir s'il faut la classer avec celles de Ménerville ou bien avec celles des Habibas. Elle peut, d'une façon générale, être considérée comme une liparite assez cristalline :

Pâte complèt. individual.

> *Microplages quartzeuses* individualisant la pâte et dedans quelques microquartz bipyramidés.
> *Micr. feldspathiques* assez rares, mais la matière feldspathique semble imprégner les plages quartzeuses.
> Quelques micas blancs en paillettes déchiquetées.

Pas de grands cristaux.

Le grand dyke est compris entre les calcaires néocomiens qui forment le sommet du Zaccar-Gharbi et les marnes gréseuses du gault au Sud. Il vient buter à l'Ouest contre le terrain cartennien, qui paraît avoir été démantelé au contact.

DUPERRÉ.

La roche éruptive se trouve sur le flanc Nord du Djebel Douï, où elle forme plusieurs crêtes rocheuses limitant des échancrures de la montagne. Elle est en contact avec des marnes crétacées qui ont été injectées et métamorphisées et qui se distinguent parfois difficilement de la roche elle-même. La plupart des échantillons ne sont que des types tufacés indéterminables ; sous son état le moins imparfait la roche est noire, compacte. C'est une andésite qui ressemble beaucoup à la roche grise (andésite) de Bougie. On y constate :

Pâte microlithique partiellement amorphe

> *Micr. d'oligoclase* dominants.
> *Quartz* en nids à extinctions moirées.
> *Grains ferrugineux et paillettes micacées* d'altération disséminées dans toute la plaque.

Anciens cristaux

> *Oligoclase* dominant.
> *Orthose* (?).
> Crist. colorés amorphisés.

Comme élément permettant de déterminer l'âge de cette roche, on n'a que le terrain crétacé formé par des schistes marneux verts du *gault* lesquels ont été transformés.

RÉGION DE CHERCHELL.

On trouve à Cherchell même et dans la région Ouest de la ville quatre pointements de roches éruptives tout à fait particulières. Ces quatre pointements sont situés à peu près sur une même droite parallèle à la côte et dirigée Est 15° à 20° Nord, aux localités suivantes : Blockhaus-Valée et environs (cap Zizirin) ; Djebel Aroudjaoud, Azerou Mehabba, Oued Arbil. La distance entre les deux points extrêmes est de 35 kilomètres environ.

Ces roches présentent des différences d'aspect assez prononcées même dans chaque gisement, depuis des échantillons à faciès compact ou grenu jusqu'à des types franchement granitoïdes. Mais malgré ces variations. il est certain que dans les quatre gisements on a affaire à des variétés d'une même famille de roches.

Elles se relient intimement à la famille des *syénites éléolithiques*. C'est du reste l'opinion de M. Fouqué et de M. Michel Lévy, et nous avons pu constater dans leur laboratoire, par la comparaison avec des types classiques, cette liaison incontestable. La plupart de ces roches ne paraissent cependant pas contenir d'éléolithe et devraient être simplement classées comme *syénites à mica noir et pyroxène*. Cependant, dans l'un des gisements (Djebel Aroudjaoud) on peut constater la présence de la néphéline.

Ces roches ne sont pas du tout assimilables aux roches granitiques tertiaires de l'éocène ligurien que nous avons étudiées à propos des régions de Ménerville et de Bougie, elles sont *postcartenniennes :* elles ont franchement traversé et modifié les couches de ce terrain, qui ne constitue même pour elles qu'une limite inférieure directement déterminable

Pour chercher quel peut être l'âge réel on peut se baser sur la direction de la droite, qui passe sensiblement par les quatre pointements éruptifs ; cette ligne a une direction Est 15° à 20° Nord ; de plus, la ligne de côte, le long de laquelle ces points sont distribués a une direction Est 19° Nord, c'est-à-dire exactement celle des Alpes principales (19°). De plus, des assises d'un pliocène très supérieur suivent la côte à un ou deux kilomètres du rivage ; elles ont été relevées par le même mouvement et se trouvent aux sommets des monticules à 300 mètres d'élévation. Il paraît même y avoir contact avec la roche et modification du terrain, mais cela ne doit pas encore être considéré comme certain. On serait donc conduit, si l'on voulait se baser sur ces indications, à rapporter ces éruptions à l'époque du mouvement des *Alpes principales*, c'est-à-dire *à la fin du pliocène*.

Ce fait, s'il était réellement acquis, serait très important. Il prouverait, en effet, qu'au mouvement de dislocation dit des Alpes principales a correspondu une nouvelle récurrence du type acide et granitoïde, la première récurrence acide et granitoïde ayant eu lieu pendant le ligurien et correspondant à la grande dislocation pyrénéenne.

Le gisement de l'Oued Arbil forme un dyke peu étendu au confluent de l'Oued Arbil et de l'Oued Toumelil. Il se dresse sur ces oueds en une haute falaise presque inaccessible.

La roche est recouverte par des grès crétacés (sénonien supérieur), mais ceux-ci sont bouleversés et modifiés. Cette roche est constituée par une pâte feldspathique blanche sur laquelle se détachent de grands cristaux vert-bronzé de mica. Ces cristaux sont non seulement aplatis suivant la base, mais très allongés suivant une direction, de manière à prendre l'aspect de baguettes un peu dans le genre de l'astrophyllite de Norwège. Ils ont, par exemple, un ou deux centimètres de large. (Silice : 65,4.) Au microscope on distingue :

Texture granitoïde
> *Oligoclase* en petits cristaux allongés (ophiti-
> ques).
> *Amphibole* vert-clair, rare.
> *Pyroxène* assez commun.
> *Mica brun* en gr. crist., très dominant comme
> élément coloré.
> *Quartz granulitique* peu développé.
> *Apatite* en fines aiguilles.
> *Epidote* en baguettes rayonnées.
> *Orthose* en grandes plages granitoïdes moulant
> le tout.

La masse de la roche est formée par l'orthose et le mica. L'ordre de consolidation n'est pas indiqué, sauf pour les plages granitoïdes qui englobent tout. La roche présente des variétés compactes et grenues dans lesquelles le type ophitique apparaît nettement.

Texture ophitique
> *Oligoclase* en baguettes ophitiques (très domi-
> nant).
> *Amphibole* vert-clair englobant les feldspaths.
> *Quartz* granulitique.
> *Epidote*.

Il existe un pointement de gypse éruptif au voisinage de la roche (presque au contact).

Les rapports réciproques des parties granitoïdes avec les parties grenues sont assez instructifs. On trouve en effet des blocs possédant à la fois les deux structures ; la partie compacte ou grenue s'y montre sous forme de petits filonnets de direction irrégulière englobés dans la masse granitoïde. Lorsqu'on étudie les régions de contact au microscope, on constate : 1° que les parties grenues sont presque exclusivement formées par du feldspath en cristaux ophitiques, avec un peu d'amphibole moulant ces feldspaths ; 2° que les parties granitoïdes sont plus récentes comme solidification que les parties grenues, dont elles englobent incontestablement les éléments. Ces faits semblent donc prouver que bien que leur manière d'être et leur structure à l'état granitoïde ne les y rattachent en aucune façon, ces roches doivent être rapportées au genre d'éruption qui a produit les roches ophitiques. Ces suppositions prennent du corps lorsqu'on compare ces types à d'autres types moins accusés, aux roches ophitogranitoïdes de Zendal par exemple (voir plus loin). Là on a certainement affaire à des roches ophitiques, et le passage à la structure granitoïde, la reprise de la pâte ophitique en une cristallisation plus large y est évidente. Quoi qu'il en soit, voici la description de chacun des gisements des environs de Cherchell.

Gisement de l'Azerou Mehabba. La montagne est constituée par le terrain sénonien supérieur, et la roche forme une série de rochers à pic au sommet. Le terrain sédimentaire est percé par de nombreux filons ferrugineux ; la roche lui est incontestablement postérieure. Elle se présente tantôt en colonnes de retrait comme les roches basaltoïdes, tantôt plus altérée en boules rognoneuses désagrégées. Comme aspect, elle ressemble à la roche de l'Oued Arbil avec un faciès plus fin. La composition microscopique est identique à celle de la roche de l'Oued Arbil.

Gisement du Djebel Aroudjaoud (village du Granit). La roche éruptive forme tout le sommet du Djebel Aroudjaoud au Nord, à l'Est et à l'Ouest. Au Sud se trouvent de gros blocs calcaires. La roche est immédiatement en contact avec le terrain cartennien, qu'elle a percé. Ce terrain est constitué par des marnes. Au contact de la roche éruptive elles ont été durcies, semblent avoir subi un effet de cuisson. En définitive, la roche du Djebel Aroudjaoud est certainement *post-cartennienne*.

On la trouve à l'état grenu, presque compacte, et à l'état granitoïde. Les parties grenues, grisâtres, se présentent en énormes blocs

superposés ; très nombreux au sommet, ils couvrent partiellement
les flancs de la montagne sur lesquels ils ont roulé. Ces blocs grenus
forment la grande majorité de la roche solide et paraissent moins
altérables que les parties granitoïdes. En effet, celles-ci se rencontrent
surtout à l'état terreux, plus ou moins désagrégées ; les morceaux
frais et solides sont relativement rares.

La structure de ces roches est tout à fait spéciale. Dans les échantillons grenus, les éléments blancs sont formés par des microlithes
d'oligoclase et par de petites plages d'orthose et de quartz ; ces deux
corps ont cristallisé simultanément en formant des espèces de micro-
pegmatites. Les éléments colorés consistent en petites plages de
pyroxène et de mica brun. Ils sont englobés par l'orthose et le quartz,
mais le mica moule nettement les petits oligoclases, qui paraissent
donc être la partie la plus anciennement consolidée de la roche.
(Silice : 66,3.)

Quant aux échantillons granitoïdes ils présentent un faciès un peu
différent de celui des deux gisements précédents ; le mica surtout est
en grandes lames aplaties d'un brun doré qui ne sont plus guère
allongées suivant une direction déterminée ; la pâte feldspathique est
teintée de gris. Au microscope, on aperçoit de grandes plages de
feldspath qui englobent un brillant émaillage formé par des éléments
colorés *mica brun* et *pyroxène*. Ce que la roche présente de particulier, c'est qu'à côté des plages granitoïdes d'orthose, et inclus dedans,
se trouvent des cristaux maclés d'un plagioclase basique qui, même,
est de l'anorthite.

On constate également dans cette roche la présence de la néphéline
(éléolithe) qui s'y montre avec un faciès tellement semblable à celui
de l'orthose qu'il est souvent difficile de les distinguer. L'attaque des
parties qui lui correspondent ne laisse pas de doute du reste à cet
égard.

Cette roche ne contient que 53,9 °/₀ de silice ; la faiblesse de cette
valeur est évidemment due justement à la présence de la néphéline.

Elle est d'autant plus frappante qu'on peut la comparer à la teneur élevée en silice, 65 °/₀, de la roche similaire de l'Oued Arbil, dans laquelle nous n'avons pas encore pu constater la présence de l'éléolithe. Ce qui est très étonnant c'est l'énorme différence entre le taux de silice (53,9) de la roche à texture granitoïde et celui (66,3) de la roche micropegmatoïde ci-dessus décrite, ces deux roches étant intimement liées ensemble. On trouve tous les termes de passage entre elles ; elles appartiennent au même gisement, ou, mieux, elles forment à elles deux une montagne isolée haute de 500 mètres. Si jamais deux roches peuvent être considérées comme représentant l'une le faciès de profondeur, l'autre le faciès éruptif d'une masse, ce sont certainement ces deux là. Il est donc singulier de trouver une différence aussi considérable entre les valeurs relatives de leurs acidités.

Gisement du Blockhaus-Valée et environs. Les alentours immédiats de Cherchell montrent en de nombreux endroits des affleurements d'une roche éruptive presque toujours à l'état terreux ou tout au moins à l'état plus ou moins désagrégré. Les parties fraîches et solides ne se rencontrent pour ainsi dire pas, et les meilleurs échantillons sont très imparfaits.

Ces affleurements sont nombreux sur les flancs de la colline, au sommet de laquelle le Blockhaus-Valée est taillé, ainsi que sur les collines avoisinantes. Il existe également un pointement assez notable formant l'extrémité même du cap Zizirin.

Tout le pays environnant est constitué par du terrain cartennien, surmonté au sommet des monticules par des couches pliocènes. On peut voir en plusieurs points le contact direct de la roche et du cartennien et la modification incontestable de celui-ci. Des couches d'un rouge lie de vin, par exemple, y ont été rendues schisteuses et colorées en vert sur un mètre d'épaisseur environ. La roche est donc certainement *postcartennienne.*

Relativement au pliocène, les faits sont moins certains ; on ne trouve pas en effet de contact direct entre la roche et le pliocène franc. Cependant, dans la tranchée du Blockhaus-Valée, on trouve un filon (?) de roche terreuse traversant une formation calcaire blanche, friable, qui peut être (?) rapportée au pliocène partiellement altéré. Dans plusieurs autres affleurements on trouve aussi une matière blanche friable englobée par la masse éruptive et qui peut être aussi du pliocène transformé (?). Ces faits seraient importants, mais ils doivent encore être considérés comme douteux.

La constitution de ces roches est analogue à celle des roches du Djebel Aroudjaoud avec une basicité plus forte. Le pyroxène y domine comme élément coloré et le feldspah y paraît exclusivement plagioclasique (labrador) ; mais l'état imparfait des échantillons ne permet pas de certifier ce que serait exactement la roche pure et solide. Elle paraît cependant représenter un terme déjà intimement relié aux diabases.

RÉGION DE TÉNÈS.

On trouve dans la région Est de Ténès quelques pointements éruptifs de peu d'importance, formant une bande le long du rivage de la Méditerranée, notamment au Djebel Abd-el-Kader, au Djebel Bou-Cheral, à l'Oued Sebt.

Au Djebel Abd-el-Kader (Beni-Haoua de Ténès), la roche forme un dyke noir, compact, qui s'étend sur 5 kilomètres environ à l'Ouest de la Mersa-Djilali. (Silice : 59,1). Nous en avons déjà dit quelques mots à propos de l'*augitandésite à pyroxène* et hypersthène de Zurich à laquelle cette roche-ci se rattache intimement.

Au Djebel Bou-Cheral on paraît surtout trouver des échantillons de terrains modifiés et peu de roche éruptive franche.

A l'Est de la Mersa-Djilali sur la rive droite de l'*Oued Sebt* (Beni-

Haoua de Ténès), s'élève un piton à pentes raides, constitué en partie par une roche éruptive foncée, ayant toutes les apparences de celles du Djebel Abd-el-Kader, qui lui fait face de l'autre côté de la baie. Les échantillons étudiés se sont montrés complètement tufacés.

Roche dioritique de Ténès. — On trouve aux abords mêmes de Ténès, sous l'abattoir de la ville, sur le rivage de la mer, une roche dont la raison d'être là est encore un problème irrésolu.

Elle constitue d'énormes blocs, de natures assez disparates, mais dont la grande majorité et la partie la plus intéressante est constituée par une roche dioritique qui rentre dans la catégorie de celles dont nous avons parlé dans les généralités. On y distingue à l'œil une amphibole noire, parfois des lamelles de bronzite ou de diallage, et un élément blanc feldspathique. La texture de la roche est rubannée à la façon d'un gneiss avec une disposition en couches parallèles très nette. Au microscope, on y reconnaît :

Texture granitoïde
$\begin{cases} \textit{Amphibole hornblende.} \\ \textit{Pyroxène diallagique.} \\ \textit{Fer oxydulé.} \\ \textit{Feldspath (labrador)} \text{ à faciès particulier.} \end{cases}$

Cette roche est-elle éruptive et doit-elle être considérée comme une diorite ? Appartient-elle au terrain gneissique dont elle représenterait un pointement isolé, comme il en existe un au Chenoua par exemple ? Elle aurait alors une analogie complète avec l'amphibolite de l'Aïn-Dartula, près de Bône. Est-ce une roche amenée au jour par l'éruption d'une roche ophitique ou par des eaux gypsifiantes ? Mais on ne constate avec elle ni gypse ni aucune roche éruptive réelle. En définitive, il est impossible de se prononcer actuellement pour l'une de ces hypothèses ; les seules remarques qu'on puisse ajouter, c'est que cette roche est accompagnée par des blocs micaschisteux à grenats, qui paraissent appartenir au terrain primitif. D'autre part, les

poudingues cartenniens qui ne sont pas très éloignés (2 kilomètres)
ne paraissent pas en renfermer de débris, tandis que les poudingues
quaternaires, très voisins il est vrai, en contiennent à l'état de cailloux roulés.

GISEMENT D'AIN-NOUISSY.

Ce gisement est l'un des plus instructifs parmi les pointements
ophito-gypsifères. On y trouve à la fois :

1° Une grande masse de gypse occupant une étendue de plus
de 3 kilomètres ; c'est un gypse éruptif à faciès caractéristique,
contenant des cristaux de quartz, des marnes bariolées, des cargneules, etc. ;

2° Des pointements d'une roche verte ophitique, formant dyke au
milieu de la masse gypseuse ;

3° Des fragments d'une roche dioritique analogue à celle de Ténès ;

4° Des débris sédimentaires métamorphisés, provenant de marnes
helvétiennes et de grès pliocènes qui permettent de fixer une limite
d'âge minimum pour cette éruption ophitique.

L'ophite est une roche d'un vert bleuâtre clair, homogène, à l'aspect cristallin. Elle perce le gypse en plusieurs points, soit sous
forme d'un petit dyke, soit sous forme de filons répandus dans la
masse. Elle est certainement en place. Sa composition est celle d'une
ophite andésitique à amphibole.

Pâte à structure ophitique	*Oligoclase* en gr. baguettes ophitiques ; très abondant.
	Amphibole vert clair, aspect déteint. Cette am- phibole englobe nettement les feldspaths.
	Fer titané avec enduit grisâtre.
	Grains de *quartz*.
	Paillettes chloriteuses disséminées.

37

A la partie Nord du gisement, la roche ophitique et les gypses sont en contact avec des terrains sédimentaires constitués par des grès pliocènes. Ces terrains plongent en cet endroit vers le Nord, c'est-à-dire comme s'ils avaient été soulevés par le phénomène éruptif, mais il n'est pas démontré que la roche soit réellement la cause directe de leur inclinaison, il peut y avoir eu là deux actions concomittantes. Les grès pliocènes ont été modifiés et transformés au contact de la roche éruptive et du gypse (Pomel). Celui-ci contient aussi des fragments de marnes helvétiennes métamorphisées et verdies.

En définitive, on ne peut pas faire remonter l'apparition de cette ophite au delà *de la fin du pliocène*. Il est probable que l'époque de sa sortie coïncide avec l'époque du mouvement des Alpes principales.

On trouve à Aïn-Nouïssy des fragments de roches très diverses, soit incluses directement dans les gypses, soit en blocs épars sur le terrain pliocène. On y trouve en particulier une roche dioritique analogue à celle de Ténès. Elle paraît n'y exister qu'à l'état de blocs isolés, de cailloux roulés ; elle paraît avoir été apportée par l'éruption, mais la chose est loin d'être certaine. Elle est accompagnée de fragments micaschisteux à grenats qui paraissent aussi avoir été arrachés au sous-sol et par des roches siliceuses compactes de nature douteuse, peut-être métamorphique.

Enfin, on trouve encore à Aïn-Nouïssy des blocs calcaires dans lesquels le métamorphisme a fait naître des cristaux qui paraissent être de l'albite et de grandes baguettes de wernérite analogues à celles des calcaires pyrénéens.

GISEMENT DE DUBLINEAU.

Ce gisement comprend, comme celui d'Aïn-Nouïssy, une roche ophitique verte avec gypse éruptif, mais il ne renferme pas de roche dioritique analogue à celle de Ténès. On trouve dans les environs de Dublineau huit pointements de gypse auxquels est relié un neuvième pointement, celui de la route de Mascara, situé à 10 kilomètres environ du village. Ce gypse contient des marnes bariolées, des cristaux de quartz, des cargneules, des pyrites, etc... L'un des pointements de l'Oued El-Hammam est même très instructif pour démontrer que ce gypse est bien réellement dû à un phénomène éruptif ; en effet, la masse de gypse est pure au centre et même recouverte par des croûtes d'anhydride en beaux cristaux, et, de chaque côté de la masse centrale, on observe du gypse sali par des éléments étrangers, marnes bariolées, cargneules, etc., disposés dans un alignement sinueux vertical, et jouant le rôle de salbande, par rapport au gypse.

Les roches ophitiques sont mal représentées ; les roches vertes sont assez fréquentes, mais presque partout elles sont constituées par des marnes, durcies, verdies, injectées de roche éruptive. Les divers échantillons rapportés ne contiennent pas de types nettement ophitiques, mais il est incontestable cependant que ces roches doivent leur être rattachées en tant que représentants tufacés.

Les gisements de gypse situés sur la rive droite de l'Oued sont postcrétacés (ils ont percé et métamorphisé le cénomanien).

Le gisement de la rive gauche pénètre au travers des couches cartenniennes et la similitude de faciès permet de conclure que tous ces pointements gypseux sont au moins *postcartenniens*.

PERRÉGAUX.

Cet îlot éruptif est très peu étendu ; il ne comporte que deux petits pointements. Il est en rapport avec des gypses, mais qui présentent un tout autre aspect que les gypses éruptifs qui accompagnent les ophites : souvent en gros cristaux, en bandes parallèles, sans marnes bariolées, ni cargneules, ni quartz cristallisé, il paraît bien plutôt devoir être attribué ici à une formation sédimentaire. Il est du reste en concordance de stratification avec le terrain encaissant et paraît avoir subi les mêmes déformations que lui.

La roche éruptive est tout à fait différente des roches vertes ophitiques que l'on rencontre communément avec les gypses éruptifs, elle consiste en un basalte ou plutôt en 2 variétés de basaltes.

L'un des pointements, voisin du village, n'a guère qu'une vingtaine de mètres d'étendue dans chaque direction. A l'œil, la roche rappelle certains basaltes, elle renferme des pyroxènes et se présente surtout sous forme de pouzzolane avec différents types. noirs, rouges, spilitiques, etc. Au microscope, elle se montre constituée comme un basalte très vitreux.

Le terrain en contact avec la roche est du pliocène représenté par des grès sableux assez friables ; ces grès n'ont pas été modifiés par l'éruption et contiennent au contraire fréquemment des fragments englobés de pouzzolane — la roche serait donc antépliocène (?).

Le deuxième pointement se trouve à l'extrémité Est du massif gypseux, à 5 kilomètres environ de Perrégaux. — Elle se présente en un amas de quelques centaines de mètres d'étendue. Elle paraît assez différente de la première variété ci-dessus décrite, moins compacte, plus terreuse. Au microscope, au contraire, elle est assez belle et très cristalline ; c'est un basalte bien défini :

Pâte microlithique
: *Micr. labrador* dominants.
Autres micr. feldspathiques probables.
Micr. pyroxène abondants.
Micr. fer oxydulé.

Gr. cristaux
: *Gros péridots* abondants.
Pyroxène rare.

Au contact, les couches sédimentaires contiennent des fragments de roches éruptives. mais qui paraissent plutôt imprégner le terrain comme s'ils avaient été injectés. Les couches sédimentaires forment du reste deux mamelons, qui semblent avoir eu pour cause un soulèvement direct produit par la roche éruptive. S'il en était ainsi, la roche serait postpliocène (?).

On voit, en définitive, qu'il y a discordance entre les déterminations stratigraphiques relatives à ces deux pointements, puisqu'elles conduisent à considérer l'une des roches comme antérieure à ce pliocène, l'autre comme postérieure. L'étude optique ne résout pas la question, car la première roche pourrait être considérée comme une modification vitreuse de la seconde.

ENVIRONS D'ORAN (BAINS-DE-LA-REINE).

La roche éruptive des Bains-de la-Reine se trouve à 3 kilomètres environ d'Oran, sur la route de Mers-el-Kébir. On peut la voir percer en plusieurs endroits dans la falaise qui borde la mer. Quelques autres points où la roche est visible existent également sur la gauche de la route en remontant les pentes du Djebel Murdjadjo.

Cette roche est d'un vert jaunâtre et paraît assez altérée. Elle se rattache certainement aux ophites, bien que les échantillons ne montrent, la plupart du temps, pas de composition caractéristique. Les feldspaths sont en général rares et la masse est formée par une amphibole vert bleuâtre et par des cristaux d'épidote extrèmement abondants, souvent dominants.

Les notions d'âge que l'on peut acquérir n'ont rien d'intéressant ; la roche est en contact avec des schistes attribuables au trias (?) et qu'elle a traversés en les altérant.

NÉDROMA.

L'îlot granitique ancien de Nédroma s'étend de l'Est à l'Ouest sur une longueur de près de 6 kilomètres, sa largeur est d'environ 2 kilomètres. Quelques îlots peu étendus s'échelonnent à l'Ouest du gisement principal jusqu'aux portes de la ville.

La roche de cet îlot se présente rarement à l'état frais et solide ; presque partout elle tombe en arènes granitiques de désagrégation.

Elle a l'aspect d'un beau granite à fond blanc, c'est-à-dire dans lequel le feldspath est assez prédominant sur les éléments colorés. Sa composition microscopique est la suivante :

Texture granitoïde
{
Mica brun.
Oligoclase à fines macles multiples, en gr. crist. Très abondant.
Orthose assez rare.
}

Quartz en plages granitoïdes. Très abondant.

Ce granite est percé par une pegmatite parfois tourmalinifère en filons d'épaisseur très variable et dans toutes les parties de l'îlot. Cette pegmatite ne présente rien de particulier ni de remarquable.

Le granite est certainement *antéjurassique* ; en effet, on trouve en cailloux roulés dans un poudingue (Beni-Menir) dont l'âge est indéterminé, mais qui est sûrement infraliasique, car le lias inférieur repose dessus. Comme limite inférieure d'éruption, on ne possède encore que des éléments incertains : le granite passe au milieu de schistes dont l'âge est inconnu. Ces schistes ont été métamorphisés ; il s'y est produit en effet de grands cristaux d'andalousite et du mica brun en paillettes disséminées qui donnent à la roche, au microscope, un aspect identique à celui du schiste maclifère de Huelgoat (Finistère), reproduit dans l'atlas de MM. Fouqué et Michel Lévy. M. Pouyanne a vu les schistes reposer sur le granite à la partie orientale de l'îlot et, de plus, a remarqué que dans les poudingues des Beni-Menir, qui sont formés de leurs éléments, la partie inférieure est uniquement composée de schistes, tandis que les granites n'apparaissent qu'à la partie supérieure. Cela indiquerait un dérasement ayant commencé par les schistes et n'ayant atteint le granit qu'au bout d'un certain temps. Mais ce n'est pas une preuve réelle de l'antériorité de celui-ci.

Du reste, la fixation actuelle de ce point n'a pas un grand intérêt, puisque les schistes eux-mêmes sont inclassés. Ce qu'on peut certifier,

et c'est l'important de la question, c'est que ce granite est *ancien,
infraliasique*. C'est le seul endroit de l'Algérie où l'on connaisse
actuellement un fait précis, classant la roche comme ancienne,
c'est-à-dire antétertiaire.

RÉGION DE NEMOURS.

Le massif éruptif de Nemours est divisé en deux parties par l'Oued
Taïma. Il y a eu certainement plusieurs éruptions de roches basaltoïdes qui sont venues se superposer. Dans le lit de l'Oued Taïma et
près du Marabout Sidi-Brahim les couches du terrain helvétien sont
formées d'éléments volcaniques ; il y a donc eu des éruptions avant
le dépôt de ces couches, mais nous ne possédons pas d'échantillons
ayant exactement cette provenance.

Au point où le chemin de Nemours au Djebel Toumaï coupe
l'Oued Taïma, le basalte qui forme plateau est taillé à pic sur l'Oued,
et le lit de celui-ci est formé par du terrain helvétien. Seulement, on
peut interpréter ce fait de deux façons opposées, qui conduisent l'une
à supposer la roche antéhelvétienne et l'autre à la considérer comme
postérieure à ce terrain. A l'Oued Taïma se trouve également une
roche couleur terre de sienne pâle, constituée par un basalte andésitique ; une roche identique est décrite au gisement des Beni-Mishel.

La roche basaltique que l'on rencontre dans les falaises Ouest de
Nemours est mieux définie stratigraphiquement. Elle forme trois
coulées intercalées dans l'helvétien et il semble qu'on puisse les considérer comme contemporaines de la formation de ce terrain, d'autant
plus que chaque couche de roche éruptive paraît avoir modifié sensiblement la partie supérieure du terrain sur lequel elle repose, tandis
qu'au contact le terrain qui repose sur le basalte semble moins altéré.
Cependant des doutes s'élèvent lorsqu'on étudie la composition de
ces roches. Des trois coulées, deux sont formées par une roche grise,
à aspect finement grenu, ce sont les coulées inférieure et supérieure ;

elles sont tout à fait identiques entre elles et constituées par un *basalte à amphigène* (?) ressemblant beaucoup à la roche d'Aïn-Tolba (Témouchent). Celle-ci est postpliocène. D'autre part, la coulée intermédiaire est formée par une roche peu franche qu'on peut considérer comme une *labradorite basaltique ;* elle est noire, d'aspect un peu cireux, et se sépare nettement de la roche des deux autres coulées. Ces faits rendent l'interstrafication douteuse : peut-être y a-t-il eu injection postérieure, mais le terrain paraît bien peu transformé pour se prêter à cette supposition.

Des couches de roches basaltiques incluses dans l'helvétien se rencontrent dans toute la partie Ouest de la falaise, depuis le point qui fait face aux rochers des Deux-Frères jusqu'à l'embouchure de l'Oued Kouarda. C'est également à ces éruptions qu'on peut rattacher l'îlot qui se trouve sur la rive droite de l'Oued Kouarda et également l'îlot compris entre cet Oued et l'Oued Tioult.

Au Touent, à l'Est de Nemours, on trouve aussi une roche noire recouverte par du terrain helvétien. Mais les échantillons qui en proviennent sont tellement tufacés qu'il est impossible de déterminer à quelle espèce de roche basaltique il faut rapporter cette formation. Au microscope, on ne voit que de grands cristaux de pyroxène et de péridots, puis une pâte complètement opacifiée par des granulations et dont émergent seulement quelques rares microlithes feldspathiques indéterminables. On peut la considérer jusqu'à nouvel ordre comme un *tuf basaltique.*

Dans le ravin d'Arcoub (Aïn-Kseub) existe un petit dyke de roche basaltique ; à son contact les couches helvétiennes sont fortement plissées et métamorphisées par places ; il leur est donc postérieur.

On voit en définitive que la moyenne des éruptions a eu lieu dans ce massif pendant l'Helvétien ; il est peu probable qu'elles se soient beaucoup écarté de cette époque.

ILOT SUD-EST DU DJEBEL FILLAOUCEN (LALLA-MARNIA).

Cet ilot est situé au Nord-Est de Lalla-Marnia, dans les tribus des Beni-Mishel et des Zemmara. La roche s'y montre souvent en colonnes basaltiques formant des pitons escarpés, dominant de vastes plateaux. Plusieurs éruptions successives se sont succédé dans cet ilot. Le terrain helvétien qui est en contact avec le massif éruptif est formé en plusieurs points (Oued Azoug, Aïn-Begral) de roches basaltoïdes roulées et de débris de pouzzolanes. Il y a donc eu une émission de ces roches antérieure au terrain helvétien ou tout au moins au niveau de ce terrain qui est représenté là. Un caillou roulé de cette provenance a montré une roche difficilement classable. Ce qu'on peut dire, c'est qu'elle est en somme peu basaltique et qu'elle viendrait se placer dans le voisinage des labrodrites en supposant la basicité de celles-ci fortement atténuée par la présence de feldspaths acides. Elle appartiendrait à ces roches mixtes qu'on pourrait appeler *basaltoïdes*. Les terrains helvétiens sont eux-mêmes recouverts par des coulées basaltiques, parmi lesquelles se trouve une roche couleur terre de sienne pâle (Aïn-Begral) ; elle forme des pitons rocheux et présente la composition suivante :

<table>
<tr><td rowspan="6">Pâte amorphe
à demi opacifiée</td><td>*Micr. d'oligoclase* très fins.</td></tr>
<tr><td>*Pyroxène* en petits crist.</td></tr>
<tr><td>*Labrador*   id.</td></tr>
<tr><td>*Péridot* en gros crist.</td></tr>
<tr><td>*Matière orangée*, épigénissant d'anciens cristaux, très disséminée.</td></tr>
</table>

On peut considérer cette roche comme un *basalte andésique*. (Silice : 48.2.)

On trouve encore dans cet ilot une troisième nature de basalte ; sa couleur est grise ; elle se rencontre au Tregg-Adda, où elle forme des

pitons escarpés ; on peut la classer dans les *basaltoïdes* où les microlithes de labrador sont mélangés de microlithes feldspathiques plus
acides.

Tout près de Bou-Dinar et dans le voisinage des Beni-Mishel on
rencontre à fleur du sol, dans le terrain cartennien, des roches basaltiques noires, assez cristallines, que leur composition classe parmi
les *labradorites basaltiques* ; elles se distinguent des roches précédentes par leur richesse en grands cristaux de plagioclase (labrador).
(Silice : 46,8.)

Les relations d'âge vis-à-vis du cartennien ne sont pas déterminées.

On voit en définitive que toutes les roches de ce massif sont voisines
des basaltes, mais aucune d'elles n'en constitue un type réellement
franc.

La moyenne des éruptions de ce massif a, comme pour le précédent, coïncidé avec la période helvétienne.

MASSIF DU DJEBEL MZAITA (EN FACE DES ÎLES HABIBAS).

Ce massif éruptif s'étend de l'Est à l'Ouest depuis la Mersa
Madagre jusqu'à la Marsa Bouzudjar, et du Nord au Sud depuis la
mer jusqu'à Téferouine (polygone d'artillerie d'Oran). Les deux pitons
principaux sont ceux du Djebel Touïla et du Djebel Mzaïta. Ils se
dressent tous deux en pointe et forment au sommet des gerbes de
colonnes éruptives.

Il y a eu dans la région plusieurs éruptions de natures diverses
ayant donné des roches assez spéciales trachyto-porphyriques, des
trachyandésites, des andésites à pyroxène, et même une augitandésite
à pyroxène et hypersthène analogue à la roche d'Ameur-el-Aïn (Zurich).

A la Mersa Bouzudjar on trouve des roches trachytiques ayant été
reprises par l'eau et formant la base du sahélien, auquel elles sont
par conséquent antérieures ou contemporaines. L'opinion de M. Pomel
est que ces couches se sont formées dans la mer sahélienne au mo-

ment même du dépôt de ce terrain. Elles ont ensuite été recouvertes par de nouvelles coulées trachytiques. En somme, certaines de ces roches paraissent avoir débuté avec le sahélien, d'autres s'être produites pendant cette période et s'être prolongées probablement pendant le pliocène inferieur.

On peut remarquer que pendant l'helvétien les régions avoisinantes ont produit des roches basiques voisines des basaltes. Il y a donc eu avec la période sahélienne réapparition de types acides ; or, il est très remarquable que cela corresponde exactement à l'époque du mouvement de dislocation des îles Baléares, lequel s'est fait énergiquement sentir dans toute la région de l'extrême Ouest algérien : c'est lui qui y donne la direction au rivage méditerranéen. Ainsi, à cet endroit précis, la côte du cap Figalo au cap Lindlès, le long du massif éruptif, a une direction Est 33°,5 Nord, identique à celle du plissement des Baléares (34°). La droite qui longe la côte traverse la mer et rentre à la frontière du Maroc par le massif trachytique des Beni-Mengouch. Les roches trachytiques du Kiss appartiennent également à la même époque (début du sahélien). Voir les observations émises à propos des roches de Cherchell sur la récurrence des types acides et granitiques.

Le *Djebel Mzaïta* est formé par des roches à pâte rosée, qui font partie d'une classe assez spéciale, qu'on retrouve aux îles Habibas et qui est intermédiaire entre les trachytes et les porphyres. La pâte est très siliceuse et le taux de silice de la roche atteint 71,6 °/₀ ; sa composition microscopique est la suivante :

<table>
<tr><td rowspan="6">Pâte amorphe
abondante</td><td>*Mic. d'oligoclase* dominants.</td></tr>
<tr><td>Micr. de *sanidine (?)*.</td></tr>
<tr><td>*Plages siliceuses* irrégulières, à extinction totale,</td></tr>
<tr><td>englobant les micr. feldspathiques et formant</td></tr>
<tr><td>la masse de la pâte.</td></tr>
<tr><td>*Microquartz* mieux défini çà et là.</td></tr>
</table>

$$\text{Gr. crist.}\quad\left\{\begin{array}{l}\textit{Orthose.}\\\textit{Plagioclase.}\\\textit{Mica noir.}\end{array}\right.$$

Ces roches sont siliceuses comme les liparites, mais ne leur sont pas analogues comme structure. Il paraît y avoir ici, entre les matières siliceuses et feldspathiques, une imprégnation intime qui rend difficile leur distinction.

Il y a des types à amphibole qui deviennent moins siliceux et doivent être classée parmi les *trachyandésites*. Enfin ces roches passent à des *andésites à pyroxène* analogues au type suivant :

$$\text{Pâte vitreuse}\quad\left\{\begin{array}{l}\textit{Micr. d'oligoclase} \text{ dominants, très fins.}\\\textit{Micr. de labrador} \text{ rares.}\end{array}\right.$$

$$\text{Cristaux anciens}\quad\left\{\begin{array}{l}\textit{Labrador} \text{ dominant.}\\\textit{Pyroxène} \text{ dominant.}\\\textit{Amphibole.}\\\textit{Plages de fer oxydulé.}\end{array}\right.$$

On peut constater sur le terrain que les roches trachytoporphyriques sont sorties les premières (formant, remaniées sur places, la base du sahélien) que les *trachyandésites* et les *andésites à pyroxène* ont coulé dessus.

Au sommet du Djebel Touila la roche est à pâte noire et à gros cristaux vitreux de feldspath. On y trouve, comme nous l'avons dit plus haut, une *augitandésite à pyroxène* et *hypersthène*, analogue à la roche d'Ameur-el-Aïn (Zurich).

$$\begin{array}{l}\text{Pâte amorphe}\\\text{opacifiée}\end{array}\quad\left\{\begin{array}{l}\textit{Micr. d'oligoclase} \text{ dominants.}\\\textit{Micr. de labrador.}\end{array}\right.$$

$$\text{Anciens cristaux}\quad\left\{\begin{array}{l}\textit{Plagioclase} \text{ (labrador dominant) très abondant.}\\\textit{Pyroxène} \text{ très abondant.}\\\textit{Hypersthène} \text{ à peine teinté.}\end{array}\right.$$

Cette roche paraît postérieure aux précédentes ; elle daterait probablement du pliocène inférieur.

A l'Oued Madagre, à un kilomètre environ de l'embouchure, à l'Est, se trouve une *roche serpentineuse* qui a fait son apparition à travers des schistes satinés, vraisemblablement triasiques. Cette roche est très peu cristalline et ne renferme aucun ancien élément qui puisse donner des indications relatives à la roche éruptive dont peut dériver cette serpentine, ni même si telle est sa provenance.

Il est intéressant de signaler ici une analogie remarquable entre la composition du massif de Mzaïta et celle du massif éruptif du cap de Gata, en Espagne, formé juste en face de Mzaïta, sur l'autre bord de la Méditerranée. Ce massif est situé sur le prolongement de l'arc du grand cercle qui passe par les îles Baléares, et son début doit correspondre très probablement aussi avec le mouvement qui a produit l'émersion de ces îles. On y a signalé des liparites (rhyolithes), des trachytes, des andésites à pyroxène et enfin des andésites à pyroxène et enstatite. On voit qu'il y a identité absolue comme natures de roches avec le massif algérien.

ILES HABIBAS.

Ces îles ont déjà été vues par M. Vélain, qui en a donné une description succincte. Elles sont entièrement formées par des éruptions trachytiques, composées par des roches analogues à celles du Djebel Mzaïta. On sait donc que les débris de certaines d'entre elles ont servi à former la base du terrain sahélien au cap Figalo et en de nombreux points du littoral oranais. On trouve dans l'île centrale, et en faisant écharpe, un lambeau de marnes à gypse et à foraminifères appartenant au sahélien, lesquelles se sont déposées dans une cuvette trachytique et n'ont pas été affectées ; elles donnent ainsi une limite supérieure pour les éruptions au contact.

Les roches de cette île sont très acides. On y trouve des types analogues aux rhyolithes, puis d'autres plus particulières; M. Vélain les désigne sous le nom de *porphyres trachytiques siliceux* (sanidophyre molaire) ; leur pâte est formée par la juxtaposition d'une quantité de sphérolithes à extinction totale assez bizarres. On pourrait probablement les rapporter à un mélange intime de microlithes feldspathiques noyés dans des plages siliceuses. Comme anciens cristaux, on y trouve des feldspaths et du pyroxène. Ces roches sont intermédiaires entre les trachytes et les roches porphyriques.

On trouve encore aux îles Habibas une *andésite vitreuse à pyroxène*, dont la pâte, complètement vitreuse, ne contient que de rares microlithes très fins d'oligoclase. Les anciens cristaux sont du feldspath et du pyroxène.

MASSIF DE LA TAFNA.

Ce massif est coupé en deux par l'Oued Tafna. Sur la rive droite il s'étend jusqu'à la mer et jusqu'auprès de Beni-Saf avec un développement de 6 à 7 kilomètres du Nord au Sud. Sur la rive gauche il présente une série de plateaux éruptifs dont la limite Sud atteint à peu près 7 kilomètres depuis l'embouchure de la rivière et s'étend également de 8 à 9 kilomètres vers l'Ouest. Les principaux points sont les suivants : Takenbritt. Djebel Lagradza, Djebel Zouani, Sidi-bou-Kettoum.

A Rachgoun sur la rive droite, près de la route de Beni-Saf à Tlemcen, on peut voir un mamelon où les couches helvétiennes sont formées par des éléments basaltiques. Il est donc probable qu'il y a encore là une roche antérieure à ces couches. On trouve dans cette partie du massif une autre roche basaltique qui contient du péridot et du pyroxène visibles et qui a franchement coulé sur l'helvétien, ce qu'on peut constater tout le long du rivage depuis Rachgoun jusqu'à Beni-Saf. Auprès de Rachgoun on trouve ce basalte recouvert par le quaternaire.

Sur la rive gauche de la Tafna plusieurs périodes d'éruption ont également eu lieu. Sur la lizière Nord, où la roche éruptive prend vis-à-vis du terrain sédimentaire une disposition en petits golfes et petits caps, on trouve en certains points l'helvétien constitué par des éléments basaltiques. D'autre part, on voit également des coulées recouvrir l'helvétien et être recouvertes elles-mêmes par le terrain quaternaire. On retrouve donc des dispositions analogues à celles du massif de la rive droite.

Le Djebel Lagradza est formé presque exclusivement par des roches basaltiques, spongieuses, rouge brique, vacuolaires ; elles sont très répandues dans toute la région qui va de la Tafna au Djebel Lagradza. Elles passent à des roches plus compactes en se rapprochant du Djebel Zouanif.

De petites vallées profondes les échancrent ; elles y présentent une épaisseur qui va jusqu'à plus de 100 mètres. Au microscope, les plaques se montrent indistinctes, opacifiées par des granulations et complètement vacuolaires ; il est impossible de dire exactement à quoi elles se rapportent.

A Takenbritt on trouve une roche noire très cristalline, constituée par un *basalte à péridot* bien défini ; il paraît identique aux basaltes de Rachgoun (rive droite).

Pâte microl.	*Micr. d'ox. de fer* et fines arborisations (fer titané ?). *Micr. de pyroxène* très abondants. *Micr. feldspath. (labrador, anorthite).*
Anciens cristaux	*Pyroxène.* *Péridot* en petits cristaux.

Cette roche est posthelvétienne et antéquaternaire.

Au *Djebel Zouanif* on trouve plusieurs espèces de roches. L'une, qui serait à classer parmi les *trachyandésites*, prouve qu'il a dû y avoir dans la région des éruptions analogues à celles de Mzaïta ou du massif d'Attia.

Une autre serait à classer dans les *augitandésites*, enfin, une troisième roche se rattacherait aux *basaltes*, quoiqu'elle n'en constitue pas un type bien franc. Il paraît inutile d'entrer dans le détail de leur composition, leurs relations mutuelles ne pouvant être actuellement précisées.

En définitive, pour toute cette région les relations stratigraphiques connues ne sont pas assez précises pour qu'on puisse considérer l'époque des éruptions comme fixées directement avec précision. On détermine seulement qu'elles sont posthelvétiennes et antéquaternaires pour la plupart.

Cependant si l'on tient compte, d'une part, des roches trachytiques du Djebel Zouanif, analogues à celles de Mzaïta, et, d'autre part, de ce que les roches basiques ne sont pas ici semblables à celles des régions de Nemours et des Beni-Mishel, on voit qu'il est probable (les roches trachytiques devant certainement être rapportées au sahélien) que la masse des roches basaltiques doit être pliocène.

L'île Rachgoun se trouve juste à l'embouchure de la Tafna. Nous n'avons pas pu la visiter, mais M. Vélain en a donné une description succincte. Il y cite l'existence de *néphélinites* et de *leucitites* à la base de coulées formées par d'autres roches basaltiques.

ENVIRONS DE BENI-SAF.

Il existe dans la région de Beni-saf un assez grand nombre de variétés de roches, mais il a paru préférable de les étudier en même temps que celles de la Tafna, car elles font partie d'un même ensemble. Nous réunissons seulement ici la description de quatre pointements de roches ophitiques, qu'on rencontre dans les environs de Beni-Saf et que leur nature éloigne des autres roches susdites. Ces pointements sont ceux de Sidi-Safi, de la ferme Chabert, du Djebel Skouna et de la plâtrière de Rachgoun.

Le gisement de *Sidi-Safi* se présente au niveau du sol, sans émergence notable, au milieu du terrain helvétien ; le tout est recouvert et empâté par une croûte de calcaire actuel. Il est malheureusement impossible d'étudier les rapports de cette roche avec le terrain sédimentaire encaissant. Sa couleur est verte, son aspect caverneux et altéré, elle contient de l'épidote déjà visible à l'œil nu. Au microscope la roche se montre très altérée ; on n'y distingue guère que l'épidote très abondante en petits cristaux et en baguette, empâtée dans une substance blanche granulitique indéterminée. Les anciens cristaux d'amphibole et de feldspath ont été complètement transformés tant dans les produits précédents qu'en oxydes ferrugineux.

Le gisement de la *ferme Chabert* est situé dans un ravin que suit la route de Beni-Saf à Témouchent, sur la rive droite de l'Oued ; la roche est verte, elle forme un petit dyke éruptif. La pâte est assez claire et contient des nodules de teinte plus foncée ; elle a l'aspect d'une roche très tufacée. Au microscope, on n'y distingue que de grands microlithes ophitiques d'oligoclase, empâtés dans une masse quasi amorphe et indistincte.

Le terrain qui englobe ce petit dyke est formé par des marnes helvétiennes, mais on n'observe pas de contact réel, car ce sont des marnes éboulées servant aux cultures.

Le gisement du *Djebel Skouna* est plus intéressant, la roche y est très belle, cristalline : sa pâte est formée d'éléments blancs et de cristaux vert jaunâtre d'amphibole et d'épidote. Dans les variétés altérées, la roche passe au vert et au jaune. Cette roche est incluse dans les schistes jurassiques qui forment le flanc Nord du Djebel Skouna ; on la rencontre en deux endroits différents, en montant au point trigonométrique du sommet par le chemin arabe. Les schistes

39

ont été modifiés par la roche éruptive. La composition microscopique de celle-ci est la suivante :

Texture ophitique
- *Oligoclase* en baguettes ophitiques.
- *Amphibole* vert olive, souillée par des produits ferrugineux d'altération, englobant les feldspaths.
- *Épidote* assez abondante.
- *Fer oxydulé titanifère.*

Parfois la roche est uniquement formée d'épidote en plages granulitiques. qui forme la masse dominante, et d'amphibole. Les feldspaths sont absents.

Il est possible que dans ces ophites l'amphibole provienne de l'épigénie du pyroxène comme on l'admet, mais il faut avouer qu'ici aucun fait ne le prouve ; il est impossible de trouver soit des plages à demi transformées. soit même des traces de diallage. Il est donc impossible de se prononcer à cet égard et on doit classer ces roches telles qu'elles se présentent, c'est-à-dire parmi les *ophites andésitiques à amphibole.*

La plâtrière de Rachgoun se trouve à 9 kilomètres environ de l'île de Rachgoun, sur la route de Tlemcen. Elle est formée par un gypse présentant bien le caractère éruptif avec marnes bariolées, cargneules, etc. On y observe une roche verte épidotifère qui ressemble à la roche des schistes d'Oran (Bains-de-la-Reine). La composition microscopique est tantôt celle d'une ophite bien définie, surtout feldspathique, tantôt celle d'une matière tufacée, évidemment sur la voie de se transformer en ophite, mais néanmoins n'en ayant encore acquis ni la composition ni la texture caractéristique.

Le massif gypseux est en contact avec les terrains cartennien et helvétien ; il a traversé le cartennien, mais ne paraîtrait pas avoir pénétré dans l'helvétien (?).

GISEMENT DU CAP NOÉ.

M. Vélain a trouvé près du cap Noé, à l'embouchure de l'Oued Antar et dans l'îlot Mokreun qui lui fait face, une roche qu'il a décrite sous le nom de *diabase andésitique à structure ophitique*. Nous n'avons pu ni voir ce gisement ni nous procurer des échantillons de cette roche ; mais la description très précise que M. Vélain en donne ne laisse aucun doute sur sa liaison avec les ophites dont nous décrivons ici plusieurs types. Il mentionne du reste lui-même sa nature ophitique.

Cette roche perce dans le lias moyen, où elle se présente dans les conditions suivantes : elle forme une nappe intercalée ou interstratifiée (?) dans les calcaires liasiques, qui se relie à un filon épais de 5 à 10 mètres, situé au pied de la falaise. Au contact dans toute cette étendue, soit à la base de la coulée, soit sur les salbandes du filon, les calcaires sont profondément altérés ; ils sont transformés en une marne grasse, onctueuse, verdâtre, avec veinules de silex vert jaspoïde.

La pénétration de l'ophite dans le calcaire liasique est surtout bien nette dans le petit îlot d'El-Mokreun. Celui-ci, entièrement composé par le terrain liasique, se montre traversé en son milieu par un large filon de cette même roche ophitique, qui de chaque côté envoie de nombreuses ramifications, s'entrecroisant et modifiant aussi profondément les calcaires adjacents.

On ne saisit pas bien dans la description donnée par M. Vélain s'il a l'intention de dire que l'ophite est exactement liasique ou s'il la considère comme ayant percé ce terrain. En particulier, par exemple, il n'est pas spécifié si la partie supérieure de la nappe éruptive a modifié le calcaire au contact ? Ce point est fondamental, si la couche liasique au contact de la partie supérieure de la nappe n'est pas du tout modifiée, on pourrait admettre qu'on a là une ophite liasique ; ce serait la seule connue dans le pays. Si le calcaire est modifié, la roche est certainement tertiaire et même probablement très récente, vu ses analogies avec les autres gisements connus.

Les pointements ophitiques voisins de celui-ci (Zendal, Taouersmouth) percent aussi dans le jurassique, mais ils ont nettement traversé l'oxfordien ; ce qui ne donne du reste qu'une limite minimum et permet de les supposer tertiaires jusqu'à preuve contraire. Il est même presque possible de démontrer qu'ils appartiennent à la fin du pliocène.

En effet, on peut remarquer que tous les pointements ophitiques importants que nous décrivons se trouvent exactement sur une même droite : en joignant les points de Zendal-Taouersmouth au Djebel Skouna (Beni-Saf), cette droite passe sur le gisement du cap Noé et, prolongée, s'en va justement rencontrer le gisement d'Aïn-Nouïssy. Elle est dirigée Est 23° Nord, valeur assez voisine de la direction des Alpes principales (20°.5 au Zendal).

La roche telle qu'on la trouve au cœur des filons est classée par M. Vélain parmi des *diabases andésitiques à structure ophitique*, elle contient :

	Fer titané avec enduit grisâtre.
1" et 2° cons.	*Sphène* en gr. crist.
	Oligoclase en crist. ophit. allongés.
	Pyroxène augite englobant les éléments feldspathiques.
Mat. d'alt.	*Chlorite.*
	Épidote en baguettes divergentes.

Le pyroxène augite est indiqué comme se présentant en grandes plages incolores ou faiblement verdâtres. Ce faciès le rapproche beaucoup de l'élément que nous déterminons comme amphibole dans les ophites andésitiques décrites ici.

Dans les filonnets minces injectés dans le calcaire, la roche se

modifie et peut être classée parmi les *gabbros labradoriques à structure ophitique*. Il y a là un exemple intéressant de réaction du terrain
encaissant ; le feldspath oligoclase est devenu calcique et s'est transformé en labrador. Le pyroxène augite ci-dessus indiqué est devenu
diallagique.

RÉGION DES MSIRDAS.

Il existe dans cette région des roches de trois natures bien différentes :

1° Des roches *ophitogranitoïdes* et *ophitiques* avec gypses éruptifs
qui les accompagnent (Taouersmouth, Zendal) :

2° Des roches *trachytiques* en rapport avec les massifs des Beni-
Mengouch et d'Attia ;

3° Des roches basaltiques aux environs de la Mersa d'Aïn-Adjeroud.

Taouersmouth. — On trouve au Nord-Est une roche éruptive
incluse dans les marnes schisteuses ; il n'y a pas de gypses au contact ; la roche montre une pâte d'un vert pâle sur laquelle se détachent
des lamelles soyeuses d'un vert plus foncé. Elle présente diverses
variétés : des ophites analogues à celles décrites aux autres gisements, des types tufacés, enfin des échantillons à texture ophitogranitoïde qui sont très intéressants à comparer avec les roches de
Cherchell : on y distingue :

Texture ophitogranitoïde
{
Baguettes ophitiques d'*oligoclase*.
Amphibole déchiquetée.
Grains d'*épidote*.
Feldspath en gr. crist. formant des plages gra-
nitoïdes qui englobent tous les autres éléments.
Matière grise résultant de l'altération du fer
titané.
}

Cette roche paraît bien être due à la cristallisation d'une roche ophitique, mais d'une façon plus complète que d'ordinaire, sous l'influence d'actions conduisant à une structure plus granitoïde.

Ces roches, de même que celles du Zendal, ont traversé l'oxfordien.

Zendal. L'îlot éruptif comprend des pointements de gypse, de roche verte et une roche ophitogranitoïde, sur le fond blanc de laquelle se détachent mal des éléments colorés. Cette roche blanche ne rappelle plus du tout les ophites ordinaires ; il est pourtant incontestable qu'elle s'y rattache d'une façon intime.

Les roches vertes présentent un certain nombre de variétés ; les unes franchement ophitiques ; les autres trachytophitiques, dans lesquelles on voit une association de structures microlithiques et ophitiques, enfin des représentants tufacés.

La roche blanche est plus intéressante, elle représente un type qu'on ne connaît que là en Algérie : c'est une *ophite granitoïde à diallage.*

Pâte
ophitogranitoïde
- *Fedlspath oligoclase* en gr. crist. allongés.
- *Diallage* en plages moulant les oligoclases.
- *Sphène* en plages attenant au fer titané.
- *Epidote.*
- Feldspath en plages granitoïdes *(orthose ou oligoclase)* moulant tous les autres éléments.

Il est à remarquer que le diallage est parfois altéré, mais c'est en produits ferrugineux, en calcite et en chlorite ; la transformation en amphibole par ouralitisation n'est pas visible.

Les roches trachytiques du massif des Msirdas se rencontrent au Zendal : elles sont peu développées, n'y présentent pas grand intérêt et se rattachent aux roches du massif voisin d'*Attia (Kiss)*, où elles sont mieux caractérisées. Ce sont des *trachyandésites.*

A la suite de la région des Msirdas, vers l'Ouest, se trouve le massif des *Beni-Mengouch* (cap Milonia), où les roches font encore partie de la famille des *trachyandésites*, dont elles présentent plusieurs variétés.

Les roches basaltiques des Msirdas sont plus intéressantes et mieux définies. On les rencontre principalement aux environs de l'Oued Aïn-Adjeroud, près de la Mersa du même nom. Elles ont traversé l'helvétien, c'est tout ce qu'on peut en dire actuellement. Elles présentent un aspect noir, compact, luisant et consistent en *dolérites à structure ophitique*. Malgré cette structure, nous les séparons des ophites pour les rattacher aux basaltes, auxquels toutes leurs affinités les relient bien plus intimement. Il existe du reste des termes à grains fins qui seraient plutôt à classer dans les basaltes mêmes.

Néanmoins, on ne peut pas s'empêcher de remarquer que c'est à la suite de la région (Zendal), où le diallage commence à se montrer dans les ophites et à y prendre la place de l'amphibole que l'on trouve justement ces dolorites diallagiques à structure ophitique. Voici la composition de la roche de l'Oued Aïn-Adjeroud :

Pâte cristalline	*Gr. micr. labrador* allongés, dominants, angles d'extinction généralement trop faibles. *Pyroxène diallagique* englobant les micr. feldspathiques. *Matières chloriteuses ou serpentineuses.*
Anciens cristaux	*Anorthite* en gr. crist. *Péridot* en petits grains disséminés. *Fer oxydulé titanifère.*

MASSIF DU KISS (ATTIA).

Les montagnes de cette région forment un cirque assez vaste ouvert à l'Ouest, comprenant comme points principaux le Djebel Skouna au

Nord, les pitons du Menasseb-Kiss au Sud, puis entre ces points extrêmes, formant l'ellipse, Tizi-Aïcha, le Djebel Bou-Khikheit, le Djebel Coudia-Bessam.

La grande majorité des roches de cette région est formée par des roches trachytiques, variant des trachytes presque francs aux trachyandésites et aux andésites franches. Ces roches sont très analogues à celles des Beni-Mengouch (cap Milonia) et aussi à certaines de celles du Djebel Mzaïta (en face les îles Habibas). Elles sont en contact avec des roches basaltiques en quelques points et celles-ci les ont percées et modifiées, ainsi qu'on peut le voir en plusieurs endroits (Haci-Harbouz, Sidi-Mellouck, Sidi-Khatir).

Le terrain sédimentaire au contact est le plus généralement de l'oxfordien. qui a naturellement été percé et modifié ; mais au Nord du Massif, la roche forme une série de caps trachytiques sur lesquels viennent se limiter les terrains tertiaires du voisinage. A l'Oued Sidi-Youssef on peut voir que le terrain sahélien est formé aux dépens du trachyte d'une façon tout à fait analogue à ce que l'on remarque à la Mersa Bouzudjar (cap Figalo). Il paraît donc encore y avoir eu là éruption sous-marine et la roche éruptive trachytique se serait formée à l'époque même des premiers dépôts sahéliens. Voir à ce sujet ce qui a été dit à l'étude du massif de Mzaïta. Les basaltes qui traversent les trachytes seraient alors probablement pliocènes.

Les roches trachytiques ont un aspect familial assez constant ; elles montrent une pâte compacte blanche, grisâtre, violacée, sur laquelle se détachent de grands cristaux hexagonaux de mica noir. Elles paraissent souvent assez altérées et, en effet, au microscope, les plaques confuses sont en grande majorité. Les montagnes trachytiques forment des pitons pointus, escarpés, souvent à structure columnaire. (Silice : 59,1.) La *trachyandésite* du Sidi-M'Ahmet-ben-Aya présente la composition suivante :

Pâte amorphe abondante
$\left\{\begin{array}{l}\textit{Micr. feldspath.} \text{ mal formés, constituant surtout} \\ \text{des plages nuageuses peu distinctes. } \textit{Sanidi-} \\ \textit{na. Oligoclase.}\end{array}\right.$

Grands cristaux
$\left\{\begin{array}{l}\textit{Mica brun.} \\ \textit{Amphibole} \text{ brune.} \\ \textit{Pyroxène} \text{ rare.} \\ \textit{Orthose.} \\ \textit{Plagioclase} \text{ (labrador).}\end{array}\right.$

Les roches basaltiques se voient au Coudia-Bessam, où elles forment un massif en contact avec le trachyte, mais on ne peut pas bien y étudier les rapports réciproques des deux roches. Un autre point au Nord-Ouest montre au contraire très nettement leurs relations ; dans le bas des petits mamelons, sur l'un desquels est bâti le Marabout de Sidi-Kathir, on observe des masses noires assez étendues, puis plus haut (Sidi-Mellouck), on trouve de véritables filons de basaltes, traversant les trachytes dont toute la région est formée. Les filons varient d'épaisseur, depuis quelques centimètres jusqu'à un ou deux mètres. A leur contact, les roches trachytiques, rosées et blanches, sont transformées en une pâte rappelant la brique.

Ces roches basaltiques sont constituées par des *basaltes dolériti-ques* qui se relient aux dolérites ophitiques de la Mersa Aïn-Adjeroud (Msirdas). Elles présentent la particularité d'être très peu basiques et penchent au moins autant vers des termes andésitiques que vers des termes plus basiques.

RÉGION D'AIN-TÉMOUCHENT.

Le massif éruptif des environs d'Aïn-Témouchent est d'une étendue considérable. Il a en moyenne un diamètre de 14 kilomètres, tant du Nord au Sud que de l'Est à l'Ouest. Il s'étend de Témouchent au village des Trois-Marabouts vers le Nord, suit la vallée de l'Oued

Senam, qui est creusée dans le basalte, atteint Aïn-Tolba à l'Ouest et les environs du Djebel Afsa et du Djebel Guerrien au Sud-Ouest. Au Sud, limité vers Aïn-Kial, il remonte dans une direction presque méridienne jusqu'à Aïn-Témouchent.

Les terrains sédimentaires au contact sont l'*éocène ;* l'*helvétien,* qui entoure presque complétement le massif ; le *pliocène* au Nord-Ouest ; enfin des *formations quaternaires anciennes* sur la route d'Aïn-Témouchent aux Trois-Marabouts, du côté d'Aïn-Kial et à Chabet-el-Leham.

Les roches éruptives sont uniquement formées par différentes variétés de basaltes, dont quelques-uns sont intéressants en tant que roches amphigéniques. Ils sont pour la plupart très récents, et l'on peut dire que la grande majorité de ce massif est quaternaire, si ce n'est pas même presque actuelle. Des indices un peu frustres de cratères paraissent encore visibles en quelques localités.

Aux environs immédiats d'Aïn-Témouchent, des calcaires blancs sont superposés à des coulées basaltiques prismées. Le calcaire renferme des fragments de balsate qui lui est donc antérieur. En continuité de ces dépôts se trouvent, plus à l'Ouest, d'autres coulées basaltiques qui, elles, sont superposées au calcaire.

A *Chabet-el-Leham,* le basalte perce le terrain avoisinant qui est constitué par une marne grumuleuse blanche qui renferme des helix (helix lactea, bulimus decollatus), et appartient au quaternaire ancien. La roche forme un grand plateau s'étendant depuis le village jusqu'au défilé de la Chair (Chabet-el-Leham). On y trouve des tufs et une roche compacte, souvent vacuolaire, formant des prismes pentagonaux disposés verticalement. Elle est constituée par un *basalte* passant à la variété *limburgite ;* les microl. d'augite et de fer oxydulé sont très abondants ; les microl. feldspathiques rares et peu visibles ; le péridot est en petits cristaux altérés et transformés en une substance orangée, mais la roche contient aussi de grands péridots et pyroxènes visibles à l'œil nu.

— 89 —

A l'Oued Senam (village des Trois-Marabouts), le lit de la rivière est creusé en partie dans le basalte et dans une formation helvétienne calcarifère.

Ces calcaires servent de substratum au basalte qui les a métamorphisés ; et ceux-ci sont recouverts par endroits par la couche grumeleuse blanche quaternaire. Là encore, sur les deux rives, le basalte forme des plateaux d'altitude presque uniforme. La roche est compacte, brunâtre, peu franche de nature, d'aspect tufacé ; c'est en somme une roche basaltique vitreuse et mal définie.

A Aïn-Tolba, sur la route d'Aïn-Témouchent, on rencontre des dépôts d'eau douce formés par des sables quaternaires très fins, homogènes. Une couche de basalte les a recouverts : elle est formée par un magma de fragments à l'aspect de pouzzolanes.

Un peu plus à l'Ouest, au deuxième pont, on voit dans la tranchée de la route plusieurs alternatives superposées de basaltes et de marnes blanchâtres, de boues à éléments éruptifs et de parties noires scoriacées. Ces couches paraissent devoir être considérées comme des coulées réelles émanées de cratères. Dans la couche scoriacée se trouvent des helix, et ces basaltes seraient quaternaires.

A la tuilerie d'Aïn-Tolba, la route est coupée dans le terrain pliocène. Elle montre le basalte superposé aux argiles gréseuses de cette formation et les métamorphisant. Cette roche est grise, un peu vacuolaire parfois, sa structure et sa coloration rappellent celle des téphrites d'Auvergne ; elle est formée par un *basalte à amphigène*. Indépendamment de sa composition, car les roches de cette nature sont rares en Algérie, elle présente l'intérêt de définir d'une façon un peu plus précise l'époque d'éruption des roches du Djebel Guerrien, du Djebel Afsa et d'Aïn-Kial, pour lesquelles on n'avait pour substratum que l'helvétien métamorphisé. Les roches de ces trois localités, et en général de la région, sont identiques à celles d'Aïn-Tolba.

Aux environs d'Aïn-Kial, la roche est en coulées prismées recouvrant des boues basaltiques qui sont elles-mêmes supportées par une masse scoriacée mélangée de terre alluvionnaire.

Au Djebel Guerrien et au Djebel Afsa, la roche basaltique forme des pitons, contrairement à son habitude ordinaire de se disposer en plateaux.

Voici la composition détaillée de ce *basalte à amphigène :*

	Micr. pyroxène.
Pâte amorphe	*Micr. de fer oxydulé* disséminé.
abondante	*Micr. feldspath.* divers.
	Amphigène de deuxième consolidation.
Grands cristaux	*Pyroxène* gris.
	Péridot.

Le péridot paraît manquer dans les roches du Djebel Guerrien ; il est assez abondant dans celles d'Aïn-Kial. Il n'y a pas d'haüyne dans la roche et il ne paraît pas y avoir de néphéline ; le genre de cette roche la ferait ranger plus spécialement parmi les *leucotéphrites.*

Cratères. — A 5 kilomètres Sud-Est d'Aïn-Témouchent, l'endroit appelé *Ben-Ganah*, qui était autrefois en partie rempli d'eau pendant l'hiver, montre un genre de dépression qu'on paraît pouvoir considérer comme représentant un cratère ancien. Cette dépression, qui a près d'un kilomètre, affecte la forme circulaire ; elle est entourée par un léger talus, formé lui-même par une succession d'assises de boues éruptives noires et basaltiques, avec des alternances de magma pouzzolaniques noirs et rouges et des coulées de basalte prismé. Il semble assez net qu'on ait là sous les yeux le bord d'un ancien cône de déversement. Les stratifications sont discordantes dans de faibles distances et présentent toutes les directions possibles quand on les note sur toute la périphérie.

Le centre de cette dépression est constitué par une pouzzolane

rouge, et un puits d'exploitation montre sur une épaisseur considérable la pouzzolane homogène. Cette roche spongieuse forme tout le
fond de la dépression. Au Dayat-Anemsir, au Sud du village des
Trois-Marabouts, se montre une formation assez semblable à
celle-ci.

Remarques. — Cette notice était entièrement composée lorsqu'en
lisant la brochure récemment publiée par M. Michel Lévy sur la
classification des roches, nous avons appris l'existence du mémoire
de M. Marcel Bertrand sur la répartition géographique des roches
éruptives en relation avec les plissements terrestres, et celle de la
note de M. Le Verrier sur les causes des mouvements orogéniques.
(*Bull. Soc. géol.* 1888.)

Il nous paraît intéressant de signaler ici l'accord remarquable qu'il
y a entre les conséquences de ces deux mémoires et les résultats du
présent travail, tous trois obtenus d'une façon complètement indépendante, traitant des sujets tout à fait différents pour aboutir à des
conclusions analogues. Car en somme M. Bertrand traite une question géographique générale ; M. Le Verrier développe une conception
théorique sur la conductibilité des roches ; et nous-mêmes avons fait
simplement l'étude pétrographique d'une région spéciale. L'accord
n'en est que plus important, et le fait des récurrences multiples en
relation avec les plissements terrestres (non seulement des trois ou
quatre grandes récurrences fondamentales démontrées par M. Bertrand, mais des sous-récurrences acides existant dans le cours d'une
des grandes périodes et dont nous établissons ici d'une façon précise
le rapport avec les dislocations contemporaines) paraît exprimer une
réalité de la nature.

Il semble donc qu'on puisse considérer comme fondée la loi suivante : *Toute dislocation terrestre produisant un plissement montagneux est accompagnée d'une récurrence acide et parfois granitoïde dans la série éruptive contemporaine.*

Cette récurrence ne se produit que dans la zone qui subit la dite dislocation. Pour être précis, il faut ajouter qu'ici, en Algérie, l'accord n'est vérifiable que pour les plissements dont la direction est voisine de celle des parallèles terrestres, et qu'on pourrait appeler plissements équatoriaux.

Les plissements dont la direction est voisine des méridiens se sont très peu fait sentir dans ce pays, trop peu pour qu'on puisse y étudier leur influence. Les dates de ces plissements correspondent en général avec celles des éruptions basiques, mais cela ne provient vraisemblablement que d'une coïncidence fortuite avec la baisse graduelle d'acidité à partir de chaque récurrence. En effet, les plissements méridiens alternant presque toujours avec les plissements équatoriaux, leurs dates doivent par cela même coïncider avec celles des périodes basiques qui ont suivi les récurrences équatoriales acides.

Quoi qu'il en soit, la loi se vérifie très bien ici pour tous les phénomènes importants de dislocation.

A propos de la note de M. Bertrand il est bon de faire remarquer que si nous avons indiqué dans les généralités de ce travail les éruptions tertiaires comme débutant par des granites, cela n'est pas absolument certain. Il existe à Collo des serpentines provenant de lherzolithes dont on ne sait pas exactement l'âge, et c'est pour cela que nous ne les avons pas citées dans les généralités, mais qui peuvent être antérieures au ligurien et par conséquent au granit, ainsi que nous l'avons mentionné dans l'étude détaillée du massif de Collo.

Il est curieux de remarquer aussi à Mzaïta quelques serpentines et que leur présence pourrait être rattachée à la récurrence des Baléares.

Il y aurait également des rapprochements intéressants à faire entre les roches *en retard*, *trop récentes*, signalées par M. Bertrand dans le trias (syénites à pyroxène de Monzoni, microgranulite à pyroxène de Saxe) et les roches de Cherchell (syénites éléothiques) qu'on peut classer aussi l'une comme syénite à mica noir et pyroxène et l'autre qui se rapproche assez d'un type de microgranulite à pyroxène ; la structure micropegmatoïde du quartz et de l'orthose y est même présente. Ce rapprochement devient encore plus prononcé si on y ajoute celui signalé par M. Bertrand entre la syénite de Monzoni et de la chaîne hercynienne et les syénites éléolithiques à diallage et zirconienne de Norwège appartenant à la chaîne calédonienne ; et si l'on remarque que les roches de Cherchell appartiennent aussi à la famille des syénites éléolithiques, et que même nous avons signalé en passant l'existence d'une certaine analogie entre les micas allongés de l'une des roches de Cherchell et l'astrophyllite de Norwège.

APPENDICE

Cette brochure n'étant qu'une réimpression du travail publié l'année passée à l'occasion de l'Exposition Universelle, il nous a été impossible d'y faire des transformations sérieuses. Nous avons dû nous borner à quelques corrections peu importantes, qui améliorent néanmoins notablement certaines parties.

On avait bien voulu nous autoriser à ajouter à la précédente brochure un appendice de quelques pages sur plusieurs nouveaux massifs de roches éruptives, visités depuis la publication précédente ; mais, en voulant le faire, nous nous sommes aperçus que pour rester dans les limites indiquées, il aurait fallu mutiler complétement les sujets et leur enlever la plus grande partie de leur intérêt. Il a paru préférable alors de remettre à une prochaine publication la description de ces nouveaux gisements, et de donner seulement ici quelques indications nouvelles sur la détermination de l'âge exact des granites tertiaires.

Granites tertiaires. — On a pu voir dans le cours de cette brochure que les localités où les granites tertiaires étaient connus, en Algérie, c'est-à-dire Ménerville, Bougie et Collo, fournissaient des données d'âge qui permettaient de les classer dans l'éocène. A Bougie, en effet, ils ont percé le terrain sénonien. On les trouve dans plusieurs localités en cailloux roulés dans les poudingues dellysiens et cartenniens, c'est-à-dire à la base du miocène. Ils sont donc certainement éocènes.

D'autre part, en se basant sur la direction de la bande allongée que forme le granite de Ménerville, direction qui est exactement celle des Pyrénées, nous en avions conclu que ces granites dataient vraisemblablement de l'éocène tout à fait supérieur, c'est-à-dire du ligurien.

On rencontre les granites tertiaires très développés dans un nouveau massif, non décrit, celui des Beni-Toufout (30 kilomètres au Sud de Collo, province de Constantine) ; les données d'âge directement déterminable y sont très intéressantes et fixent bien l'âge ligurien des granites.

Les terrains encaissants sont formés par des micaschistes anciens et par le ligurien, représenté vraisemblablement même par plusieurs sous-étages ; leur distinction précise n'est pas encore faite ; la seule chose qu'on puisse dire d'une façon certaine, c'est que la partie tout à fait supérieure est constituée par des grès blancs ou jaunâtres, à grains tantôt fins tantôt grossiers, et qu'on connaît sous le nom de grès de Numidie.

Les roches éruptives de la région sont presque exclusivement représentées par des granites et des microgranulites.

La montagne contre laquelle est adossée la maison forestière de Safsafa est formée par un granite gris à grands microl. ; il est recouvert par un manteau d'une roche compacte, dure, grisâtre et mouchetée, sans caractère bien franc ; mais par endroits on voit cette roche, qui n'est qu'un produit de métamorphisme, passer à des parties moins transformées et finalement à des marnes liguriennes. Le granite est donc postérieur à celles-ci et l'on a là un contact en donnant la preuve directe.

On pourrait trouver dans les grès liguriens de la région des preuves qu'ils constituent une limite d'âge supérieure ; mais il vaut mieux se transporter à El-Milia dans un petit massif voisin, situé à une dizaine de kilomètres du premier ; les faits y sont plus frappants et plus démonstratifs.

D'abord on peut citer plusieurs tranchées où l'empâtement et la transformation des marnes liguriennes par la roche éruptive (microgranulite) sont visibles ; mais, ce qui est plus intéressant, c'est un contact avec les grès liguriens, situé dans le vallon en descendant la rivière au-dessous d'El-Milia.

Les grès sont en bancs horizontaux, non disloqués, et ne paraissent en rien avoir été altérés par la roche. Ils sont à très gros grains de quartz (5 $^m/_m$) ont le faciès d'un dépôt de rivage et paraissent simplement s'être déposés contre la roche éruptive laquelle devait former des rochers sur le bord de la mer.

Il est difficile de reconnaître en nature les débris de la roche dans les grès parce que les parties terreuses qu'on pourrait y rapporter ne présentent plus de caractères distinctifs ; mais lorsqu'on étudie le grès à la loupe on y distingue de la tourmaline en petits débris, des lamelles de mica noir assez rares, et de nombreux petits grains d'un vert pâle qui présentent tous les caractères de la pinite. Or, tous ces éléments sont contenus dans la roche microgranulitique adjacente, laquelle, en particulier, est riche en cordiérite, soit intacte, soit transformée sur place en pinite.

On a donc là la preuve directe que ces microgranulites, qui ont percé les marnes liguriennes inférieures, sont antérieures aux grès liguriens supérieurs. Elles sont donc exactement contemporaines de ce terrain.

Les granites ont les mêmes limites d'âge déterminables que les microgranulites ; ils leur sont donc ou contemporains ou très voisins et immédiatement antérieurs, ce qui paraît plus probable. Les données directes manquent encore pour fixer ce point, car jusqu'à présent on ne les a jamais rencontrés ensemble dans un même gisement. Ils forment dans la région de petites montagnes hautes de 2 à 300 mètres placées à côté les unes des autres. Les microgranulites ont des caractères plus franchement éruptifs que les granites, car elles forment en général des nappes de roches nues descendant sur les flancs des montagnes, souvent aussi des colonnades prismatiques. Les granites paraissent presque partout se montrer avec un revêtement de terrain transformé ; c'est alors seulement par des tranchées qu'on les voit, ou bien à l'état d'énormes blocs isolés sur les terrains environnants.

Il y a divers types de granites tertiaires dans le massif des Beni-Toufout. Les uns gris, à grands cristaux de micas bruns sont relativement peu acides (silice : 61,6) ce qui les rapproche du granite de Ménerville (silice : 61,8). D'autres types sont blancs, tourmalinifères, plus acides (silice : 66,7) : l'analyse complète indique pour ces derniers une composition identique à celle des microgranulites. Comme elles, ils renferment aussi et assez abondamment de la cordiérite. Il parait donc probable qu'il y a eu plusieurs poussées successives de granites à l'époque ligurienne ; et probablement aussi plusieurs poussées de microgranulites. En tous cas, tant pour les granites que pour les microgranulites, l'époque de leur émission peut être considérée comme exactement ligurienne.

Il est bon de faire remarquer ici comparativement que le mouvement de dislocation des Pyrénées date de la base du ligurien. Cela ressort en particulier d'une façon frappante dans la belle carte géologique de Palestro, levée par M. Ficheur. Dans la grande chaîne, dont la direction est celle des Pyrénées, tous les étages nummulitiques de l'éocène moyen sont relevés à 1,000 mètres d'altitude ; le terrain ligurien est au pied, indemne de toute action due à ce plissement.

Le ligurien en réalité marque ici le début d'une nouvelle ère, bien différente de celle du terrain nummulitique sous-jacent. Si l'on voulait au lieu de la division en éocène et miocène, faire intervenir la période oligocène, c'est avec le ligurien que celle-ci débuterait. Il était important de faire ces remarques, car c'est à la suite de ces mouvements violents que les premières roches tertiaires, granites et microgranulites, sont sorties.

FIN DE LA DEUXIÈME PARTIE.

TABLE DES MATIÈRES

	Pages
Deuxième partie. — Observations préliminaires	3
Généralités	5
Roches anciennes	5
Roches secondaires	6
Roches tertiaires	6
Classification adoptée	6
Classification chronologique des roches tertiaires	8
Tableau de la chronologie des roches tertiaires	11
Répartition géographique	13
Étude détaillée des divers massifs	20
Région de Ménerville. — Granites, liparites quartzifères, liparites feldspathiques	20
Massif du cap Djinet. — Augitandésites, labradorites	25
Environs de Dellys. — Labradorite, labradorite anorthique, roche neutre microlithique	26
Région de Bougie. — Granites, granulites, trachyandésites, liparites feldspathiques	29
Massif de Collo. — Granite, microgranulite, liparites microgranulitiques, liparites pétrosiliceuses, dacite, diorites, dolérite andésitique, lherzolithe, serpentines, roches à silice globulaire	31
Massif du Djebel Filfila. — Granulite à tourmaline	39
Massif du cap de Fer. — Microgranulites, liparithes microgranulitiques, liparites pétrosiliceuses, dacites, roche dioritique ou diabasique	40
Région de l'Edough. — Microgranulitiques, liparites microgranulitiques, amphibolite	43
Gîtes d'Alger. — Granulite, pegmatite	45
Cap Matifou. — Pegmatite, dacite microgranulitique	46
Gisement de l'Arba	48
Gisement de l'Oued Tiamimime. — Dacite	49

Pages

Région de Zurich, El-Affroun. — Roches liparitiques, roches andésitiques diverses, augitandésites à pyroxène et à hypersthène 50

Pointement éruptif du Chenoua. — Liparites, dacites 52

Gisement de Milianah. — Roche liparitique 53

Gisement de Duperré. — Andésite 54

Région de Cherchell. — Roches de la famille des syénites éléolithiques : variétés granitoïdes, variétés grenues 55

Région de Ténès. — Roche dioritique, augitandésite à pyroxène et enstatite. 61

Gisement d'Aïn-Nouissy. — Gypse éruptif, ophite, roche dioritique 63

Gisements de Dublineau. — Gypse éruptif, ophite, roches ophitiques 64

Perrégaux. — Basaltes 65

Environs d'Oran (Bains-de-la-Reine). — Roche ophitique 67

Gisement de Nédroma. — Granite ancien 67

Région de Nemours. — Basalte à amphigène, tufs basaltiques, labradorite basaltique 69

Région de Lalla-Marnia. — Roches basaltoïdes, basalte andésitique, labradorite basaltique 71

Massif du Djebel Mzaïta. — Roches trachytoporphyriques, rachyandésites, augitandésites à pyroxène et à enstatite, serpentine 72

Iles Habibas. — Roche rhyolithique, roche trachytoporphyrique 75

Massif de la Tafna. — Tuf basaltique vacuolaire, basaltes, trachyandésite, augitandésite, Néphélinites, leucitites, basaltes de Rachgoun 76

Environs de Beni Saf. — Roches ophitiques 78

Gisement du cap Noé. — Roches ophitiques 81

Région des Msirdas. — Roches ophitiques, roches ophitogranitoïdes à diallage, trachyandésites, basalte doléritique à structure ophitique 83

Massif du Kiss (Attia). — Trachyandésites, basaltes doléritiques 85

Région d'Aïn-Témouchent. — Basalte limburgitique, basalte à amphigène... 87

Remarques 91

Appendice. (Granites tertiaires) 94

TABLE CLASSÉE PAR NATURE DE ROCHES

Pages

Roches anciennes 5
Granite de Nédroma 6, 67
Granulites et pegmatites 5. 6. 45, 46. 68
Roches tertiaires 6
Granites 8. 13. 20, 30. 37. 94
Granulites 9, 13, 30. 39
Microgranulites 9. 13. 33. 41. 44. 95
Liparites quartzifères 6. 9. 13. 23. 34. 40. 43
Liparites feldspathiques 7. 9, 13. 23. 31. 47
Dacites 36. 42. 47. 49
Roches rhyolithiques diverses 51. 52, 53. 75
Roches trachytoporphyriques 51. 73, 74. 75
Trachyandésites 31. 54. 74, 78. 84. 85. 86
Augitandésites 7. 25. 51. 61. 74. 78
Labradorites 25. 27. 28. 70
Roches basaltoïdes 8. 9. 72
Basaltes 10. 14. 65, 70. 77. 88
Basaltes à amphigène 10. 70. 90
Basaltes doléritiques 8. 85, 87. 90
Roches ophitiques 8. 10. 14. 19, 63. 78. 80. 83. 84
Gypses éruptifs 16. 63. 64
Roches syénitiques de Cherchell 19. 55, 89
Roches dioritiques. type de Ténès 19. 62. 63
Amphibolite de l'Edough 19. 44
Diorites tertiaires 38. 43
Dolérite andésithique 39
Lherzolithe 37
Serpentines 36. 75. 92

ALGER. — IMPRIMERIE P. FONTANA ET Cⁱᵉ, 29, RUE D'ORLÉANS.

www.ingramcontent.com/pod-product-compliance
Lightning Source LLC
LaVergne TN
LVHW010753060726
842527LV00002B/461